工程监理验房必备手册

李泊霖　主编

沈阳出版发行集团
沈阳出版社

图书在版编目（CIP）数据

工程监理验房必备手册 / 李泊霖主编. -- 沈阳：
沈阳出版社, 2023.6
　ISBN 978-7-5716-3476-6

　Ⅰ. ①工… Ⅱ. ①李… Ⅲ. ①建筑装饰 – 工程装修 –
工程验收 – 手册 Ⅳ. ①TU767-62

中国国家版本馆CIP数据核字(2023)第098720号

出版发行：沈阳出版发行集团 ｜ 沈阳出版社
　　　　　（地址：沈阳市沈河区南翰林路 10 号　邮编：110011）
网　　　址：http://www.sycbs.com
印　　　刷：三河市华晨印务有限公司
幅面尺寸：185mm×260mm
印　　　张：22.5
字　　　数：550 千字
出版时间：2023 年 6 月第 1 版
印刷时间：2024 年 1 月第 1 次印刷
责任编辑：赵秀霞　周　阳
封面设计：优盛文化
版式设计：优盛文化
责任校对：张　磊
责任监印：杨　旭

书　　　号：ISBN 978-7-5716-3476-6
定　　　价：98.00 元

联系电话：024-24112447　62564911
E－mail：sy24112447@163.com

本书若有印装质量问题，影响阅读，请与出版社联系调换。

标准、品质和品牌

边召鹏（西南交通大学房地产研究中心原主任）

虽然这本书的内容都是关于建筑和住宅的标准、理论或工艺的，看起来非常枯燥（行业内的人却会如获至宝），从另外一个角度看却是"'海归'创业，白手起家3年营收超过1000万元"的案例，它在房地产行业开辟了一个全新的行业——交房后市场流量入口。

本书的作者李泊霖（我总是喜欢称他"泊霖"）自称是我的学生，他总是谦虚地说自己取得的成绩都是得益于老师的帮助。其实，作为老师，我只不过凭着年长，多了一些阅历，给他讲解了一些商业案例和基础的管理理论而已，所有的一切都是来自泊霖的执着与创新。

身为泊霖的老师，我比较称职的是：记录下泊霖成长的点点滴滴和他创建的蜜蜂验房的大大小小里程碑，见证了他单枪匹马创业到五年后拥有团队近百人、在中国房地产验房（监理）行业建立领先地位的全过程。

2018年2月3日16时58分，泊霖在成都皇城老妈茶楼写出商业计划书，当时我鬼使神差地拍下了一张照片，并对他说："将来你要记住这一时刻，你准备做的事情能够推动行业的进步，解决一个重要的商业问题，并可能创建一个了不起的公司。"

后来他在网上的验房订单，突破100单、500单、1000单、10000单，我都截屏留下记录，这些都是泊霖一路走过来的脚印。

非常高兴泊霖和他的团队一直在践行"用标准检验品质"和"毫米级品质"，才使蜜蜂验房成为一家让客户"主动上门、排队等待"的品牌验房公司。

蜜蜂验房的一位业主（成都西派国樾的唐先生）用手机拍下蜜蜂验房师摆放工具的照片，并发到朋友圈，他配上这样的文字：把如此简单的一件事情，做到专业和极致，就是品牌与口碑。

到今天为止，我曾在验房现场与超过1000名业主进行交流，他们对蜜蜂验房的一致看法是：专业，标准，物有所值。（虽然蜜蜂验房的收费是成都最高的）

无疑，蜜蜂验房的专业服务是高品质的，蜜蜂验房是行业的品牌。其实，蜜蜂验房成功的原因很简单，就是两个字——标准。

经过5年多的时间积累和经验总结，尤其是在与各个楼盘施工方（其中不乏高级技术人员）的"对抗"并获胜的过程中，蜜蜂验房倚仗的"法宝"就是"国家标准"。

泊霖不辞辛苦反复参照行业相关标准，结合真实的工程监理与清水房、精装房验房实践，写作（编辑整理）了这本《工程监理验房必备手册》，不仅能够让蜜蜂的验房师拥有一本好的教材，而且无私地分享给大众，让施工方、监理方，甚至是购房业主，能够根据"标准"对施工（建筑）质量进行检查与验收，从而减少工程交付的"纠纷"，有助于将装修一次性做好，避免浪费。

杜甫曾经感慨："安得广厦千万间，大庇天下寒士俱欢颜。"如果施工方、监理方能够严格执行本手册的"标准""原理""工艺"，那么今天就不会出现那么多"精装房变成'惊装'房"的事件。

最后，希望这本手册能够发挥其应有的作用，让我们的建筑（工程）质量越来越好，让我们的施工队（工人）依照本手册的标准都具有工匠精神——标准决定品质，品质塑造品牌。

2018 年 2 月 3 日 16 时 58 分正在写商业计划书的李泊霖

2023 年 3 月 29 日于成都

目　录

第1篇　给排水理论知识

1　PPR 管给水系统安装工艺

本安装工艺适用于室内 PPR 管给水系统安装工程。

1.1　材料性能要求

1.1.1　给水管及与之相应管件的品种、规格、型号、数量、外观及制作质量必须符合设计要求，并附有产品说明书和质量合格证书，包装完好，表面无划痕及外力冲击破损。

1.1.2　阀门安装前应做强度和严密性试验。试验应在每批（同牌号、同型号、同规格）数量中抽查 10%，且不少于一个。对于安装在主干管上起切断作用的闭路阀门，应逐个做强度和严密性试验。

1.1.3　水表的规格应符合设计要求，热水系统选用符合温度要求的热水表，表壳铸造无砂眼、裂纹，表面玻璃无损坏，铅封完整，有出厂合格证。所有进场材料不合格的不得入库，入库的合格材料保管应分类挂牌堆放。

1.2　施工工具与机具

1.2.1　砂轮切割机、手电钻、台钻、电锤、电焊机、热熔机、电动试压泵。

1.2.2　手锯、锤子、活扳手、螺钉旋具。

1.2.3　水平尺、线坠、钢卷尺、压力表。

1.3　作业条件

1.3.1　施工图纸及其他技术文件齐全，且已进行图纸技术交底，满足施工要求。施工方案、施工技术、材料机具供应等保证正常施工。

1.3.2　地下管道铺设前必须做到房心土回填夯实或挖到管底标高，沿管线铺设位置清理干净，管道穿墙处已留管洞或安装套管，其洞口尺寸和套管规格符合要求，坐标、标高正确。

1.3.3　暗装管道应在地沟未盖沟盖或吊顶未封闭前进行安装，其型钢支架均应安装完毕并符合要求。

1.3.4　明装托、吊干管安装必须在安装层的结构顶板完成后进行。沿管线安装位置的模板及杂物清理干净，托吊卡件均已安装牢固，位置正确。

1.3.5　立管安装应在主体结构完成后进行。高层建筑在主体结构达到安装条件后，适当插入进行，每层均应有明确的标高线。暗装竖井管道，应把竖井内的模板及杂物清除干净，并有防坠落措施。

1.3.6 支管安装应在墙体砌筑完毕，墙面未装修前进行。

1.4 给水管道装修施工前检测流程

水路检测流程：水压检测 → 通水试验 → 蓄水试验

1.4.1 水压检测：将自备水压表接入原水路，检查水压的大小。

1.4.2 通水试验：对原有的排水管做通水试验，检测是否堵塞。

1.4.3 蓄水试验：协同客户对卫生间地面做蓄水试验，用装满细砂的塑料袋堵住每个排水口和地漏，然后在室内地面蓄满深度超过 2cm 的水，以检验原防水质量。

1.4.4 获取橱柜水路图、洁具图纸以及烟机热水器的相关资料。

1.4.5 检查原房屋的厨卫地面和顶部是否有裂隙，尤其是顶部水管的周围及接头处是否有渗漏的痕迹，仔细观察每个窗台外墙是否有渗痕迹。

注意事项：检查原房排水的畅通情况，及时联系物业解决排水问题。

1.5 水路定位与预制加工

1.5.1 安装准备：认真熟悉图纸，参考有关专业设备图和装修建筑图，核对各种管道的坐标、标高是否有交叉，管道排列所用空间是否合理。有问题及时与设计师和相关人员研究解决，做好变更洽商记录。

1.5.2 确认所购洁具的类型、排水方式（端排、直排）。

1.5.3 确认地漏安装位置，确认所有出水口的位置及做好标记。

1.5.4 预制加工：按设计图纸绘制管道分路、管径、变径、预留管口、阀门位置等施工草图，在实际安装的结构位置作上标记，按标记分段量出实际安装的准确尺寸，记录在施工草图上，然后按草图测得的尺寸预制加工（断管、套螺纹、安装零件、调直、校对，按管段分组编号）。

1.6 水路开槽

1.6.1 水路开槽横平竖直，弹线开槽。

1.6.2 厨卫高于地面 300 mm 以上处开槽布管。严禁破坏防水层。

1.6.3 冷热水管须分开，其平行间距 >150 mm。

1.6.4 给水管在卫生间严禁走地面。

1.6.5 在轻质墙和空心墙上不宜横向开槽，且不可用手锤直接捶打。

1.6.6 开槽应遵循左热右冷、上热下冷的原则。

1.6.7 开槽前，必须对每个排水口进行封堵。

1.7 开槽布管注意事项

1.7.1 同一位置冷热水出口须在同一水平线上，左热右冷。出水口位置必须平瓷砖墙面正负 1 mm，淋浴龙头出水口低于墙砖面 5 mm。

1.7.2 远程抄表的底盒控制线均不能私自移动。

1.7.3 煤气表设备不能包，不能改动或移位。

1.7.4　给水管出口位置不能破坏墙面砖的腰线、花砖和墙砖的边角。

1.7.5　严禁不同品牌的给水管及配件混合使用。

1.7.6　布管完毕及时将出水口用堵头堵好。

1.8　给水系统安装工艺流程

安装准备→预制加工→干管安装→立管安装→支管安装→管道试压→保温→管道水冲洗

1.9　施工要点

1.9.1　支吊架安装

1.9.1.1　管道安装时必须按不同管径和要求设置管卡或吊架，位置应准确，埋设要平整，管卡与管道接触应紧密。

1.9.1.2　立管和横管支吊架的间距不得大于表 1-1 的规定。

表 1-1　立管和横管支吊架的间距

公称外径 DN/mm	20	25	32	40	50	63	75	110
横管 /mm	650	800	950	1100	1250	1400	1500	1500
立管 /mm	1000	1200	1500	1700	1800	2000	2000	2000

1.9.1.3　明管铺设的支架采取防膨胀的措施时，应按固定点位施工。管道的各配水点、受力点以及穿墙支管点处，应采取可靠的固定措施。

1.9.1.4　PPR 管热熔要求见表 1-2。

表 1-2　常温时加热时间

公称外径（mm）	热熔深度（mm）	加热时间（s）	加工时间（s）	冷却时间（min）
20	14	5	4	3
25	16	7	4	3
32	20	8	4	4
40	21	12	6	4
50	22.5	18	6	5
63	24	24	6	6
75	26	30	10	8
90	32	40	10	8
110	38.5	50	10	10

注：操作环境低于 5℃ 时应延长加热时间。

1.9.2　干管安装

1.9.2.1　管道安装时，不得有扭曲；穿墙或穿楼板时，不宜强制校正。

1.9.2.2　室内管道安装，宜在土建粉饰完毕后进行，安装前应配合土建正确预留孔洞或套管。

1.9.2.3　管道穿越屋面、楼板部位时，应采取严格的防渗漏措施。

1.9.2.4　立管安装结束，经检查无误后在板底支模，用C15细石混凝土或M15膨胀水泥二次嵌缝。第一次为楼板厚度的2/3，待达到50%的强度后再进行第二次嵌缝到结构层面。

1.9.2.5　楼面面层施工结束，在管道周围应采用M10水泥砂浆砌筑高度大于等于20 mm，宽度大于等于25 mm的阻水圈；套管应嵌在楼板整浇层或找平层内，但不得贯穿楼板；套管应高于最终完成面50 mm。

1.9.2.6　PPR管与金属管件、阀门等的连接应使用专用管件连接。

1.9.3　支管安装

1.9.3.1　支管明装：将预制好的支管从立管甩口依次逐段进行安装，有截门应将截门盖卸下再安装，根据管道长度适当加好临时固定卡，核定不同卫生器具的冷热水预留口高度、位置是否正确，找平找正后埋设支管卡件，去掉临时固定卡，上好临时丝堵。支管如装有水表，先装上连接管，试压后在交工前拆下连接管，安装水表。

1.9.3.2　支管暗装：确定支管高度后画线定位，剔出管槽，将预制好的支管铺在槽内，找平找正定位后用勾钉固定。卫生器具的冷热水预留口要设在明处，加好丝堵。

1.9.4　管道试压

铺设、暗装、保温的给水管道在隐蔽前做好单项水压试验。管道系统安装完后进行综合水压试验。水压试验时放净空气，充满水后进行加压，当压力升到规定要求时停止加压，进行检查，如各接口和阀门均无渗漏，持续到规定时间，观察其压力下降在允许范围内，通知相关人员验收，办理交接手续。然后把水泄净，再进行隐蔽工作。

1.9.5　管道冲洗

管道在试压完成后即可做冲洗，冲洗应用自来水连续进行，应保证有充足的流量。冲洗洁净后办理验收手续。

1.9.6　管道保温

给水管道明装暗装的保温有三种形式：管道防冻保温、管道防热损失保温、管道防结露保温。

其保温材质及厚度均按设计要求，质量达到国家验收规范标准。

1.9.7　管道冲洗消毒

1.9.7.1　给水管道系统在验收前，应进行通水冲洗。冲洗流速宜大于2 m/s，冲洗时应不留死角，每个配水点龙头应打开，系统最低点应设泄水口，冲洗时间控制在冲洗出口处排水的水质与进水一致为止。

1.9.7.2　生活饮用水系统经冲洗后，还应用含20~30 g/L游离氯水灌满管道进行消毒；

含氯水在管道中应滞留 24 h 以上。管道消毒后，用饮用水冲洗，并经卫生监督部门取样检验，水质符合现行的国家标准《生活饮用水卫生标准》后方可交付使用。

1.9.8 水路图的绘制

在封槽之前，应将墙面水路展开图绘制好，图上应有水的流向、横管的标高、竖管与墙的间距、管径的大小、图例以及相关说明。

1.9.9 封槽

封槽前对线槽进行清扫和湿水，调制补槽的水泥砂浆，水泥砂浆配比为 1 ∶ 3，补槽不能凸出墙面，并低于墙面 1~2 mm。

1.10 质量标准

1.10.1 主控项目

1.10.1.1 隐蔽管道和给水系统的水压试验结果必须符合设计要求和施工规范规定。塑料管给水系统应在试验压力下稳压 1 h，压力降不得超过 0.05 MPa，然后在工作压力的 1.15 倍状态下稳压 2 h，压力降不得超过 0.03 MPa，同时检查各连接处不得渗漏。

1.10.1.2 给水系统交付使用前必须进行通水试验并做好记录。

1.10.1.3 生活给水系统管道在交付使用前必须冲洗和消毒，并经有关部门取样检验，符合国家《生活饮用水卫生标准》方可使用。

1.10.2 一般项目

1.10.2.1 给水引入管与排水排出管的水平净距离不得小于 1 m，室内给水与排水管道平行铺设时，两管间的最小水平净距不得小于 0.5 m；交叉铺设时，垂直净距不得小于 0.15 m。给水管应铺在排水管上面，若给水管必须铺在排水管下面时，给水管应加套管，其长度不得小于排水管管道径的 3 倍。

1.10.2.2 给水水平管道应有 0.2% ~0.5% 的坡度坡向泄水装置。给水水平管道设置坡度坡向泄水装置是为了在试压冲洗及维修时能及时排空管道的积水，尤其在北方寒冷地区，在冬季未正式采暖时管道内如有残存积水易冻结。

1.10.2.3 管道和阀门安装的允许偏差应符合表 1-3 的规定。

表 1-3 室内排水和雨水管道安装的允许偏差和检验方法

项次	项目		允许偏差 /mm	检验方法
1	横管弯曲度	每 1 m	不大于 2 mm	用水平尺量
		全长（10 m 以下）	<8 mm	
		全长（10 m 以上）	每 1 m<8 mm	
2	立管垂直度	每 1 m	不大于 3 mm	吊线和尺量检查
		H<5 m	<10 mm	
		H>5 m	<30 mm	

项次	项目		允许偏差 /mm	检验方法
3	卫生器具的排水口和横支管的纵横坐标	单独器具	不大于 ± 10 mm	用钢卷尺量
		成排器具	不大于 ± 5 mm	
4	卫生设备的接口标高	单独器具	不大于 ± 10 mm	用水平尺和钢卷尺量
		成排器具	不大于 ± 5mm	

2 室内排水系统安装工艺

本安装工艺适用于室内排水系统安装工程。

2.1 材料性能要求

2.1.1 排水管及与之相应管件的品种、规格、型号、数量、外观及制作质量必须符合设计要求，有出厂合格证、包装完好，表面光滑无气泡、裂纹，管壁厚薄均匀，在国标规定的范围内，色泽一致。直管段弯度不大于 1%，管件造型应规矩、光滑，与直管段相配套。

2.1.2 承插口粘接管道所用的粘接剂应为同一厂家配套产品，且有产品合格证及使用说明书。所有进场材料不合格的不得入库，入库的合格材料保管应分类挂牌堆放。

2.2 施工工具与机具

2.2.1 砂轮切割机、手电钻、台钻、电锤、手电钻、电焊机。

2.2.2 套螺纹板、管钳、压力钳、手锯、锤子、活扳手、链钳、弯器、螺钉旋具。

2.2.3 水平尺、线坠、钢卷尺。

2.3 作业条件

2.3.1 进入施工现场的排水管材、管件及阀门应经检查验收合格。

2.3.2 立管安装应在主体结构完成后进行，每层均应有明确的标高线，安装在竖井内的管道，应将竖井内的模板及杂物清理干净，并有防坠落的安全措施。

2.3.3 穿楼板及穿墙的管道应预留有管洞或套管，管洞或套管应比管道大 1 至 2 号。坐标、标高应正确。

2.4 排水系统安装工艺流程

安装准备→预制加工→干管安装→立管安装→支管安装→闭水试验→通水试验

2.5 施工要点

2.5.1 预制加工

根据图纸要求并结合实际情况，按预留口位置测量尺寸，绘制加工草图。根据草图量好管道尺寸，进行断管。断口要平齐，用铣刀或刮刀除掉断口内外飞刺，外棱铣出

15°。粘接前应对承插口先插入试验，不得全部插入，一般为承口的 3/4 深度。试插合格后，用棉布将承插口需粘接部位的水分、灰尘擦拭干净。如有油污需用丙酮除掉。用毛刷涂抹粘接剂，先涂抹承口后涂抹插口，随即用力垂直插入，插入粘接时稍作转动，以利粘接剂分布均匀，约 30~60 s 即可粘接牢固。粘牢后立即将溢出的粘接剂擦拭干净。多口粘连时应注意预留口方向。

2.5.2 干管安装

首先根据设计图纸要求的坐标、标高预留槽洞或预埋套管。埋入地下时，按设计坐标、标高、坡向、坡度开挖槽沟并夯实。采用托吊管安装时应按设计坐标、标高、坡向做好托、吊架。施工条件具备时，将预制加工好的管段，按编号运至安装部位进行安装。各管段粘连时也必须按粘接工艺依次进行。全部粘连后，管道要直，坡度均匀，各预留口位置准确。安装立管需装伸缩器，伸缩器上沿距地坪或蹲便台 70~100 mm。干管安装完后应做闭水试验，出口用充气橡胶堵封闭，达到不渗不漏，水位不下降为合格。地下埋设管道应先用细砂回填至管上皮 100 mm，上覆过筛土，夯实时勿碰损管道。托吊管粘牢后再按水流方向找坡度。最后将预留口封严和堵洞。

2.5.3 立管安装

首先按设计坐标要求，将洞口预留或后剔，洞口尺寸不得过大，更不可损伤受力钢筋。安装前清理场地，根据需要支搭操作平台。将已预制好的立管运到安装部位。首先清理已预留的伸缩器，将已预制好的立管运到安装部位。首先清理已预留的伸缩器，锁母拧下，取出 U 形橡胶圈，清理杂物。复查上层洞口是否合适。立管插入端应先画好插入长度标记，然后涂上肥皂液，套上锁母及 U 形橡胶圈。安装时先将立管上端伸入上一层洞口内，垂直用力插入至标记为止（一般预留胀缩量为 20~30 mm）。立管安装合适后即用自制 U 形钢制抱卡紧固于伸缩器上沿。然后找正找直，并测量顶板距三通口中心是否符合要求。无误后即可堵洞，并将上层预留伸缩器封严。

2.5.4 支管安装

首先剔出吊卡孔洞或复查预埋件是否合适。清理场地，按需要支搭操作平台。将预制好的支管按编号运至现场。清除各粘接部位的污物及水分。将支管水平初步吊起，涂抹粘接剂，用力推入预留管口。根据管段长度调整好坡度。合适后固定卡架，封闭各预留管口和堵洞。

2.5.5 器具连接管安装

核查建筑物地面、墙面做法、厚度。找出预留口坐标、标高，然后按准确尺寸修整预留洞口。分部位实测尺寸做记录，并预制加工、编号。安装粘接时，必须将预留管口清理干净，再进行粘接。粘牢后找正、找直，封闭管口和堵洞，打开下一层立管扫除口，用充气橡胶堵封闭上部，进行闭水试验。合格后，撤去橡胶堵，封好扫除口。

2.5.6 排水管道安装后，按规定要求必须进行闭水试验。凡属隐蔽暗装管道必须按分项工序进行。卫生洁具及设备安装后，必须进行通水通球试验，且应在涂装前进行。

2.5.7 地下埋设管道及出屋顶透气立管如不采用硬质聚氯乙烯排水管件而采用下水

铸铁管件时，可采用水泥捻口。为防止渗漏，塑料管插接处用粗砂纸将塑料管横向打磨粗糙。

2.5.8 粘接剂易挥发，使用后应随时封盖。冬季施工进行粘接时，凝固时间为2~3 min。粘接场所应通风良好，远离明火。

2.6 质量标准

2.6.1 主控项目

2.6.1.1 隐蔽或埋地的排水管道在隐蔽前必须做灌水试验，其灌水高度应不低于底层卫生器具的上边缘或底层地面高度。满水 15 min 水面下降后，再灌满观察 5 min，液面不降管道及接口无渗漏为合格。

2.6.1.2 生活污水塑料管道的坡度必须符合设计或表 1-4 的规定。

表 1-4　生活污水塑料管道的坡度

公称外径（mm）	热熔深度（mm）	加热时间（s）	加工时间（s）
1	50	2.5	1.2
2	75	1.5	0.8
3	110	1.2	0.6
4	125	1.0	0.5
5	160	0.7	0.4

2.6.1.3 排水塑料管必须按设计要求及位置装设伸缩器。如设计无要求时，伸缩器间距不得大于 4m。高层建筑中明设排水塑料管道应按设计要求设置阻火圈或防火套管。

2.6.1.4 排水主立管及水平干管管道均应做通球试验，通球球径不小于排水管道管径的 2/3，通球率必须达到 100%。

2.6.2 一般项目

2.6.2.1 在生活污水管道上设置的检查口或清扫口，当设计无要求时应遵循下列规定：

在立管上应每隔一层设置一个检查口，但在最底层和有卫生器具的最高层必须设置检查口。如为两层建筑时，可仅在底层设置立管检查口；如有乙字弯管时，则在该层乙字弯管的上部设置检查口。检查口中心高度距操作地面一般为 1 m，允许偏差 ±20 mm；检查口的朝向应便于检修。暗装立管，在检查口处应安装检修门。

2.6.2.2 在连接 2 个及 2 个以上大便器或 3 个及 3 个以上卫生器具的污水横管上应设置清扫口。当污水管在楼板下悬吊铺设时，可将清扫口设在上一层楼地面上，污水管起点的清扫口与管道相垂直的墙面距离不得小于 200 mm；若污水管起点设置堵头代替清扫口时与墙面距离不得小于 400 mm。

2.6.2.3 在转角小于 135° 的污水横管上，应设置检查口或清扫口。

2.6.2.4　污水横管的直线管段，应按设计要求的距离设置检查口或清扫口。

2.6.2.5　埋在地下或地板下的排水管道的检查口，应设在检查井内。井底表面标高与检查口的法兰相平，井底表面应有 5% 坡度，坡向检查口。

2.6.2.6　排水塑料管道支、吊架间距应符合表 1-5 的规定。

表 1-5　排水塑料管道支吊架最大间距（单位：m）

管径 /mm	50	75	110	125	160
立管 /mm	1.2	1.5	2.0	2.0	2.0
横管 /mm	0.5	0.75	1.10	1.30	1.6

2.6.2.7　排水通气管不得与风道或烟道连接，且应符合下列规定：

1 通气管应高出屋面 300 mm，但必须大于最大积雪厚度。

2 在通气管出口 4 m 以内有门、窗时，通气管应高出门、窗顶 600 mm 或引向无门、窗一侧。

3 在经常有人停留的平屋顶上，通气管应高出屋面 2 m，并应根据防雷要求设置防雷装置。

4 屋顶有隔热层从隔热层板面算起。

2.6.2.8　安装未经消毒处理的医院含菌污水管道，不得与其他排水管道直接连接。

2.6.2.9　饮食业工艺设备引出的排水管及饮用水水箱的溢流管，不得与污水管道直接连接，并应留出不小于 100 mm 的隔断空间。

2.6.2.10　通向室外的排水检查井的排水管，穿过墙壁或基础必须下返时，应采用 45°三通和 45°弯头连接，并应在垂直管段顶部设置清扫口。

2.6.2.11　由室内通向室外排水检查井的排水管，井内引入管应高于排出管或两管顶相平，并不小于 90°的水流转角，如跌落差大于 300 mm 可不受角度限制。

2.6.2.12　用于室内排水的室内管道、水平管道与立管的连接，应采用 45°三通或 45°四通和 90°斜三通或 90°斜四通。立管与排出管端部的连接，应采用两个 45°弯头或曲率半径不小于 4 倍管径的 90°弯头。

2.6.2.13　室内排水管道安装的允许偏差应符合表 1-6 的相关规定。

表 1-6　室内排水和雨水管道安装的允许偏差和检验方法

项次	项目		允许偏差 /mm	检验方法
1	横管弯曲度	每 1 m	不大于 2 mm	用水平尺量
		全长（10 m 以下）	<8 mm	
		全长（10 m 以上）	每 1m<8 mm	

续 表

项次	项目		允许偏差 /mm	检验方法
2	立管垂直度	每 1 m	不大于 3 mm	吊线和尺量检查
		H<5 m	<10 mm	
		H>5 m	<30 mm	
3	卫生器具的排水口和横支管的纵横坐标	单独器具	不大于 ±10 mm	用钢卷尺量
		成排器具	不大于 ±5 mm	
4	卫生设备的接口标高	单独器具	不大于 ±10 mm	用水平尺和钢卷尺量
		成排器具	不大于土 5 mm	

附录 A　蜜蜂新居验房标准依据——给排水工程

给排水				
1	给水	套内分户水表前的给水静水压力不应低于 50 kPa, 当不能达到时，应设置系统增压给水设备。	6.1.2	GBJ96-86《住宅建筑设计规范》
2		住宅室内给水系统最低配水点的静水压力，宜为 300~350 kPa 时，应采取竖向分区或减压措施。	6.1.3	
3		住宅应预留安装热水供应设施的条件，或设置热水供应设施。	6.1.4	GBJ96-86《住宅建筑设计规范》
4		给水和集中热水供应系统，应分户分别设置冷水和热水表。卫生器具和配件应采用节水性能良好的产品。管道、阀门和配件应采用不易锈蚀的材质。	6.1.5	
5		套内用水点供水压力不宜大于 0.20 MPa，且不应小于用水器具要求的最低压力。	8.2.3	GB50096-2011《住宅设计规范》
6		住宅应设置热水供应设施或预留安装热水供应设施的条件。生活热水的设计应符合下列规定： （1）集中生活热水系统配水点的供水水温不应低于 45 ℃； （2）集中生活热水系统应在套内热水表前设置循环回水管； （3）集中生活热水系统热水表后或户内热水器不循环的热水供水支管，长度不宜超过 8 m。	8.2.4	

7	给水	室内给水管道的水压试验必须符合设计要求。当设计未注明时，各种材质的给水管道系统试验压力均为工作压力的 1.5 倍，但不得小于 0.6 MPa。 检验方法：金属及复合管给水管道系统在试验压力下观测 10 min，压力降不应大于 0.02 MPa，然后降到工作压力进行检查，应不渗不漏；塑料管给水系统应在试验压力下稳压 1 h，压力降不得超过 0.05 MPa，然后在工作压力的 1.15 倍状态下稳压 2 h，压力降不得超过 0.03 MPa，同时检查各连接处不得渗漏。	4.2.1	GB50242-2002《建筑给水排水及采暖工程》
8		明装管道成排安装时，直线部分应互相平行。曲线部分：当管道水平或垂直并行时，应与直线部分保持等距；管道水平上下并行时，弯管部分的曲率半径应一致。	3.3.6	
9	水管道与支架	管道支、吊、托架的安装，应符合下列规定： （1）位置正确，埋设应平整牢固。 （2）固定支架与管道接触应紧密，固定应牢靠。 （3）滑动支架应灵活，滑托与滑槽两侧间应留有 3~5 mm 的间隙，纵向移动量应符合设计要求。 （4）无热伸长管道的吊架、吊杆应垂直安装。 （5）有热伸长管道的吊架、吊杆应向热膨胀的反方向偏移。 （6）固定在建筑结构上的管道支、吊架不得影响结构的安全。	3.3.7	
10		钢管水平安装的支、吊架间距不应大于表 3.3.8 的规定。	3.3.8	

表 3.3.8

公称直径（mm）		15	20	25	32	40	50	70
支架的最大间距（m）	保温管	2	2.5	2.5	2.5	3	3	4
	不保温管	2.5	3	3.5	4	4.5	5	6

公称直径（mm）		80	100	125	150	200	250	300
支架的最大间距（m）	保温管	4	4.5	6	7	7	8	8.5
	不保温管	6	6.5	7	8	9.5	11	12

11	水管道与支架	采暖、给水及热水供应系统的塑料管及复合管垂直或水平安装的支架间距应符合表 3.3.9 的规定。采用金属制作的管道支架，应在管道与支架间加衬非金属垫或套管。 表 3.3.9	3.3.9	GB50242–2002《建筑给水排水及采暖工程》

表 3.3.9

管径（mm）		12	14	16	18	20	25	32
最大间距	立管	0.5	0.6	0.7	0.8	0.9	1.0	1.1
	水平管 冷水管	0.4	0.4	0.5	0.5	0.6	0.7	0.8
	水平管 热水管	0.2	0.2	0.25	0.3	0.3	0.35	0.4
管径（mm）		40	50	63	75	90	110	
最大间距	立管	1.3	1.6	1.8	2.0	2.2	2.4	
	水平管 冷水管	0.9	1.0	1.1	1.2	1.35	1.55	
	水平管 热水管	0.5	0.6	0.7	0.8			

12		铜管垂直或水平安装的支架间距应符合表 3.3.10 的规定。	3.3.10	

表 3.3.10

公称直径（mm）		15	20	25	32	40	50
支架的最大间距（m）	垂直管	1.8	2.4	2.4	3.0	3.0	3.0
	水平管	1.2	1.8	1.8	2.4	2.4	2.4
公称直径（mm）		65	80	100	125	150	200
支架的最大间距（m）	垂直管	3.5	3.5	3.5	3.5	4.0	4.0
	水平管	3.0	3.0	3.0	3.0	3.5	3.5

13	管道穿过墙壁和楼板，应设置金属或塑料套管。安装在楼板内的套管，其顶部应高出装饰地面 20mm；安装在卫生间及厨房内的套管，其顶部应高出装饰地面 50mm，底部应与楼板底面相平；安装在墙壁内的套管其两端与饰面相平。穿过楼板的套管与管道之间缝隙应用阻燃密实材料和防水油膏填实，端面光滑。穿墙套管与管道之间缝隙宜用阻燃密实材料填实，且端面应光滑。管道的接口不得设在套管内。	3.3.13

14	弯制钢管，弯曲半径应符合下列规定： （1）热弯：应不小于管道外径的 3.5 倍。 （2）冷弯：应不小于管道外径的 4 倍。 （3）焊接弯头：应不小于管道外径的 1.5 倍。 （4）冲压弯头：应不小于管道外径。	3.3.14

15		管道接口应符合下列规定： （1）管道采用粘接接口，管端插入承口的深度不得小于表 3.3.15 的规定。 表 3.3.15 	公称直径（mm）	20	25	32	40	50
插入深度（mm）	16	19	22	26	31 | | 公称直径（mm）	75	100	125	150	
插入深度（mm）	44	61	69	80		 （2）熔接连接管道的结合面应有一均匀的熔接圈，不得出现局部熔瘤或熔接圈凸凹不匀现象。 （3）采用橡胶圈接口的管道，允许沿曲线铺设，每个接口的最大偏转角不得超过 2°。 （4）法兰连接时衬垫不得凸入管内，其外边缘接近螺栓孔为宜。不得安放双垫或偏垫。	3.3.15	
16	水管道与支架	管径小于或等于 100 mm 的镀锌钢管应采用螺纹连接，套丝扣时破坏的镀锌层表面及外露螺纹部分应做防腐处理；管径大于 100 mm 的镀锌钢管应采用法兰或卡套式专用管件连接，镀锌钢管与法兰的焊接处应二次镀锌。	4.1.3	GB50242-2002《建筑给水排水及采暖工程》
17		给水塑料管和复合管可以采用橡胶圈接口、粘接接口、热熔连接、专用管件连接及法兰连接等形式。塑料管和复合管与金属管件、阀门等的连接应使用专用管件连接，不得在塑料管上套丝。	4.1.4	
18		给水铸铁管管道应采用水泥捻口或橡胶圈接口方式进行连接。	4.1.5	
19		铜管连接可采用专用接头或焊接，当管径小于 22 mm 时宜采用承插或套管焊接，承口应迎介质流向安装；当管径大于或等于 22 mm 时宜采用对口焊接。	4.1.6	
20		给水立管和装有 3 个或 3 个以上配水点的支管始端，均应安装可拆卸的连接件。	4.1.7	
21		冷、热水管道同时安装应符合下列规定： （1）上、下平行安装时热水管应在冷水管上方。 （2）垂直平行安装时热水管应在冷水管左侧。	4.1.8	
22		给水引入管与排水排出管的水平净距不得小于 1 m。室内给水与排水管道平行敷设时，两管间的最小水平净距不得小于 0.5 m；交叉铺设时，垂直净距不得小于 0.15 m。给水管应铺在排水管上面，若给水管必须铺在排水管的下面时，给水管应加套管，其长度不得小于排水管管径的 3 倍。	4.2.5	

23	水管道与支架	水表应安装在便于检修、不受暴晒、污染和冻结的地方。安装螺翼式水表，表前与阀门应有不小于 8 倍水表接口直径的直线管段。表外壳距墙表面净距为 10~30 mm；水表进水口中心标高按设计要求，允许偏差为 ±10 mm。	4.2.10	GB50242-2002《建筑给水排水及采暖工程》
24		住宅的污水排水横管宜设于本层套内。当必须敷设于下一层的套内空间时，其清扫口应设于本层，并应进行夏季管道外壁结露验算，采取相应的防止结露的措施。	6.1.6	GBJ96-86《住宅建筑设计规范》
25		布置洗浴器和布置洗衣机的部位应设置地漏，其水封深度不应小于 50 mm。布置洗衣机的部位宜采用能防止溢流和干涸的专用地漏。无存水弯的卫生器具和无水封的地漏与生活排水管道连接时，在排水口以下应设存水弯；存水弯和有水封地漏的水封高度不应小于 50 mm。	6.1.7	
26		地下室、半地下室中低于室外地面的卫生器具和地漏的排水管，不应与此上部排水管道连接，应设置集水坑用污水泵排出。	6.1.9	
27	排水	厨房和卫生间的排水立管应分别设置。排水管道不得穿越卧室。	8.2.6	GB50096-2011《住宅设计规范》
28		排水立管不应设置在卧室内，且不宜设置在靠近与卧室相邻的内墙；当必须靠近与卧室相邻的内墙时，应采用低噪声管材。	8.2.7	
29		污废水排水横管宜设置在本层套内；当敷设于下一层的套内空间时，其清扫口应设置在本层，并应进行夏季管道外壁结露验算和采取相应的防止结露的措施。污废水排水立管的检查口宜每层设置。	8.2.8	
30		设置淋浴器和洗衣机的部位应设置地漏，设置洗衣机的部位宜采用能防止溢流和干涸的专用地漏。洗衣机设置在阳台上时，其排水不应排入雨水管。	8.2.9	
31		排水通气管的出口，设置在上人屋面、住户平台上时，应高出屋面或平台地面 2.00 m；当周围 4.00 m 之内有门窗时，应高出门窗上口 0.60 m。	8.2.13	
32		高层明敷排水塑料管应按设计要求设置阻火圈或防火套管，排水洞口封堵应使用耐火材料。	17.2.3	JGJ/T304-2013《住宅室内装饰装修工程质量验收规范》
33		明敷室内塑料给水排水立管距离灶台边缘应有可靠的隔热间距或保护措施，防止管道受热软化。	17.2.4	
34		地漏的安装应平正、牢固，并应低于排水表面，无渗漏。	17.2.5	
35		给水排水配件应完好无损伤，接口应严密，角阀、龙头应启闭灵活，无渗漏，且应便于检修。	17.2.6	

续表 A

36		隐蔽或埋地的排水管道在隐蔽前必须做灌水试验，其灌水高度应不低于底层卫生器具的上边缘或底层地面高度。	5.2.1	
37		生活污水铸铁管道的坡度必须符合设计或本规范表 5.2.2 的规定。 表 5.2.2	5.2.2	

表 5.2.2

项次	管径（mm）	标准坡度（‰）	最小坡度（‰）
1	50	35	25
2	75	25	15
3	100	20	12
4	125	15	10
5	150	10	7
6	200	8	5

生活污水塑料管道的坡度必须符合设计或本规范表 5.2.3 的规定。

表 5.2.3

项次	管径（mm）	标准坡度（‰）	最小坡度（‰）
1	50	25	12
2	75	15	8
3	110	12	6
4	125	10	5
5	160	7	4

38	排水	表 5.2.3（见上）	5.2.3	GB50242-2002《建筑给水排水及采暖工程》
39		排水主立管及水平干管管道均应做通球试验，通球球径不小于排水管道管径的 2/3，通球率必须达到 100%。	5.2.5	
40		在生活污水管道上设置的检查口或清扫口，当设计无要求时应符合下列规定： （1）在立管上应每隔一层设置一个检查口，但在最底层和有卫生器具的最高层必须设置。如为两层建筑时，可仅在底层设置立管检查口；如有乙字弯管时，则在该层乙字弯管的上部设置检查口。检查口中心高度距操作地面一般为 1m，允许偏差 ±20 mm；检查口的朝向应便于检修。暗装立管，在检查口处应安装检修门。 （2）在连接 2 个及 2 个以上大便器或 3 个及 3 个以上卫生器具的污水横管上应设置清扫口。当污水管在楼板下悬吊铺设时，可将清扫口设在上一层楼地面上，污水管起点的清扫口与管道相垂直的墙面距离不得小于 200 mm；若污水管起点设置堵头代替清扫口时，与墙面距离不得小于 400 mm。 （3）在转角小于 135° 的污水横管上，应设置检查口或清扫口。 （4）污水横管的直线管段，应按设计要求的距离设置检查口或清扫口。	5.2.6	

| 41 | | 排水塑料管道支、吊架间距应符合表 5.2.9 的规定。
表 5.2.9

| 管径（mm） | 50 | 75 | 110 | 125 | 160 |
\| 立管（m） \| 1.2 \| 1.5 \| 2.0 \| 2.0 \| 2.0 \|
\| 横管（m） \| 0.50 \| 0.75 \| 1.10 \| 1.30 \| 1.60 \| | 5.2.9 | |

排水塑料管道支、吊架间距应符合表 5.2.9 的规定。

表 5.2.9

管径（mm）	50	75	110	125	160
立管（m）	1.2	1.5	2.0	2.0	2.0
横管（m）	0.50	0.75	1.10	1.30	1.60

序号	类别	内容	条文	标准
41		排水塑料管道支、吊架间距应符合表 5.2.9 的规定。	5.2.9	
42		用于室内排水的水平管道与水平管道、水平管道与立管的连接，应采用 45° 三通或 45° 四通和 90° 斜三通或 90° 斜四通。立管与排出管端部的连接，应采用两个 45° 弯头或曲率半径不小于 4 倍管径的 90° 弯头。	5.2.15	
43		排水塑料管必须按设计要求及位置装设伸缩节。如设计无要求时，伸缩节间距不得大于 4 m。	5.2.4	
44		雨水管道不得与生活污水管道相连接。	5.3.4	
45	排水	阀门的强度和严密性试验，应符合以下规定：阀门的强度试验压力为公称压力的 1.5 倍； 严密性试验压力为公称压力的 1.1 倍； 试验压力在试验持续时间内应保持不变，且壳体填料及阀瓣密封面无渗漏。 阀门试压的试验持续时间应不少于表 3.2.5 的规定。	3.2.5	GB50242-2002《建筑给水排水及采暖工程》
46		注：公称及压力对照表		

表 3.2.5

公称直径（mm）	最短实验时间（s）		
	严密性试验		强度试验
	金属密封	非金属密封	
≤ 50	15	15	15
60–200	30	15	60
250–400	60	30	180

（每个阀门都有其设计的标准公称压力）

注：公称及压力对照表

磅级 CLASS	150	300	400	600	900	1500	2500
公称压力 MPa	0.6 MPa 1.0 MPa 1.6 MPa 2.0 MPa	2.5 MPa 4.0 MPa 5.0 MPa	6.4 MPa	10.0 MPa	15.0 MPa	25.0 MPa	42.0 MPa
公称压力 MPa	PN6 PN10 PN16 PN20	PN25 PN40 PN50	PN64	PN100	PN150	PN250	PN420

47		严寒和寒冷地区的高层、中高层和多层住宅,宜采用集中采暖系统。采暖热媒应采用热水。	6.2.1	GBJ96–86《住宅建筑设计规范》
48		设置集中采暖系统的普通住宅的室内采暖计算温度,不应低于表 6.2.2 的规定。 表 6.2.2　室内采暖计算温度 	用房	温度(摄氏度)
---	---
卧室、起居室(厅)的卫生间	18
厨房	15
设采暖的楼梯间的走廊	14		6.2.2	
49		集中采暖系统的设计,宜能实施分室温度调节,并宜为实施分户热量计量预留条件。散热器的调节阀门,应确保频繁调节的密封性能,并采用不易锈蚀的材质。	6.2.3	
50		集中采暖系统中,用于总体调节和检修的设施,不应设置于套内。	6.2.4	
51		住宅的散热器,应采用体型紧凑、便于清扫、使用寿命不低于钢管的型式,其位置应确保室内温度的均匀分布,并应与室内设施和家具协调布置。	6.2.5	
52	采暖	以煤、薪柴、燃油和燃气等为燃料,设置分散式采暖的住宅应设烟囱;上下层或毗连房间合用一个烟囱时,必须采取防止串烟的措施。	6.2.6	
53		热水供应系统的管道应采用塑料管、复合管、镀锌钢管和铜管。	6.1.2	GB50242–2002《建筑给水排水及采暖工程》
54		热水供应系统安装完毕,管道保温之前应进行水压试验。试验压力应符合设计要求。当设计未注明时,热水供应系统水压试验压力应为系统顶点的工作压力加 0.1 MPa,同时在系统顶点的试验压力不小于 0.3 MPa。 检验方法:钢管或复合管道系统试验压力下 10 min 内压力降不大于 0.02 MPa,然后降至工作压力检查,压力应不降,且不渗不漏;塑料管道系统在试验压力下稳压 1h,压力降不得超过 0.05 MPa,然后在工作压力 1.15 倍状态下稳压 2h,压力降不得超过 0.03 MPa,连接处不得渗漏。	30	
55		热水供应管道应尽量利用自然弯补偿热伸缩,直线段过长则应设置补偿器。	6.2.2	
56		热水供应管道和阀门安装的允许偏差应符合本规范表 4.2.8 的规定。	6.2.6	
57		热交换器应以工作压力的 1.5 倍作水压试验。蒸汽部分应不低于蒸汽供汽压力加 0.3 MPa;热水部分应不低于 0.4 MPa。	6.3.2	

58		敞口水箱的满水试验和密闭水箱（罐）的水压试验必须符合设计与本规范的规定。 检验方法：满水试验静置24h，观察不渗不漏；水压试验在试验压力下10 min压力不降，不渗不漏。	6.3.5	
59		热水箱及上、下集管等循环管道均应保温。	6.3.11	
60		本章适用于饱和蒸汽压力不大于0.7 MPa，热水温度不超过130℃的室内采暖系统安装工程的质量检验与验收。	8.1.1	
61		散热器支管长度超过1.5m时，应在支管上安装管卡。	8.2.10	
62		当采暖热媒为110℃~130℃的高温水时，管道可拆卸件应使用法兰，不得使用长丝和活接头。法兰垫料应使用耐热橡胶板。	8.2.14	
63		散热器组对后，以及整组出厂的散热器在安装之前应作水压试验。试验压力如设计无要求时应为工作压力的1.5倍，但不小于0.6 MPa。 检验方法：试验时间为2~3 min，压力不降且不渗不漏。	8.3.1	
64	采暖	散热器组对应平直紧密，组对后的平直度应符合表8.3.3规定。 表8.3.3 <table><tr><td>项次</td><td>散热器类型</td><td>片数</td><td>允许偏差（mm）</td></tr><tr><td rowspan=2>1</td><td rowspan=2>长翼型</td><td>2~4</td><td>4</td></tr><tr><td>5~7</td><td>6</td></tr><tr><td rowspan=2>2</td><td rowspan=2>铸铁片式 钢制片式</td><td>3~15</td><td>4</td></tr><tr><td>16~25</td><td>6</td></tr></table>	8.3.3	GB50242-200《建筑给水排水及采暖工程》
65		散热器背面与装饰后的墙内表面安装距离，应符合设计或产品说明书要求。如设计未注明，应为30 mm。	8.3.6	
66		散热器安装允许偏差应符合表8.3.7的规定。 表8.3.7 <table><tr><td>项次</td><td>项目</td><td>允许偏差（mm）</td><td>检验方法</td></tr><tr><td>1</td><td>散热器背面与墙内表面距离</td><td>3</td><td rowspan=2>尺量</td></tr><tr><td>2</td><td>与窗中心线或设计定位尺寸</td><td>20</td></tr><tr><td>3</td><td>散热器垂直度</td><td>3</td><td>掉线和尺量</td></tr></table>	8.3.7	
67		铸铁或钢制散热器表面的防腐及面漆应附着良好，色泽均匀，无脱落、起泡、流淌和漏涂缺陷。	8.3.8	
68		辐射板在安装前应作水压试验，如设计无要求时试验压力应为工作压力1.5倍，但不得小于0.6 MPa。 检验方法：试验压力下2~3 min压力不降且不渗不漏。	8.4.1	

69		水平安装的辐射板应有不小于 5‰ 的坡度坡向回水管。	8.4.2	
70		低温热水地板辐射采暖系统安装。	8.5	
71		地面下敷设的盘管埋地部分不应有接头。	8.5.1	
72		盘管隐蔽前必须进行水压试验，试验压力为工作压力的 1.5 倍，但不小于 0.6 MPa。 检验方法：稳压 1h 内压力降不大于 0.05 MPa 且不渗不漏。	8.5.2	
73		加热盘管弯曲部分不得出现硬折弯现象，曲率半径应符合下列规定： （1）塑料管：不应小于管道外径的 8 倍。 （2）复合管：不应小于管道外径的 5 倍。	8.5.3	
74	采暖	采暖系统安装完毕，管道保温之前应进行水压试验。试验压力应符合设计要求。当设计未注明时，应符合下列规定： （1）蒸汽、热水采暖系统，应以系统顶点工作压力加 0.1 MPa 作水压试验，同时在系统顶点的试验压力不小于 0.3 MPa。 （2）高温热水采暖系统，试验压力应为系统顶点工作压力加 0.4 MPa。 （3）使用塑料管及复合管的热水采暖系统，应以系统顶点工作压力加 0.2 MPa 作水压试验，同时在系统顶点的试验压力不小于 0.4 MPa。 检验方法：使用钢管及复合管的采暖系统应在试验压力下 10 min 内压力降不大于 0.02 MPa，降至工作压力后检查，不渗、不漏；使用塑料管的采暖系统应在试验压力下 1h 内压力降不大于 0.05 MPa，然后降压至工作压力的 1.15 倍，稳压 2h，压力降不大于 0.03 MPa，同时各连接处不渗、不漏。	8.6.1	GB50242-200《建筑给水排水及采暖工程》
75		以天然气为燃料的锅炉的天然气释放管或大气排放管不得直接通向大气，应通向贮存或处理装置。	13.2.3	
76		非承压锅炉，应严格按设计或产品说明书的要求施工。锅筒顶部必须敞口或装设大气连通管，连通管上不得安装阀门。	13.2.2	
77		除电力充足和供电政策支持，或建筑所在地无法利用其他形式的能源外，严寒和寒冷地区、夏热冬冷地区的住宅不应设计直接电热作为室内采暖主体热源。	8.3.2	GB50096-2011《住宅设计规范》
78		设有洗浴器并有热水供应设施的卫生间宜按沐浴时室温为 25℃ 设计。	8.3.7	
79		套内采暖设施应配置室温自动调控装置。	8.3.8	
80		设计地面辐射采暖系统时，宜按主要房间划分采暖环路。	8.3.10	
81		应采用体型紧凑、便于清扫、使用寿命不低于钢管的散热器，并宜明装，散热器的外表面应刷非金属性涂料。	8.3.11	

82		热水地面辐射供暖系统的供、回水温度应由计算确定，供水温度不应大于60℃，供回水温差不宜大于10℃且不宜小于5℃。民用建筑供水温度宜采用35℃～45℃。	3.1.1	
83		毛细管网辐射系统供暖时，供水温度宜符合表3.1.2的规定，供回水温差宜采用3℃~6℃。 表3.1.2 毛细管网供水温度（℃） <table><tr><td>设置位置</td><td>宜采用温度</td></tr><tr><td>顶棚</td><td>25~35</td></tr><tr><td>墙面</td><td>25~35</td></tr><tr><td>地面</td><td>30~40</td></tr></table>	3.1.2	
84	采暖	辐射供暖表面平均温度宜符合表3.1.3的规定。 表3.1.3 辐射供暖表面平均温度（℃） <table><tr><td colspan="2">设置位置</td><td>宜采用的平均温度</td><td>平均温度上限值</td></tr><tr><td rowspan="3">地面</td><td>人员经常停留</td><td>25~27</td><td>29</td></tr><tr><td>人员短期停留</td><td>28~30</td><td>32</td></tr><tr><td>无人停留</td><td>35~40</td><td>42</td></tr><tr><td rowspan="2">顶棚</td><td>房间高度2.5 m~3.0 m</td><td>28~30</td><td></td></tr><tr><td>房间高度3.1 m~4.0 m</td><td>33~36</td><td></td></tr><tr><td rowspan="2">墙面</td><td>距地面1 m以下</td><td>35</td><td></td></tr><tr><td>距地面1 m以上3.5 m以下</td><td>45</td><td></td></tr></table>	3.1.3	JGJ142–2012《辐射供暖供冷技术规程》
85		辐射供暖供冷系统室内空气温度检测应符合下列规定： （1）辐射供暖时，宜以房间中央离地0.75 m高处的空气温度作为评价依据； （2）辐射供冷时，宜以房间中央离地1.1 m高处空气温度作为评价依据； （3）温度测量系统准确度应为±0.2℃。	6.1.8	
86		辐射供冷系统供水温度应保证供冷表面温度高于室内空气露点温度1℃~2℃。供回水温差不宜大于5℃且不应小于2℃。辐射供冷表面平均温度宜符合表3.1.4的规定。 表3.1.4 辐射供冷表面平均温度（℃） <table><tr><td colspan="2">设置位置</td><td>平均温度下限值</td></tr><tr><td rowspan="2">地面</td><td>人员经常停留</td><td>19</td></tr><tr><td>人员短期停留</td><td>19</td></tr><tr><td colspan="2">墙面</td><td>17</td></tr><tr><td colspan="2">顶棚</td><td>17</td></tr></table>	3.1.4	

87		地面上的固定设备或卫生器具下方，不应布置加热供冷部件。	3.1.10	
88		采用地面辐射供暖供冷时，生活给水管道、电气系统管线等不得与地面加热供冷部件敷设在同一构造层内。	3.1.11	
89		直接与室外空气接触的楼板或与不供暖供冷房间相邻的地板作为供暖供冷辐射地面时，必须设置绝热层。	3.2.2	
90		供暖供冷辐射地面构造应符合下列规定： （1）当与土壤接触的底层地面作为辐射地面时，应设置绝热层。设置绝热层时，绝热层与土壤之间应设置防潮层； （2）潮湿房间的混凝土填充式供暖地面的填充层上、预制沟槽保温板或预制轻薄供暖板供暖地面的面层下，应设置隔离层。	3.2.3	
91	采暖	预制沟槽保温板辐射供暖地面均热层设置应符合下列规定： （1）加热部件为加热电缆时，应采用铺设有均热层的保温板，加热电缆不应与绝热层直接接触；加热部件为加热管时，宜采用铺设有均热层的保温板； （2）直接铺设木地板面层时，应采用铺设有均热层的保温板，且在保温板和加热管或加热电缆之上宜再铺设一层均热层。	3.2.8	JGJ142-2012《辐射供暖供冷技术规程》
92		采用供暖板时，房间内未铺设供暖板的部位和敷设输配管的部位应铺设填充板。采用预制沟槽保温板时，分水器、集水器与加热区域之间的连接管，应敷设在预制沟槽保温板中。	3.2.9	
93		分支环路的设置应符合下列规定： （1）连接在同一分水器、集水器的相同管径的各环路长度宜接近；现场敷设加热供冷管时，各环路管长度不宜超过120m；当各环路长度差距较大时，宜采用不同管径的加热供冷管，或在每个分支环路上设置平衡装置； （2）每个主要房间应独立设置环路，面积小的附属房间内的加热供冷管、输配管可串联； （3）进深和面积较大的房间，当分区域计算热负荷或冷负荷时，各区域应独立设置环路； （4）不同标高的房间地面，不宜共用一个环路。	3.5.5	
94		对于冬季供暖夏季供冷的地面辐射系统，卫生间等地面温度不宜过低的房间，应独立设置环路。	3.5.6	
95		加热供冷管距离外墙内表面不得小于100 mm，与内墙距离宜为200 mm~300 mm。距卫生间墙体内表面宜为100 mm~150 mm。	3.5.8	

96	加热供冷管和输配管流速不宜小于 0.25m/s。	3.5.11	
97	输配管宜采用与供暖板内加热管相同的管材。	3.5.12	
98	每个环路进、出水口，应分别与分水器、集水器相连接。分水器、集水器最大断面流速不宜大于 0.8m/s。每个分水器、集水器分支环路不宜多于 8 路。每个分支环路供回水管上均应设置可关断阀门。	3.5.13	
99	分水器前应设置过滤器；分水器的总进水管与集水器的总出水管之间宜设置清洗供暖系统时使用的旁通管，旁通管上应设置阀门。设置混水泵的混水系统，当外网为定流量时，应设置平衡管并兼作旁通管使用，平衡管上不应设置阀门。旁通管和平衡管的管径不应小于连接分水器和集水器的进出口总管管径。	3.5.14	
100	分水器、集水器上均应设置手动或自动排气阀。	3.5.15	
101	加热供冷管出地面与分水器、集水器连接时，其外露部分应加黑色柔性塑料套管。	3.5.16	
102	辐射供冷用分水器、集水器表面应做防结露处理。	3.5.17	
103	采暖 温控器设置及选型应符合下列规定： （1）室温型温控器应设置在附近无散热体、周围无遮挡物、不受风直吹、不受阳光直晒、通风干燥、周围无热源体、能正确反映室内温度的位置，且不宜设在外墙上； （2）在需要同时控制室温和限制地表面温度的场合，应采用双温型温控器； （3）当加热电缆辐射供暖系统仅负担一部分供暖负荷或作为值班供暖时，可采用地温型温控器； （4）对开放大空间场所，室温型温控器应布置在所对应回路的附近，当无法布置在所对应的回路附近时，可采用地温型温控器； （5）地温型温控器的传感器不应被家具、地毯等覆盖或遮挡，宜布置在人员经常停留的位置且在加热部件之间； （6）对浴室、带沐浴设备的卫生间、游泳池等潮湿区域，室温型温控器的防护等级和设置位置应符合国家现行相关标准的要求；当不能满足要求时，应采用地温型温控器； （7）温控器的控制器设置高度宜距地面 1.4 m，或与照明开关在同一水平线上。	3.8.5	JGJ142-2012《辐射供暖供冷技术规程》
104	当加热电缆辐射供暖系统配电导线设计时，应合理布置温控器、接线盒等位置，减少连接管线，并应符合下列规定： （1）导线应采用铜芯导线；导体截面应按敷设方式、环境条件确定，且导体载流量不应小于预期负荷的最大计算电流和按保护条件所确定的电流； （2）固定敷设的电源线的最小芯线截面不应小于 2.5 mm²。	3.9.4	

105		辐射供暖用加热电缆产品必须有接地屏蔽层。	4.5.1	
106		加热电缆冷、热线的接头应采用专用设备和工艺连接，不应在现场简单连接；接头应可靠、密封，并保持接地的连续性。	4.5.2	
107		加热电缆外径不宜小于 5 mm。	4.5.3	
108		在铺设辐射面绝热层的同时或在填充层施工前，应由供暖供冷系统安装单位在与辐射面垂直构件交接处设置不间断的侧面绝热层，侧面绝热层的设置应符合下列规定： （1）绝热层材料宜采用高发泡聚乙烯泡沫塑料，且厚度不宜小于 10 mm；应采用搭接方式连接，搭接宽度不应小于 10 mm； （2）绝热层材料也可采用密度不小于 20kg/m³ 的模塑聚苯乙烯泡沫塑料板，其厚度应为 20 mm，聚苯乙烯泡沫塑料板接头处应采用搭接方式连接； （3）侧面绝热层应从辐射面绝热层的上边缘做到填充层的上边缘；交接部位应有可靠的固定措施，侧面绝热层与辐射面绝热层应连接严密。	5.3.3	JGJ142–2012《辐射供暖供冷技术规程》
109	采暖	加热供冷管及输配管切割应采用专用工具，切口应平整，断口面应垂直管轴线。	5.4.2	
110		加热供冷管及输配管弯曲敷设时应符合下列规定： （1）圆弧的顶部应用管卡进行固定； （2）塑料管弯曲半径不应小于管道外径的 8 倍，铝塑复合管的弯曲半径不应小于管道外径的 6 倍，铜管的弯曲半径不应小于管道外径的 5 倍； （3）最大弯曲半径不得大于管道外径的 11 倍； （4）管道安装时应防止管道扭曲；铜管应采用专用机械弯管。	5.4.3	
111		混凝土填充式供暖地面距墙面最近的加热管与墙面间距宜为 100 mm；每个环路加热管总长度与设计图纸误差不应大于 8%。	5.4.4	
112		埋设于填充层内的加热供冷管及输配管不应有接头。在铺设过程中管材出现损坏、渗漏等现象时，应当整根更换，不应拼接使用。	5.4.5	
113		加热供冷管应设固定装置。加热供冷管弯头两端宜设固定卡；加热供冷管直管段固定点间距宜为 500 mm~700 mm，弯曲管段固定点间距宜为 200 mm~300 mm。	5.4.7	
114		加热供冷管或输配管穿墙时应设硬质套管。	5.4.8	
115		在分水器、集水器附近以及其他局部加热供冷管排列比较密集的部位，当管间距小于 100 mm 时，加热供冷管外部应设置柔性套管。	5.4.9	

116		加热供冷管或输配管出地面至分水器、集水器连接处，弯管部分不宜露出面层。加热供冷管或供暖板输配管出地面至分水器、集水器下部阀门接口之间的明装管段，外部应加装塑料套管或波纹管套管，套管应高出面层 150 mm~200 mm。	5.4.10	
117		加热供冷管的环路布置不宜穿越填充层内的伸缩缝，必须穿越时，伸缩缝处应设长度不小于 200 mm 的柔性套管。	5.4.12	
118		分水器、集水器宜在加热供冷管敷设之前进行安装。水平安装时，宜将分水器安装在上，集水器安装在下，中心距宜为 200 mm，集水器中心距地面不应小于 300 mm。	5.4.13	
119	采暖	填充层伸缩缝设置应与加热供冷管的安装同步或在填充层施工前进行，并应符合下列规定： （1）当地面面积超过 30 m² 或边长超过 6 m 时，应按不大于 6 m 间距设置伸缩缝，伸缩缝宽度不应小于 8 mm；伸缩缝宜采用高发泡聚乙烯泡沫塑料板，或预设木板条待填充层施工完毕后取出，缝槽内满填弹性膨胀膏； （2）伸缩缝宜从绝热层的上边缘做到填充层的上边缘； （3）伸缩缝应有效固定，泡沫塑料板也可在铺设辐射面绝热层时挤入绝热层中。	5.4.14	JGJ142-2012《辐射供暖供冷技术规程》
120		加热电缆出厂后严禁剪裁和拼接，有外伤或破损的加热电缆严禁敷设。	5.5.2	
121		加热电缆的弯曲半径不应小于生产企业规定的限值，且不得小于 6 倍电缆直径。	5.5.5	
122		采用混凝土填充式地面供暖时，加热电缆下应铺设金属网，并应符合下列规定： （1）金属网应铺设在填充层中间； （2）除填充层在铺设金属网和加热电缆的前后分层施工外，金属网网眼不应大于 100 mm×100 mm，金属直径不应小于 1.0 mm； （3）应每隔 300 mm 将加热电缆固定在金属网上。	5.5.6	
123		加热电缆的冷线与热线接头应暗装在填充层或预制沟槽保温板内，接头处 150 mm 之内不应弯曲。	5.5.8	

		管道敷设完成，经检查符合设计要求后应进行水压试验，水压试验应符合下列规定： （1）水压试验应在系统冲洗之后进行，系统冲洗应对分水器、集水器以外主供、回水管道进行冲洗，冲洗合格后再进行室内供暖系统的冲洗； （2）水压试验之前，应对试压管道和构件采取安全有效的固定和保护措施； （3）水压试验应以每组分水器、集水器为单位，逐回路进行； （4）混凝土填充式地面辐射供暖户内系统试压应进行两次，分别在浇筑混凝土填充层之前和填充层养护期满后进行；预制沟槽保温板、供暖板和毛细管网户内系统试压应进行两次，分别在铺设面层之前和之后进行； （5）冬季进行水压试验时，在有冻结可能的情况下，应采取可靠的防冻措施，试压完成后应及时将管内的水吹净、吹干。	5.6.1	
124				
125		水压试验压力应为工作压力的1.5倍，且不应小于0.6 MPa。在试验压力下，稳压1 h，其压力降不应大于0.05 MPa，且不渗不漏。	5.6.2	
126		水泥砂浆填充层应与发泡水泥绝热层结合牢固，单处空鼓面积不应大于0.04 cm²，且每个自然房间不应多于2处。	5.7.4	
127	采暖	混凝土填充层施工中，加热供冷管内的水压不应低于0.6 MPa；填充层养护过程中，系统水压不应低于0.4 MPa。	5.7.6	JGJ142—2012《辐射供暖供冷技术规程》
128		面层施工前，填充层应达到面层需要的干燥度和强度。面层施工除应符合土建施工设计图纸的各项要求外，尚应符合下列规定： （1）施工面层时，不得剔、凿、割、钻和钉填充层，不得向填充层内揳入任何物件； （2）石材、瓷砖在与内外墙、柱等垂直构件交接处，应留10 mm宽伸缩缝；木地板铺设时，应留不小于14 mm的伸缩缝；伸缩缝应从填充层的上边缘做到高出面层上表面10 mm~20 mm，面层敷设完毕后，应裁去伸缩缝多余部分；伸缩缝填充材料宜采用高发泡聚乙烯泡沫塑料； （3）面积较大的面层应由建筑专业计算伸缩量，设置必要的面层伸缩缝。	5.8.1	
129		以瓷砖、大理石、花岗岩作为面层时，填充层伸缩缝处宜采用干贴施工。	5.8.3	
130		初始供暖时，水温变化应平缓。供暖系统的供水温度应控制在高于室内空气温度10℃左右，且不应高于32℃，并应连续运行48h；以后每隔24 h水温升高3℃，直至达到设计供水温度，并保持该温度运行不少于24 h；在设计供水温度下应对每组分水器、集水器连接的加热管逐路进行调节，直至达到设计要求。	6.1.3	

131		陶瓷阀芯上游抗水压机械性试验，将水嘴按使用状态安装在试验设备上，关闭阀芯，从进水口引入（2.5±0.05）MPa的压力值，保压60±5秒，水嘴阀芯上游任何零部件应无永久性变形。	8.6.1.1	
132	陶瓷阀芯	陶瓷阀芯上游抗水压机械性试验，将水嘴按使用状态安装在试验设备上，打开阀芯，对于出水口安装流量调节器的水嘴，在进水口施加（0.4±0.02）MPa的动压，对于出水口不带流量调节器的水嘴，在进水口施加压力，施加的压力应使水的流量达到（0.4±0.04）L/s，保压（60±5）s，水嘴阀芯下游任何零部件应无永久性变形。	8.6.1.2	
133		浴缸与淋浴手动转换开关密封性试验：将水嘴按使用状态安装在试验设备上，将转换开关调制水流至浴缸的位置，人工堵住水嘴的出口，淋浴出口为开启状态，从水嘴进水口施加（0.4±0.02）MPa的静压力并持续（60±5）s，逐渐减小压力到（0.05±0.01）MPa的静压力并持续（60±5）s，检查淋浴出水口有无渗漏情况。再将转换开关调制水流至淋浴的位置，人工堵住水嘴的淋浴出水口，浴缸出水口为开启状态，水嘴进水口施加（0.4±0.02）MPa的静压力并持续（60±5）s，逐渐减小压力到（0.05±0.01）MPa的静压持续（60±5）s，检查浴缸出水口有无渗漏现象。	8.6.23.1	Gb18145-2014《陶瓷片密封水嘴》

134	陶瓷阀芯	水嘴陶瓷阀芯密封性能应符合表3规定。 表3						

表3

以冷水为介质进行试验					
检测部位	阀芯或转换开关位置	出水口状态	试验条件		要求
			压力/MPa	持续时间/s	
阀芯及阀芯上游	阀芯关闭	开	1.6±0.05	60±5	阀芯及上游过水通道无渗漏
出水口能够被堵住的水嘴阀芯下游	阀芯打开	关	洗衣机水嘴：1.6±0.05 其他水嘴：0.4±0.02	60±5	阀芯及下游任何密封部位无渗漏
			0.05±0.01		
出水口不能被堵住的水嘴阀芯下游	阀芯打开	开	水嘴流量为（0.4±0.04）L/s时的压力	60±5	

续表A

| 134 | 陶瓷阀芯 | 以冷水为介质进行试验 | | | | | | Gb18145–2014《陶瓷片密封水嘴》 |

		检测部位	阀芯或转换开关位置	出水口状态	试验条件		要求	
					压力/MPa	持续时间/s		
134	陶瓷阀芯	浴缸与淋浴手动转换开关	阀芯开，转换开关处于浴缸模式	人工堵住水嘴流向浴缸的出水口，淋浴出水口呈开启状态	0.4±0.02	60±5	水嘴的淋浴出水口无渗漏	Gb18145–2014《陶瓷片密封水嘴》
					0.05±0.01	60±5		
			阀芯开，转换开关处于淋浴模式	人工堵住淋浴出水口，浴缸出水口开	0.4±0.02	60±5	水嘴的浴缸出水口无渗漏	
					0.05±0.01	60±5		
		浴缸与淋浴自动复位转换开关	阀芯开，转换开关处于浴缸模式	两个出水口开	0.4±0.02	60±5	水嘴的淋浴出水口无渗漏	
			阀芯开，转换开关处于淋浴模式		0.4±0.02	60±5	水嘴的淋浴出水口无渗漏	
		浴缸与淋浴自动复位转换开关	阀芯开，转换开关处于淋浴模式	两个出水口开	0.05±0.01	60±5	转换开关不得移动，水嘴的浴缸出水口无渗漏	
			阀芯关				转换开关自动回到浴缸出水模式	
			阀芯开，转换开关处于浴缸模式		0.05±0.01	60±5	水嘴的淋浴出水口无渗漏	

134	陶瓷阀芯	顶喷花洒与手持花洒转换开关	阀芯开，转换开关处于顶喷花洒模式	人工堵住水嘴连接顶喷花洒的出水口，连接手持花洒的出水口开	0.4 ± 0.02	60 ± 5	水嘴连接手持花洒的出水口无渗漏		Gb18145-2014《陶瓷片密封水嘴》
					0.05 ± 0.01	60 ± 5			
			阀芯开，转换开关处于手持花洒模式	人工堵住水嘴连接手持花洒的出水口，连接顶喷花洒的出水口开	0.4 ± 0.02	60 ± 5	水嘴连接顶喷花洒的出水口无渗漏		
					0.05 ± 0.01	60 ± 5			
		冷、热水隔墙（适用于单柄双控水嘴）	阀芯关	开	0.4 ± 0.02	60 ± 5	出水口及未连接的进水口无渗漏		

135	陶瓷阀芯	水嘴的流量应符合表4的规定。							Gb18145-2014《陶瓷片密封水嘴》

表4

水嘴用途	试验压力 /MPa	流量 Q/（L/ min）	
普通洗涤水嘴、洗面器水嘴、厨房水嘴、净身器水嘴	动压：0.1 ± 0.01	普通型	3.0 ≤ Q ≤ 9.0
		节水型	3.0 ≤ Q ≤ 7.5
浴缸水嘴		浴缸位	全冷或全热位置：Q ≥ 6.0；混合水位置（测试单柄双控水嘴时，水温在34℃~44℃之间）:Q ≥ 6.5
		淋浴位	Q ≥ 6.0（不带花洒） 4.0 ≤ Q ≤ 9.0（带花洒）
淋浴水嘴		Q ≥ 6.0（不带花洒） 4.0 ≤ Q ≤ 9.0（带花洒）	
洗衣机水嘴		Q ≥ 9.0	

附录 B　给排水工程注意事项

B1　墙排下水施工工艺

优点：比起传统的地排设计，墙排在颜值上是占优势的，整体设计小巧实用、美观大气，节约空间，清洁方便。墙排式设计，平时擦拭墙面或者地板都会更方便。地排有外露水管，不方便收纳设计；而墙排水管都藏在墙壁里，方便进行收纳设计，增大收纳空间。

缺点：安装工艺要求高，安装不好容易造成堵塞。墙排需要开槽或加厚墙体，管道转折处需增加接头，施工程序较多，价格更贵。

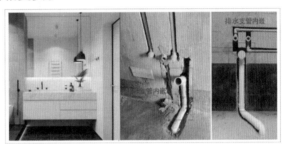

图 B-1　墙排下水工艺

B2　45° 墙排下水工艺

做法：采用 1 个 45° 的弯头加软管配套的墙排下水。

优点：施工简单，直接插到墙上的下水管里边就可以了，对墙排下水管的高度没有具体的要求。

缺点：不美观，安装不好容易返味。

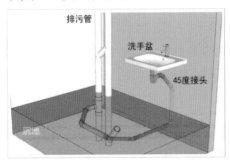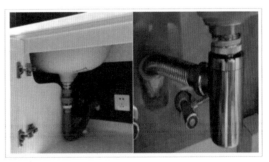

图 B-2　45° 墙排下水

B3　90° 墙排下水工艺

做法：采用 1 个 90° 的弯头加金属的下水管件，有 U 型、L 型等。

（注意：地面下水的地方一定要加一个三通做地漏，不然后期做检修很麻烦。地面下水不用存水弯。）

优点：美观，可选款式较多。密闭性比较好，不用担心下水口反味问题。

缺点：对下水口的高度有严格的要求，对施工有很高的要求。

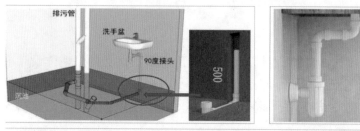

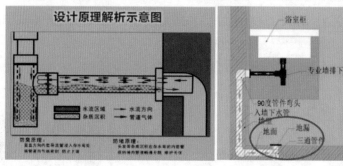

图 B-3　90°墙排下水

B4　水路布线布管工艺

B4.1　水路走天布管工艺

优点：水管走顶，漏水问题发现早，安全性稍高；另外对于卫生间，走顶的话，地面的防水比较好做一些。走顶时，如果水管漏水，也能及时发现并维修，而不会影响到邻居，进而避免产生纠纷。

缺点：作业困难，费工费料费钱，水电走顶，对于水电工人来讲，还是比较困难的，走顶要一直站在凳子上仰头作业，打固定卡子，过梁还要打孔，非常麻烦。

注意要点：

B4.1.1　家里有做地暖的建议水电走天，方便后期检修，不建议把水电做在地暖以下。

B4.1.2　为了避免水锤效应，可以把冷水管全用把热水管即可，3.5 mm 和 4.2 mm 壁厚都可以。

B4.1.3　建议水管做保温，可以保温节能，还可以阻止管壁出汗产生冷凝水。

B4.1.4　厨房卫生间水电建议走天，方便检修。

B4.1.5　严禁在梁上大面积开洞。

B4.1.6　电上水下。

B4.1.7　顶面管线必须用专用的管卡固定，每个固定点间距不能大于 60 cm。

图 B-4　水路走天布管

B4.2　水路走地布管工艺

优点：省工省料，难度低，在地面上直接走，管路使用比走顶略少，管材上要省一小部分钱，施工也比较快。

缺点：由于是用水泥找平埋在地下，假如出现问题不便维修。若是漏水，等到楼下发现时，处理难度较大。

注意事项：

B4.2.1　厨房、卫生间不建议走地，一旦出现后期漏水，检修相当困难。

B4.2.2　要注意排管间隙，否则后期容易造成地面空鼓。

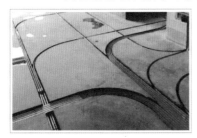

图 B-5　水路走地布管

B4.3　水电走墙布管工艺

优点：比较省线材，工人方便施工。

缺点：严重破坏墙体的结构承载力，如是非承重墙，轻体墙开横槽受重力沉降的影响，横截面的受力增大，如果开横槽回填，水泥的标号不高，就会带动墙面开裂。

注意：国家规范已明文规定不能开横槽，要做竖槽，打横槽不要超过 50 cm。

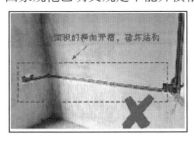

图 B-6　水电走墙布管

B5 二次排水施工工艺

B5.1 二次排水

二次排水是为了预防卫生间内部的漏水和渗水而采取的排水措施。地面装地漏是一次排水，而地下再装个地漏就叫二次排水。卫生间排水一般是通过地漏排出，但是也有水会从地砖直接渗进沉箱，日复一日，沉箱的水会越来越多。只有做了二次排水，才能将沉箱积水顺利排出去。

B5.2 二次排水分类

B5.2.1 暗地漏工艺（安装在回填层以上）见图 B-7。

试水：原卫生间沉箱底部试水，试水深度不少于 20 cm，做 48 小时闭水试验，确保原主体结构防水不漏水。

注意：如果原底层防水有漏水，需把原始防水层铲除后用素水泥打底后重新做底层防水（一层刚性、两层柔性，把原始沉箱底部刷满）。

防水保护：待防水干透，确保不漏水，用 1∶3 水泥砂浆浇 2.5cm 防水保护层。

（排水口用地漏＋钢丝球，防止回填时杂物将排水口堵住）

布置排水管二次排水地漏的安装：确保管道接头安装严密。

固定排水管：在排水管底部用砖和水泥砂浆固定支撑排水管，避免回填时排水管移位。

回填或者架空：用陶粒或者架空工艺做好中间回填及架空层。

混凝土垫层找坡：找填完成以后，泥工做第二次找平，要以暗地漏为最低点放坡，方便水的汇集。

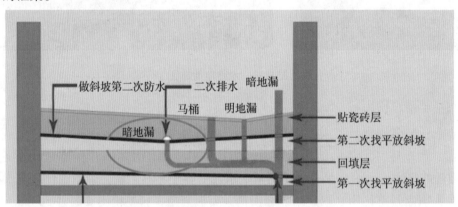

图 B-7 暗地漏工艺

B5.2.2 主排污管上加地漏或底部排水口（安装在回填层以下）。

施工步骤：

二次排水地漏的安装：我们首先要找到原有的排水的管道，然后在管道之上开孔进行安装。或者是将原有的管道切割，安装一个三通用来安装地漏。这个时候要把地漏安装到位并固定牢固。

　　二次排水地漏处的找坡：地漏安装完成以后，可以先回填一部分回填材料，回填的时候要保证坡度。也就是地漏是处于回填料的最低点，沉箱内壁是地漏的最高点，之后就可以使用防水砂浆进行找坡。此时一般涂抹 3~5 cm。

　　地漏的内壁与底板重新做防水：重新做防水的时候，就可以直接涂刷聚合物、水泥灰浆、防水涂料或者是聚氨酯防水涂料，将整个沉箱的内壁以及沉箱的底板全部涂刷到位。

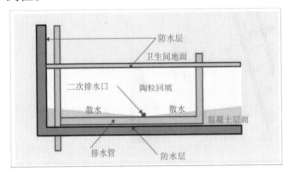

图 B-8　主排污管上加地漏或底部排水口

B5.2.3　三级排水工艺

　　优点：结合了前两种工艺的优点，不容易出现漏水，不易返臭返潮，在二级排水口的基础之前增加了沉箱排水口。

　　缺点：施工步骤较为烦琐，成本增加。

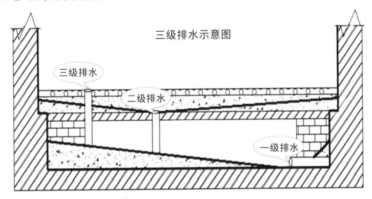

图 B-9　三级排水工艺

B6 工程注意事项

B6.1 如果阳台通热水，要提前确定好，避免因未确定好方案而引起的重复施工，增加装修成本。

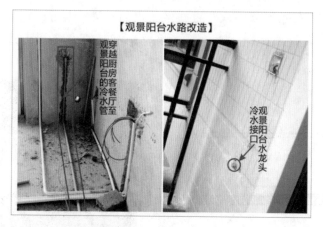

图 B-10 阳台水路规划

B6.2 有筒灯位置必须套波纹管（保护电线不容易老化）。

图 B-11 阳台水路规划

B6.3 燃气热水器预留位置一定要放一个 50PVC 管。

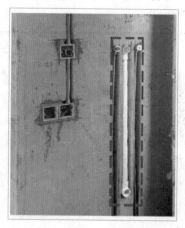

图 B-12 燃气热水器预留位置

B6.4　卫生间水电布管同槽（水走水的槽，电走电的槽）间距大过 15 cm。

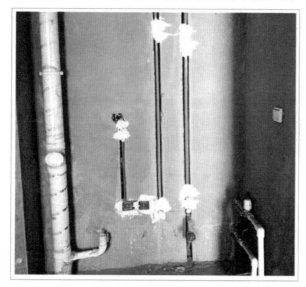

图 B-13　卫生间水电布管间距

B6.5　排水：地漏和水槽下水口都要做存水弯。

出现卫生间返臭的原因：很多人说是因为地漏的原因，其实是没有安装存水弯。

图 B-14　存水弯

B6.6　厨房卫生间阳台下水管需要隔音棉包管做隔音处理。

水路改造之前确定好所有与水有关的设备，比如净水器、热水器、管线机、小厨宝、洗衣机、马桶、台盆等。要确定好它们的安装位置、安装方式以及是否需要热水。

（特别是阳台，有的公司不包热水，阳台通热水要额外加费用）

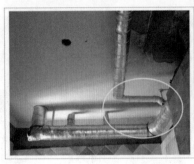

图 B-15　隔音棉包管

B6.7　冷热水间距 15cm，左热右冷，花洒高度 90 cm~110 cm。

B6.8　冷热水之间交叉的地方用过桥弯，必须安装在冷水管上，凸起的部分朝下。

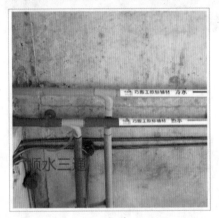

图 B-16　冷热水管过桥安装

B6.9　水管必须都用热水管。

（热水管比冷水管厚，承受的压力大，更耐用，焊接更牢固，水管试压打得更高，居住更放心）

图 B-17　热水管

B6.10　所有阳台最好把冷热水口留好，地漏、电源可以备而不用，避免以后用的时候没有，做水电之前确定好，为以后考虑。

图 B-18　冷热水口预留

B6.11　水管固定卡扣，卡扣间距合理，转角的地方两边都需要固定。

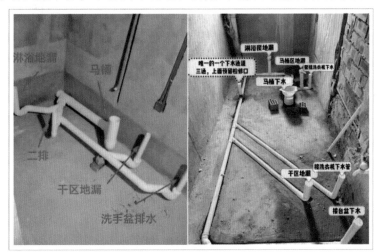

图 B-19　水管固定关卡

B7　水路材料以及验收

B7.1　水路验收：水电改造完毕以后，邀约水管厂家过来做打压实验。

打压器充满水，管内放掉空气，使水管内充满水。打压水压在 8 到 10 公斤，打压 30 分钟及以上，压力值掉压不超过 0.05 MP 为合格。

图 B-20　打压实验

B7.2　所有给水管都使用热水管，避免水锤效应造成水管破裂。

图 B-21　热水管

B7.3　主水管直径不低于 25 mm（6 分管）。

图 B-22　主水管

B7.4　水管和线管交叉的地方，水管在下，电路在上。

图 B-23　水管和线管交叉

B7.5　水管每隔 600 mm 左右用管卡固定好。

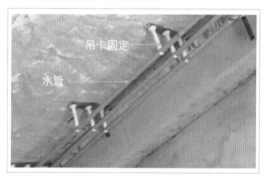

图 B-24　管卡固定

B7.6　水管布线讲究左热右冷、热上冷下，冷热水管平行间距 15cm。

图 B-25　水管布线

B8　标准水电工艺参考

B8.1　水电走天

图 B-26　水电走天

B8.2　水电走地

是否开槽：最终根据楼板的厚度决定要不要开槽。

图 B-27　水电走地

B9　水路增项

B9.1　确定强弱电箱移位和更换（拆除的时候，涉及强弱电箱或者位置不好需要移位）要不要额外收费，是否包含在水电费用里面。

B9.2　确定水电半改还是全改（全改就是不用开发商原来的水管电线，重新布线；半改是从原来的开发商的电线上接线，有安全隐患）。

B9.3　施工过程中增加插座要不要额外收费（建议在合同中规定清楚后期增加插座是否额外增加费用）。

B9.4　水电开槽、墙面开槽分为地面开槽和墙面开槽，砖墙和混凝土开槽价格可能不同，报价的时候要问清楚是否额外增加费用。

B9.5　1 根线管可以穿 3 根线；单管单线，一般没有必要，浪费严重，原本 10 米的，单根单管就是翻 3 倍，价格也大幅上涨。如果实量实算就会出现这样的情况，一定要注意，避免这种情况发生。

B9.6　厨房、卫生间、阳台下水改造是否包括在水电费用里面。

B9.7　地面开槽确认清楚价格，是否包含在内。

B9.8　卫浴、灯具、龙头等是否包括安装，后期是否收费。

B9.9　水管走顶走地的价格是否正常。部分区域走顶，部分区域走地。如果走地的区域水管坏了不易维修，要求走顶是否额外增加费用。

B9.10　水电项目是否包括打孔。水电走顶、装中央空调和新风都需要打孔，因此，要确认此类打孔项目是否包含在项目内。

B9.11　公司水电建议按照面积计算，确定浮动比例是多少，如果按照实量实计算，需要把细节确定清楚，签合同时在合同中一一备注。如果按照实量实计算，预估价多少，并且要描述清楚浮动比例是多少，不能超过 5%~10%，超过的部分由装修公司承担，这样可以防止后期大金额增项。

B9.12　水管都需用热水管，不能将冷水管充当热水管使用。热水管承受热胀冷缩、高温的性能要优于冷水管。

第2篇 防水及回填工程理论知识

3 A 类卫生间防水做法图集[①]——下沉式卫生间楼地面防水构造

3.1 施工前准备工作

基层处理，基层应平整、坚固，无尖锐角，无灰尘等。

3.2 由底层层到面层依次为：

钢筋混凝土楼板；

1.5 厚 PFS-PU 单组分聚氨酯防水涂料；

20~30 厚 1：2.5 水泥砂浆保护层；

找坡层（做法见具体设计）；

20 厚 1：3 水泥砂浆保护层；

面层（见具体工程设计）。

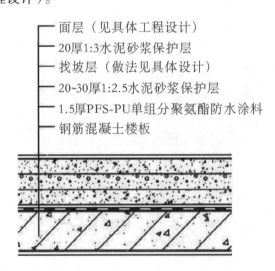

图 2-1　A 类卫生间防水做法

---

① A 类卫生间防水做法图集根据国家《住宅室内防水工程技术规范》（JGJ 298-2013）。

4　B 类卫生间防水做法图集①——下沉式卫生间楼地面防水构造

由底层层到面层依次为：

钢筋混凝土楼板；

1.5 厚 PFS-PU 单组分聚氨酯防水涂料；

20~30 厚 1 : 2.5 水泥砂浆保护层；

找坡层（做法见具体设计）；

20 厚 1 : 2.5 水泥砂浆找平层；

1.5 厚 PFS-JS 聚合物水泥防水涂料；

20 厚 1 : 3 水泥砂浆保护层；

面层（见具体设计）。

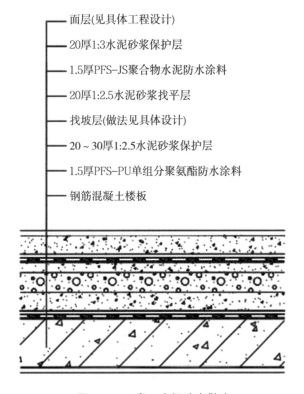

图 2-2　B 类卫生间防水做法

---

① B 类卫生间防水做法图集根据国家《住宅室内防水工程技术规范》（JGJ 298-2013）。

5 卫生间防水做法图集——内墙面防水构造

由底层层到面层依次为：

墙体结构层；

1.5 厚 PFS-PU 单组分聚氨酯防水涂料；

20~30 厚 1∶2.5 水泥砂浆保护层；

面层（见具体设计）。

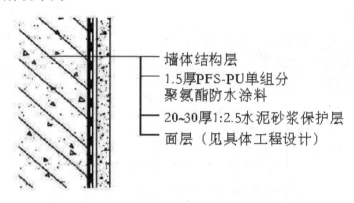

图 2-3 内墙面防水构造

6 卫生间防水做法图集——楼地面防水层门口处延展

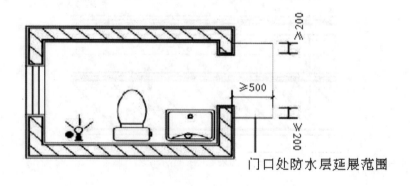

图 2-4 楼地面防水层门口处延展示意图

7　施工注意事项

7.1　管道节点

7.1.1　涂刷柔性的管道处理剂，对管道进节点进行密封和初道设防，再涂刷刚性堵漏王做 45° 斜坡或圆弧。

7.1.2　阴阳角：墙根阴角处做 45° 斜坡或圆弧处理。

7.1.3　99% 的漏水问题都发生在 1% 的节点部位，节点一定要处理好。

7.1.4　在管道节点处、阴阳角先涂刷一层防水涂料，管道应往上涂刷 20 cm~30 cm。

7.2　大面积涂刷

7.2.1　大面积涂刷防水涂料，应分 2~3 次涂刷，总厚度因材料而定，一般为 1.5 mm。

7.2.2　每道涂刷方向应一致，下道涂刷方向与上道垂直，第一遍完全实干后才能进行下道施工。（如：JS 实干时间为 5~6 小时，第一遍涂刷完成后，需要 6 小时后才能进行下道施工；聚氨酯实干时间为 24 小时左右，需隔天才能进行下道施工。）

7.2.3　先墙面后地面，涂膜应均匀平整。

7.2.4　墙面施工高度：按《住宅室内防水工程技术规范》（JGJ 298-2013），卫生间、浴室和设有配水点的封闭阳台防水高度做 1.2m，需淋浴的卫生间防水高度做 1.8m。

7.3　闭水试验

堵好地漏，蓄水 20cm，24 小时后检查防水情况。检查水位情况和楼下对应的顶面、管道接口是否有漏水渗水的情况。

7.4　保护层施工

所有用于卫生间的防水涂料，施工完成后都应做 20 cm~30 cm 厚水泥砂浆保护层。

8　防水施工操作

8.1　地面洒水润湿，地面的阴阳角清理干净。

图 2-5　地面阴阳角清理

8.2　倒入堵漏王填平管根处，且做成圆弧状（漏水的地方一般是阴阳角和管道口），墙根阴角处也需要填满堵漏王。

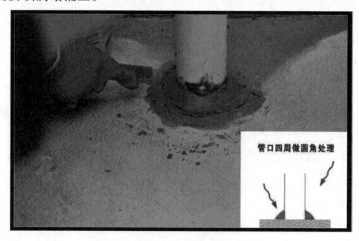

图 2-6　管根处填平

8.3　等堵漏王干了以后，用 1 : 3 水泥砂浆做卫生间二次排水找坡，要确保凝固后表面无积水。

图 2-7　找平

8.4 卫生间墙面在刷防水之前一定在墙面刷渗透性墙固，这可以起到墙面半小时润湿作用，同时为防止起灰，晾置半小时。

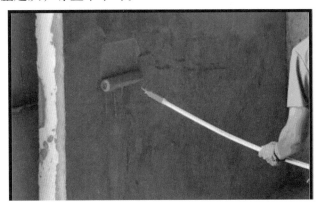

图 2-8 刷防水

8.5 摸着不粘手后在墙面刷刚性防水，高度不低于 1.8 米，让防水的乳液和强固的乳液同时凝固，避免分层，水管开槽处必须刷防水。

图 2-9 防水高度

8.6 墙面刷过刚性防水以后，必须用专用的拉毛剂。拉毛剂必须凝固以后再用瓷砖胶泥贴砖。

图 2-10 墙面贴砖

8.7 地面刷柔性防水，地面交叉刷 2~3 遍，墙根上翻 30 cm~50 cm，门槛石下挡水坝，门套两侧内外必须用毛刷仔细涂刷，等防水完全凝固以后做 48 小时闭水试验。

图 2-11　地面刷柔性防水

9　回填工艺

9.1　建筑垃圾回填

优点：这是最早期的回填方式，可直接用墙体改造的建筑余料回填，施工简单，价格便宜。

缺点：建渣比较尖锐，容易划破管线和防水层，导致漏水，而且这种材料比较重，会增加楼板的负担，很有可能会产生开裂等问题，目前已基本淘汰。

（注意：如果做，一定要用红砖做好排水管保护。）

9.2　炭渣回填

优点：这种材料价格便宜，重量轻，楼板负载小，而且炭渣的吸附性强，吸水，吸臭效果好。

缺点：结构松散，容易沉降塌陷。炭渣是一种硫化物，具有腐蚀性，长期与生活污水、化学水接触，时间一长会严重腐蚀防水层，导致出现漏水、渗水、异味等问题。

图 2-12　炭渣回填

9.3　陶粒回填

陶粒回填是现今的主流回填方式，陶粒质轻，吸水性强，是一种非常不错的回填材料，但如果施工不当，很容易造成找平层下沉开裂。

优点：材质轻，可以吸湿吸水，而且施工干净利落，具有良好的隔音效果。

缺点：价格相对较高，施工要求高，陶粒回填后需在上方做一层钢筋结构找平层，中间用轻质砖分区隔断。

施工细节：先用红砖做成井字格，间距为 500 mm×500 mm，回填陶粒后加铺间距为 150 mm×150 mm 的钢丝网，这样整体结构更加稳定。

图 2-13 陶粒回填

9.4 发泡水泥回填

发泡水泥是一种泡沫混凝土外加剂，加水和水泥经专用搅拌剂搅拌后，形成一种含有大量封闭气孔的新型轻质材料。

优点：重量轻，每立方米只有 0.15 吨，不开裂不沉降，施工简单。具有轻质、阻水、整体、抗压、环保和耐久等特点，与防水材料结合配套使用，能有效解决卫生间沉箱积水、异味，建筑物整体荷载等问题。发泡回填层流动性强，无缝隙填充，一次浇筑，整体成型。

缺点：后期检修拆除很麻烦，噪声极大。而且管道被包裹，牵一发而动全身，很容易把管道打坏造成溢水，维修成本很高。

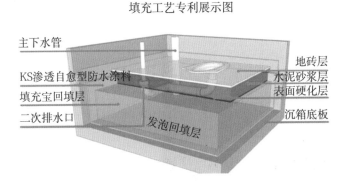

图 2-14 发泡水泥回填

10 回填架空工艺

优点：减少了卫生间的重量，对卫生间的下水管道具有一定的保护作用，同时架空处理,不必担心弄坏下面的防水层。维修的时候非常方便,我们只需要把上面的水泥板掀开,这样就可以直接对下水管道进行维修。

缺点:对防水要求很高,架空的下沉卫生间在出现漏水隐患时,如果底部没有做好二次防水,那么中空的沉箱就会变成一个存水的"水箱",等到发现问题的时候,可能邻居家早已渗透了大量的水,对工人技术要求较高。

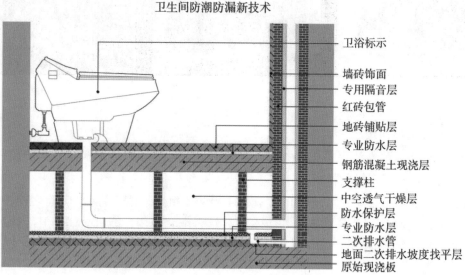

卫生间防潮防漏新技术

卫浴标示
墙砖饰面
专用隔音层
红砖包管
地砖铺贴层
专业防水层
钢筋混凝土现浇层
支撑柱
中空透气干燥层
防水保护层
专业防水层
二次排水管
地面二次排水坡度找平层
原始现浇板

地漏

防水层+
混凝土现浇预制板

红砖支撑柱

沉箱架空层

回填找平层淌水斜面

地砖

图2-15 回填架空工艺

11　管道支撑工艺

11.1　红砖支撑

承重支撑理论上是没有问题的，它的缺点也很明显，红砖尺寸固定，想要做到特定高度是比较麻烦的。需要通过水泥调整，对工人的手艺要求较高。例如普通红砖的尺寸是 240×115×53（单位 mm），正常两层红砖之间的灰缝是 10 mm，如果做到 270 mm 则需要较为精确的施工工艺。

11.2　PVC管灌混凝土支撑

该材料最大的优点是精度高，调好水平仪，放管、画线、切割，高度易于把控；管内灌水泥砂浆，承重性好；施工速度快，成本低，可以用废旧排水管做，比红砖更方便、更高效。

图 2-16　管道支撑工艺

12　面板施工工艺

12.1　水泥预制板

采用水泥预制板工艺。这种架空层的做法弊端较为明显：首先，水泥预制板基本上是工人现场制作，水泥的配比、厚度都取决于工人的经验，其中钢筋是否横竖交叉，细铁丝是否捆扎都会影响其承重性；其次，水泥预制板之间的缝隙、与墙体之间的缝隙，如果处理不到位，后期都会成为漏水的隐患。浴室柜、马桶区域和其他区域的承重不同。两块相邻的水泥预制板，如果中间没有钢筋连接，仅仅是做了填缝处理，则承重高的水泥预制板会发生沉降位移，然后缝隙开裂。

12.2　混凝土楼板

瓷砖反扣在支柱上作为混凝土模板，把缝隙处用水泥做好密封，然后放钢筋，倒入混凝土，等其干了以后就是一块整体的混凝土现浇楼板。该工艺不存在预制板工艺中出现的缝隙，即使局部承重不一样，也不会沉降开裂。在用砖块砌墙的时候，可以采用"植筋"工艺。这样楼板完工后，新旧墙体连接得更紧密，并且新楼板的承重可以从下面的支撑柱转移到四周墙体上，承重性能更好。

图 2-17　面板施工工艺

13　施工步骤

13.1　试水并做底层找坡

原卫生间沉箱底部试水，试做水深度不少于 20 cm 的 48 小时闭水试验，确保原主体结构防水不漏水。

注意：如果原底层防水有漏水，需把原始防水层铲除后用素水泥打底后重新做底层防水（一层刚性、两层柔性，把原始沉箱底部刷满），做好底层找坡。

13.2　防水保护

待防水干透，确保不漏水后用 1 : 3 水泥砂浆浇 2.5 cm 防水保护层。（排水口用地漏和钢丝球，防止回填时杂物将排水口堵住）

13.3　布置排水管

确保管道接头安装严密。

13.4　固定排水管

在排水管底部用砖和水泥砂浆固定支撑排水管，避免回填时排水管移位。

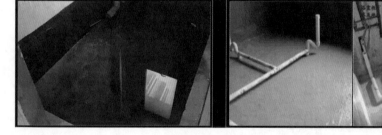

图 2-18　试水并做底层找坡施工步骤

13.5　制作支撑

用外径为 110 mm 型排水管固定后，中间填充水泥灌浆固定。

13.6 搭建模板

用水泥板或者用地砖反铺。

注意：缝隙的地方一定要密封处理，防止现浇的水泥砂浆从砖缝流下沉池内。

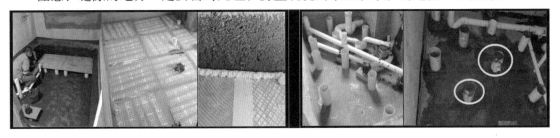

图 2-19 搭建模板施工步骤

13.7 绑扎钢筋

螺纹钢铺贴标准：15 cm×15 cm。注意：铁丝扎钢筋不能同一方向扎，钢筋要离开瓷砖 15 cm~20 cm，钢筋不能紧贴着瓷砖。

13.8 浇筑混凝土

用钢筋绑扎完成以后就可以进行承重面层施工。采用粗河沙与水泥混合现浇 C20 的混凝土。浇筑的混凝土要振捣密实，并养护 3 天左右到位。注意放坡处要以暗地漏为最低点放坡，方便水的汇集。

13.9 地面的防水

当卫生间架空层的地面完成以后，我们还需要做另外一次防水。也就是架空层地板的防水。这个时候的防水的做法跟普通卫生间地面防水做法是一样的，来保证卫生间地面的水不会渗漏。

图 2-20 地面防水施工步骤

附录 C 蜜蜂新居验房标准依据——防水工程

1		住宅室内防水的设计使用年限应不少于 25 年。	3.0.2	
2		设防部位的结构层宜采用现浇钢筋混凝土。	3.0.5	
3		住宅室内防水工程竣工后，应进行 24h 蓄水检验。	3.0.7	
4		室内防水工程不得使用溶剂型防水材料。	4.1.2	
5	防水	涂膜防水层厚度应符合表 4.3.9 的要求。 表 4.3.9 涂膜防水层厚度	4.3.9	JGJ298-2013《住宅室内防水工程技术规程》
6		防水砂浆的厚度应符合表 4.5.5 的要求。 表 4.5.5 防水砂浆的厚度	4.5.5	
7		住宅室内防水设计应包括下列内容： 1 确保主体结构的安全性，不影响建筑的承载力； 2 因地制宜设计住宅室内相应部位的构造系统； 3 设计排水系统； 4 选择合适的防水材料； 5 设计并绘制细部构造图。	5.1.1	

表 4.3.9 涂膜防水层厚度

防水涂料	厚度（mm）	
	水平面	垂直面
聚合物水泥防水涂料 聚合物水泥防水浆料	≥ 1.5	≥ 1.0
聚合物乳液防水涂料	≥ 1.2	≥ 1.0
聚氨酯防水涂料	≥ 1.2	≥ 1.0
水乳型沥青防水涂料	≥ 2.0	≥ 1.5

注：经过技术评估或鉴定的新材料可视产品的技术性能调整厚度。

表 4.5.5 防水砂浆的厚度

防水砂浆		厚度（mm）
掺防水剂的防水砂浆		≥ 20
掺聚合物的防水砂浆	涂刷型	≥ 2.0
	抹压型	≥ 15

8		不得随意改变既有设施、设备管线系统。	5.1.2	
9		住宅建筑室内凡设有生活用水点的场所，如卫生间、厨房、设有生活用水点的封闭阳台等，均应进行防水设计，并应有完善的技术措施。	5.1.3	
10	防水	住宅室内防水的技术措施包括室内墙体的防水、防潮，楼、地面的防水、排水，独立水容器（如室内戏水池等）的防水、抗渗。 1 卫生间楼、地面应有防水，并设地漏等排水设施；门口应有阻止积水外溢的措施，墙面、顶棚应防潮；当有非封闭式洗浴设施时，其墙面应防水。 2 卫生间不应布置在下层住户的厨房和无用水点房间的上层，排水立管不应穿越下层住户的居室，且不应安装在与卧室相邻的墙面上。 3 卫生间布置在本套内的厨房和无用水点房间的上层时，应避免支管穿过楼板的做法，并切实做好防水、隔声、方便检修等技术措施。 4 卫生间水平管道在下降楼板上采用同层排水措施时，应严格做好楼板、楼面的双层防水，对降板后可能出现的管道渗水应有严格密闭措施；且宜在贴临下降楼板上表面处设泄水管，并增设独立的泄水立管的措施，以防出现"水盆"现象。	5.1.4	JGJ298-2013《住宅室内防水工程技术规程》
11		厨房： 1 厨房墙面宜防水，顶棚应防潮；厨房布置在无用水点房间的上层时，楼面应有防水； 2 当厨房设有采暖系统的分集水器、生活热水控制总阀门时，楼面、地面宜就近设地漏；且应考虑防水、排水坡度和地漏返味的技术措施； 3 当厨房设有地漏时，排水支管不应穿过楼板进入下层住户；排水立管不应穿越下层住户的居室； 4 厨房的排水立管和洗涤池不应安装在与卧室相邻的墙体上。		
12		设有生活用水点的封闭阳台，墙面应防水、顶棚宜防潮，楼、地面应有防水、排水措施。	5.2.3	

13		防水楼、地面： 1 当墙面采用防潮做法时，防水层沿墙面上翻，高度应不小于 150 mm； 2 有排水的楼、地面标高，应低于相邻空间面层 20 mm 或做挡水门槛，无障碍要求为 15 mm 且为斜坡过渡； 3 有排水要求的房间应绘制放大布置平面图，以门口及沿墙周边为标志标高，应标注主要排水坡度和地漏表面标高； 4 面层宜采用不透水材料和构造。排水坡度为 0.5%~1%，当面层粗糙时排水坡度应不小于 1%； 5 应重视地漏、大便器、排水立管等穿越楼板的管道防水封堵，穿越楼板的管道应设置防水套管，其高度应高出装饰地面 20 mm 以上；套管与管道间用防水密封材料嵌实。	5.3.1	
14	防水	防水墙面： 1 设防空间：卫生间、厨房、设有生活用水点的封闭阳台等； 2 设防高度：当卫生间有非封闭式洗浴设施时，其墙面防水层高度应不小于 1.8 米。其余情况下宜在距楼、地面面层 1.2 米范围内设防水层；（内装修查询） 3 轻质隔墙用于卫生间、厨房时，应做全防水墙面。其根部应做 C20 细石混凝上条基，距相连房间的楼、地面面层不低于 150 mm。	5.3.2	JGJ298-2013《住宅室内防水工程技术规程》
15		防潮墙面、顶棚： 1 在防水墙面的设防空间内，除防水墙面外均应为防潮墙面，宜采用防水砂浆处理； 2 在防潮墙面的设防空间内，均应做防潮顶棚，宜采用防水砂浆处理。	5.3.3	
16		防水材料施工环境温度宜为 5℃~35℃。	6.1.9	
17		基层应符合设计图纸或防水施工方案的要求，基层表面应坚实平整，无浮浆，无起砂、凹凸不平、裂缝现象。	6.2.1	
18		与基层相连接的各类管道、地漏、预埋件、设备支座等应安装牢固。	6.2.2	
19		沿管根、地漏与基层的交接部位应预留 10 mm×10 mm 环形凹槽，槽内应嵌填柔性密缝材料。	6.2.3	
20		阴阳角部位宜做成圆弧形。	6.2.4	
21		防水涂料在大面积施工前，应先在阴阳角、管根、地漏、排水口、设备基础根等部位施做附加层，并夹铺胎体增强材料，附加层的宽度和厚度应符合设计要求。	6.3.2	

22		防水卷材的施工应符合下列规定： 1 防水卷材应在阴阳角、管根、排水口、地漏等部位先铺设附加层，附加层材料采用与防水层同品种的卷材或与卷材相容的涂料； 2 卷材与基层应满粘施工，表面应平整、顺直，不得有空鼓、起泡、皱折等缺陷； 3 防水卷材应与基层粘结牢固，搭接缝处不得翘边。	6.4.2	
23		在防水层和保护层完成后应分别进行平面蓄水试验，时间应不少于24h。轻质隔墙用于卫生间、厨房时，应进行立面淋水试验，时间应不少于2 h。	7.1.3	
24		防水基层表面平整度的允许偏差宜不大于5 mm。	7.2.5	
25		保护层表面的坡度应符合设计要求，不得有倒坡或积水现象。	7.3.3	JGJ298-2013《住宅室内防水工程技术规程》
26		水泥砂浆、混凝土保护层表面平整度应不大于5 mm。	7.3.5	
27		防水层不得有渗漏。 检查方法：在防水层表面作闭水试验，闭水高度要求高于最高点20 mm，闭水试验的时间不少于24 h。	7.4.2	
28	防水	防水层应与基层应粘结牢固，表面平整，涂刷均匀，不得有流淌、皱折、鼓泡、露胎体和翘边等缺陷。	7.4.5	
29		在防水层上直接粘贴饰面时，粘结剂与防水层应相容，不得出现空鼓、脱落。	7.4.7	
30		检查防水层表面有无渗漏、积水和排水系统是否畅通，应在防水平面作闭水试验（蓄水高度以高于防水层最高点20 mm）时间不应少于24 h，立面淋水试验时间不少于2小时。	7.8.3	
31		本章适用于卫生间、厨房、阳台的防水工程施工。	6.1.1	
32		防水施工宜采用涂膜防水。	6.1.2	
33		防水工程应做两次蓄水试验。	6.1.7	
34		基层表面应平整，不得有松动、空鼓、起沙、开裂等缺陷，含水率应符合防水材料的施工要求。	6.3.1	GB50327-2001《住宅装饰装修工程施工规范》
35		地漏、套管、卫生洁具根部、阴阳角等部位，应先做防水附加层。	6.3.2	
36		防水层应从地面延伸到墙面，高出地面100 mm；浴室墙面的防水层不得低于1 800 mm。	6.3.3	

37	防水	防水砂浆施工应符合下列规定： 1 防水砂浆的配合比应符合设计或产品的要求，防水层应与基层结合牢固，表面应平整，不得有空鼓、裂缝和麻面起砂，阴阳角应做成圆弧形。 2 保护层水泥砂浆的厚度、强度应符合设计要求。		GB50327-2001《住宅装饰装修工程施工规范》
38		涂膜防水施工应符合下列规定： 1 涂膜涂刷应均匀一致，不得漏刷。总厚度应符合产品技术性能要求。 2 玻纤布的接槎应顺流水方向搭接，搭接宽度应不小于100mm。两层以上玻纤布的防水施工，上、下搭接应错开幅宽的1/2。		

附录 D 防水特别注意事项

D1 墙面一定用刚性防水，地面一层刚性防水、两层柔性防水。

D2 卫生间（或厨房）地面防水应延伸涂刷至门洞口向外及两侧各 100 mm。一定要做挡水坝，否则易造成后期墙面返潮，腻子脱落。

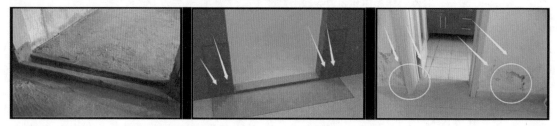

图 D-1 防水延伸区域

D3 卫生间新砌墙体下面要现浇 20 cm C20 细石混凝土坎台，防止后期地面渗水。

图 D-2 卫生间防水

第3篇 燃气工程理论知识 [①]

14 室内燃气管道安装及检验

14.1 在燃气管道安装过程中，未经原建筑设计单位的书面同意，不得在承重的梁、柱和结构缝上开孔，不得损坏建筑物的结构和防火性能。

14.2 当燃气管道穿越管沟、建筑物基础、墙和楼板时应符合下列要求：

14.2.1 燃气管道必须铺设于套管中，且宜与套管同轴。

14.2.2 套管内的燃气管道不得设有任何形式的连接接头（不含纵向或螺旋焊缝及经无损检测合格的焊接接头）。

14.2.3 套管与燃气管道之间的间隙应采用密封性能良好的柔性防腐、防水材料填实，套管与建筑物之间的间隙应用防水材料填实。

14.3 燃气管道穿过建筑物基础、墙和楼板所设套管的管径不宜小于表3-1的规定；高层建筑引入管穿越建筑物基础时，其套管管径应符合设计文件的规定。

表3-1 管径要求

燃气管	DN10	DM15	DN20	DN25	DN32	DN40	DN50	DN65	DN80	DN100	DN150
套管	DN25	DN32	DN40	DN50	DN65	DN65	DN80	DN100	DN125	DN150	DN200

14.4 燃气管道穿墙套管的两端应与墙面齐平；穿楼板套管的上端宜高于最终形成的地面5cm，下端应与楼板底齐平。

14.5 阀门的安装应符合下列要求：

14.5.1 寒冷地区输送湿燃气时，应按设计文件要求对室外引入管阀门采取保温措施。

14.5.2 阀门宜有开关指示标识，对有方向性要求的阀门，必须按规定方向安装。

---

① 本篇依据标准《城镇燃气室内工程施工与质量验收规范》（CJJ94-2009）。

15 引入管

15.1 主控项目

15.1.1 在地下室、半地下室、设备层和地上密闭房间以及地下车库安装燃气引入管道时应符合设计文件的规定；当设计文件无明确要求时，应符合下列规定：

15.1.1.1 引入管道应使用钢号为 10、20 的无缝钢管或具有同等及同等以上性能的其他金属管材。

15.1.1.2 管道的敷设位置应便于检修，不得影响车辆的正常通行，且应避免被碰撞。

15.2 一般项目

15.2.1 引入管室内部分宜靠实体墙固定。

15.2.2 当引入管采用地上引入时，引入管与建筑物外墙之间的净距应便于安装和维修，宜为 0.10~0.15 m。

15.2.3 输送湿燃气的引入管应坡向室外，其坡度宜大于或等于 0.01。

16 室内燃气管道

16.1 燃气室内工程使用的管道组成件应按设计文件选用；当设计文件无明确规定时，应符合现行国家标准《城镇燃气设计规范》（GB50028）的有关规定，并应符合下列规定：

16.1.1 当管道公称尺寸小于或等于 DN50，且管道设计压力为低压时，宜采用热镀锌钢管和镀锌管件。

16.1.2 当管道公称尺寸大于 DN50 时，宜采用无缝钢管或焊接钢管。

16.1.3 铜管宜采用牌号为 TP2 的铜管及铜管件；当采用暗埋形式铺设时，应采用塑覆铜管或包有绝缘保护材料的铜管。

16.1.4 当采用薄壁不锈钢管时，其厚度不应小于 0.6 mm。

16.1.5 薄壁不锈钢管和不锈钢波纹软管用于暗埋形式敷设或穿墙时，应具有外包覆层。

16.1.6 当工作压力小于 10 kPa，且环境温度不高于 60℃时，可在户内计量装置后使用燃气用铝塑复合管及专用管件。

16.2 当室内燃气管道的铺设方式在设计文件中无明确规定时，应按表 3-2 选用。

表 3-2　室内燃气管道铺设方式

管道材料	明设管道	暗设管道	
		暗封形式	暗埋形式
热镀锌钢管	应	可	—
无缝钢管	应	可	—
铜管	应	可	可
薄壁不锈钢管	应	可	可
不锈钢波纹软管	可	可	
燃气用铝塑复合管	可	可	可

16.2.1　焊接钢管的纵向焊缝在弯制过程中应位于中性线位置处。

16.2.2　管子最小弯曲半径和最大直径、最小直径差值与弯管前管外径的比率应符合表 3-3 的规定。

表 3-3　管子最小弯曲半径和最大直径、最小直径的差值与弯管前管子外径的比率

	钢管	铜管	不锈钢管	铝塑复合管
最小弯曲半径	$3.5D_o$	$3.5D_o$	$3.5D_o$	$5D_o$
弯管的最大直径与最小直径的差与弯管前管子外径之比率	8%	9%	—	—

注：D_o 为管子的外径。

16.3　室内明设或暗封形式敷设的燃气管道与装饰后墙面的净距，应满足维护、检查的需要并宜符合表 3-4 的要求；铜管、薄壁不锈钢管、不锈钢波纹软管和铝塑复合管与墙之间净距应满足安装的要求。

表 3-4　室内燃气管道与装饰后墙面的净距

管子公称尺寸	< DN25	DN25~DN40	DN50	> DN50
与墙净距（mm）	≥ 30	≥ 50	≥ 70	≥ 90

16.4 敷设在管道竖井内的燃气管道的安装应符合下列规定：

16.4.1 管道安装宜在土建及其他管道施工完毕后进行；

16.4.2 当管道穿越竖井内的隔断板时，应加套管；套管与管道之间应有不小于 10 mm 的间隙。

16.4.3 燃气管道的颜色应明显区别于管道井内的其他管道，宜为黄色。

16.4.4 燃气管道与相邻管道的距离应满足安装和维修的需要。

16.4.5 敷设在竖井内的燃气管道的连接接头应设置在距该层地面 1.0 m~1.2 m 处。

16.5 采用暗埋形式敷设燃气管道时，应符合下列规定：

16.5.1 埋设管道的管槽不得伤及建筑物的钢筋。管槽宽度宜为管道外径加 20 mm，深度应满足覆盖层厚度不小于 10 mm 的要求。未经原建筑设计单位书面同意，严禁在承重的墙、柱、梁、板中暗埋管道。

16.5.2 暗埋管道不得与建筑物中的其他任何金属结构相接触，当无法避让时，应采用绝缘材料隔离。

16.5.3 暗埋管道不应有机械接头。

16.5.4 暗埋管道宜在直埋管道的全长上加设有效地防止外力冲击的金属防护装置，金属防护装置的厚度宜大于 1.2 mm。当与其他埋墙设施交叉时，应采取有效的绝缘和保护措施。

16.5.5 暗埋管道在敷设过程中不得产生任何形式的损坏，管道固定应牢固。

16.5.6 在覆盖暗埋管道的砂浆中不应添加快速固化剂。砂浆内应添加带色颜料作为永久色标。当设计无明确规定时，颜料宜为黄色。安装施工后还应将直埋管道位置标注在竣工图纸上，移交建设单位签收。

16.6 铝塑复合管的安装应符合下列规定：

16.6.1 不得敷设在室外和有紫外线照射的部位。

16.6.2 公称尺寸小于或等于 DN20 的管子，可以直接调直；公称尺寸大于或等于 DN25 的管子，宜在地面压直后进行调直。

16.6.3 管道敷设的位置应远离热源。

16.6.4 灶前管与燃气灶具的水平净距不得小于 0.5 m，且严禁在灶具正上方。

16.6.5 阀门应固定，不应将阀门自重和操作力矩传递至铝塑复合管。

16.7 燃气管道与燃具之间用软管连接时应符合设计文件的规定，并应符合以下要求：

16.7.1 软管与管道、燃具的连接处应严密，安装应牢固。

16.7.2 当软管存在弯折、拉伸、龟裂、老化等现象时不得使用。

16.7.3 当软管与燃具连接时，其长度不应超过 2 m，并不得有接头。

16.7.4 当软管与移动式的工业用气设备连接时，其长度不应超过 30 m，接口不应超过 2 个。

16.7.5 软管应低于灶具面板 30 mm 以上。

16.7.6　软管在任何情况下均不得穿过墙、楼板、顶棚、门和窗。

16.7.7　非金属软管不得使用管件将其分成两个或多个支管。

16.8　立管安装应垂直，每层偏差不应大于 3 mm/m 且全长不大于 20 mm。当因上层与下层墙壁壁厚不同而无法垂于一线时，宜做乙字弯进行安装。当燃气管道垂直交叉敷设时，大管宜置于小管外侧。

16.9　当室内燃气管道与电气设备、相邻管道、设备平行或交叉敷设时，其最小净距应符合表 3-5 的要求。

表 3-5　室内燃气管道与电气设备、相邻管道、设备之间的最小净距（cm）

名称		平行敷设	交叉敷设
电气设备	明装的绝缘电线或电缆	25	10
	暗装或管内绝缘电线	5（从所作的槽或管子的边缘算起）	1
	电插座、电源开关	15	不允许
	电压小于 1000V 的裸露电线	100	100
	配电盘、配电箱或电表	30	不允许
相邻管道		应保证燃气管道、相邻管道的安装、检查和维修	2
燃具		主立管与燃具水平净距不应小于 30cm；灶前管与燃具水平净距不得小于 20cm；当燃气管道在燃具上方通过时，应位于抽油烟机上方，且与燃具的垂直净距应大于 100cm	

注：当明装电线加绝缘套管且套管的两端各伸出燃气管道 10cm 时，套管与燃气管道的交叉净距可降至 1cm。

16.10　管道支架、托架、吊架、管卡（以下简称"支架"）的安装应符合下列要求：

16.10.1　管道的支架应安装稳定、牢固，支架位置不得影响管道的安装、检修与维护。

16.10.2　每个楼层的立管至少应设支架 1 处。

16.10.3　当布置确有困难时，采取有效措施后可适当减小净距。

16.10.4　灶前管不含铝塑复合管。

16.10.5　当水平管道上设有阀门时，应在阀门的来气侧 1m 范围内设支架并尽量靠近阀门。

16.10.6　与不锈钢波纹软管、铝塑复合管直接相连的阀门应设有固定底座或管卡。

16.10.7　钢管支架的最大间距宜按表 3-6-1 选择；铜管支架的最大间距宜按表 3-6-2

选择；薄壁不锈钢管道支架的最大间距宜按表 3-6-3 选择；不锈钢波纹软管的支架最大间距不宜大于 1 m；燃气用铝塑复合管支架的最大间距宜按表 3-6-4 选择。

表 3-6-1　钢管支架最大间距

公称直径	最大间距（m）	公称直径	最大间距（m）
DN15	2.5	DN100	7.0
DN20	3.0	DN125	8.0
DN25	3.5	DN150	10.0
DN32	4.0	DN200	12.0
DN40	4.5	DN250	14.5
DN50	5.0	DN300	16.5
DN65	6.0	DN350	18.5
DN80	6.5	DN400	20.5

表 3-6-2　铜管支架最大间距

外径（mm）	15	18	22	28	35	42	54	67	85
垂直敷设（m）	1.8	1.8	2.4	2.4	3.0	3.0	3.0	3.5	3.5
水平敷设（m）	1.2	1.2	1.8	1.8	2.4	2.4	2.4	3.0	3.0

表 3-6-3　薄壁不锈钢管支架最大间距

外径（mm）	15	20	25	32	40	50	65	80	100
垂直敷设（m）	2.0	2.0	2.5	2.5	3.0	3.0	3.0	3.0	3.5
水平敷设（m）	1.8	2.0	2.5	2.5	3.0	3.0	3.0	3.0	3.5

表 3-6-4　燃气用铝塑复合管支架最大间距

外径（mm）	16	18	20	25
水平敷设（m）	1.2	1.2	1.2	1.8
垂直敷设（m）	1.5	1.5	1.5	2.5

17　燃气计量表安装及检验

17.1　一般规定

17.1.1　燃气计量表在安装前应按规定进行检验，并应符合下列规定：

17.1.1.1　燃气计量表应有出厂合格证、质量保证书；标牌上应有 CMC 标志、最大流量、生产日期、编号和制造单位。

17.1.1.2　燃气计量表应有法定计量检定机构出具的检定合格证书，并应在有效期内。

17.1.2　燃气计量表的安装位置应满足正常使用、抄表和检修的要求。

17.2　燃气计量表

17.2.1　主控项目

17.2.1.1　燃气计量表的安装位置应符合设计文件的要求。

17.2.1.2　燃气计量表与燃具、电气设施的最小水平净距应符合表 3-7 的要求。

表 3-7　燃气计量表与燃具、电气设施之间的最小水平净距（cm）

名称	与燃气计量表的最小水平净距
相邻管道、燃气管道	便于安装、检查及维修
家用燃气灶具	30（表高位安装时）
热水器	30
电压小于 1 000 V 的裸露电线	100
配电盘、配电箱或电表	50
电源插座、电源开关	20

17.2.2　一般项目

17.2.2.1　燃气计量表的外观应无损伤，涂层应完好。

17.2.2.2　膜式燃气计量表钢支架的安装应端正牢固，无倾斜。

17.2.2.3　支架涂漆种类和涂刷遍数应符合设计文件的要求，并应附着良好，无脱皮、起泡和漏涂。漆膜厚度应均匀，色泽一致，无流淌及污染现象。

17.2.2.4　当使用加氧的富氧燃烧器或使用鼓风机向燃烧器供给空气时，应检验燃气计量表后设的止回阀或泄压装置是否符合设计文件的要求。

17.2.2.5 组合式燃气计量表箱应牢固地固定在墙上或平稳地放置在地面上。

17.2.2.6 室外的燃气计量表宜装在防护箱内，防护箱应具有排水及通风功能；安装在楼梯间内的燃气计量表应具有防火性能或设在防火表箱内。

17.3 家用燃气计量表

17.3.1 主控项目

17.3.1.1 家用燃气计量表的安装应符合下列规定：

1 燃气计量表安装应横平竖直，不得倾斜。

2 燃气计量表的安装应使用专用的表连接件。

3 安装在橱柜内的燃气计量表应满足抄表、检修及更换的要求，并应具有自然通风的功能。

4 燃气计量表与低压电气设备之间的间距应符合本规范表 3-7 的要求。

5 燃气计量表宜加有效的固定支架。

17.3.1.2 当采用不锈钢波纹软管连接燃气计量表时，不锈钢波纹软管应弯曲成圆弧状，不得形成直角。

18 家用、商业用及工业企业用燃具和用气设备的安装及检验

18.1 一般规定

家用燃具应采用低压燃气设备，商业用气设备宜采用低压燃气设备。

18.1.1 家用燃具

18.1.1.1 燃气热水器和采暖炉的安装应符合下列要求：

1 应按照产品说明书的要求进行安装，并应符合设计文件的要求。

2 热水器和采暖炉应安装牢固，无倾斜。

3 支架的接触应均匀平稳，并便于操作。

4 与室内燃气管道和冷热水管道连接必须正确，并应连接牢固、不易脱落。燃气管道的阀门、冷热水管道阀门应便于操作。

5 排烟装置应与室外相通，烟道应有 1% 坡向燃具的坡度，并应有防倒风装置。

18.1.1.2 当燃具与室内燃气管道采用软管连接时，软管应无接头。软管与燃具的连接接头应选用专用接头，并应安装牢固，便于操作。

18.1.1.3 燃具与电气设备、相邻管道之间的最小水平净距应符合表 3-8 的规定。

表 3-8　燃具与电气设备、相邻管道之间的最小水平净距（cm）

名称	与燃气灶具的水平净距	与燃气热水器的水平净距
明装的绝缘电线或电缆	30	30
暗装或管内绝缘电线	20	20
电插座、电源开关	30	15
电压小于 1000V 的裸露电线	100	100
配电盘、配电箱或电表	100	100

18.2　一般项目

18.2.1　燃气灶具的灶台高度不宜大于 80 cm；燃气灶具与墙净距不得小于 10 cm，与侧面墙的净距不得小于 15 cm，与木质门、窗及木质家具的净距不得小于 20 cm。

18.2.2　嵌入式燃气灶具与灶台连接处应做好防水密封，灶台下面的橱柜应根据气源性质在适当的位置开总面积不小于 80 cm² 的与大气相通的通气孔。

18.2.3　燃具与可燃的墙壁、地板和家具之间应设耐火隔热层，隔热层与可燃的墙壁、地板和家具之间间距宜大于 10 mm。

18.2.4　使用市网供电的燃具应将电源线接在具有漏电保护功能的电气系统上；应使用单相三极电源插座，电源插座接地极应可靠接地，电源插座应安装在冷热水不易飞溅到的位置。

附录 E　蜜蜂新居验房标准依据——燃气工程

燃气工程				
1	燃气	使用燃所的住宅，每套的燃所用量，应至少按一个双眼灶和一个燃气热水器计算。	6.3.1	GBJ96—86《住宅建筑设计规范》
2		每套应设置燃气表。安装在厨房内的燃气表其位置应有利于厨房设备的合理布置。	6.3.2	

3	燃气	套内燃气热水器的设置，应符合下列规定： 1 除密闭式燃气热水器外，其他燃气热水器不应设置于卫生间和其他自然通风的部位，宜设置在有机械排气装置的厨房内。 2 安装热水器的厨房或卫生间，应预留安装位置和给排气的孔洞。 3 燃气热水器的排烟管不得与排油烟机的排气管合并接入同一管道；单独接出室外时，其给排气技术条件应符合现行国家标准《燃气燃烧器具安全技术通则》（GB16914）的有关规定。	6.3.3	GBJ96-86《住宅建筑设计规范》
4		住宅内燃气管道和其他用气设备的设置，应符合现行国家标准《城镇燃气设计规范》（GB50028）的有关规定。	6.3.4	GB50096-2011《住宅设计规范》
5		住宅管道燃气的供气压力不应高于0.2MPa。住宅内各类用气设备应使用低压燃气，其入口压力应在0.75倍~1.5倍燃具额定范围内。	8.4.1	
6		户内燃气立管应设置在有自然通风的厨房或与厨房相连的阳台内，且宜明装设置，不得在通风排气竖井内。	8.4.2	
7		燃气设备的设置应符合下列规定： 1 燃气设备严禁设置在卧室内。 2 严禁在浴室内安装直接排气式、半密闭式燃气热水器等在使用空间内积聚有害气体的加热设备。 3 户内燃气灶应安装在通风良好的厨房、阳台内。 4 燃气热水器等燃气设备应安装在通风良好的厨房、阳台内或其他非居住房间。	8.4.3	
8		住宅内各类用气设备的烟气必须排至室外。排气口应采取防风措施，安装燃气设备的房间应预留安装位置和排气孔洞位置；当多台设备合用竖向排气道排放烟气时，应保证互不影响。户内燃气热水器、分户设置的采暖或制冷燃气设备的排气管不得与燃气灶排油烟机的排气管合并接入同一管道。	8.4.4	
9		户内燃气管道与燃具应采用软管连接，长度不应大于2m，中间不得有接口，不得有弯折、拉伸、龟裂、老化等现象。燃具的连接应严密，安装应牢固，不渗漏。燃气热水器排气管应直接通至户外。		JGJ/T304-2013《住宅室内装饰装修工程质量验收规范》
10		灶具的离墙间距不应小于200mm。		

第4篇　轻质隔墙工程理论知识

19　施工准备

19.1　材料准备

19.1.1　根据设计要求准备龙骨主件：沿顶和沿地龙骨、加强龙骨、竖向龙骨、横撑龙骨。石膏面板、酚醛树脂高压板（用于卫生间隔断）。

所需配件：支撑卡、卡托、角托、连接件、固定件、护墙件和压条等。

各种材料的品种、规格、性能应符合设计要求。

19.1.2　准备好紧固件：射钉、膨胀螺栓、镀锌自攻螺丝、木螺丝等。

19.2　机具准备

主要有冲击钻手枪钻、电动砂轮切割机、电焊机、电动螺钉机、拉铆枪、电动自攻钻、快装钳、无齿锯（或电动剪）、板锯、手电钻及山花钻头、安全多用刀、滑梳、胶料铲、腻子刀、铁抹子等。

20　施工操作工艺

轻质隔墙要分骨架隔墙和玻璃隔墙。骨架隔墙面板主要采用石膏板，只是卫生间隔断用酚醛树脂高压板。

20.1　骨架隔墙工程

20.1.1　操作工艺流程

墙位放线→墙基（垫）施工→安装沿地、沿顶龙骨→安装竖向龙骨→固定各种洞口及门→安装一侧石膏板→暖卫水电等钻孔下管穿线→安装另一侧石膏板→接缝处理→连接固定设备、电气→墙面装饰→踢脚线施工

20.1.2　施工工艺及安装要点

20.1.2.1　根据设计图纸确定的墙位，在地面放出墙位线并将其引至顶棚和侧墙。

20.1.2.2　轻钢龙骨安装。

1 先将边框龙骨（沿地、沿顶龙骨和沿墙柱龙骨）和主体结构固定。固定前，在沿沿地、沿顶龙骨与地、顶面接触处先铺填一层橡胶条。

2 边框龙骨与主体结构的固定，可采用射钉或电钻打眼膨胀螺栓，一般可采用射钉。射钉按中距 0.6 m~1 m 的间距布置，水平方向不大于 0.8 m，垂直方向不大于 1 m。

射钉射入基体的最佳深度：混凝土基体为 22 mm~23 mm，砖砌体基体为 30 mm~50 mm。射钉位置应避开已敷设的暗管部位。

3 对已确定的龙骨间距，在沿地、沿顶龙骨上分档画线，竖向龙骨应由墙的一端开始排列。当隔墙上设有门（窗）时，应从门（窗）口向一侧或两侧排列。当最后一根龙骨距离墙（柱）边的尺寸大于规定的龙骨间距时，必须增设一根龙骨。龙骨的上下端除有规定外，一般应与沿地、沿顶龙骨用铆钉或自攻螺丝固定。

4 安装竖向龙骨，根据所确定的龙骨间距就位。采用暗接缝，龙骨间距应增加 3 mm（如 450 mm 或 600 mm 龙骨间距则为 453 mm 或 603 mm 间距）。

5 安装门口立柱时，要根据设计确定的门口立柱形式进行组合，在安装立柱的同时，应将门口与立柱一并就位固定。

6 当隔墙高度超过石膏板的长度时，应设水平龙骨，可根据现场实际情况采用四种连接方式：

1）采用沿地、沿顶龙骨与竖向龙骨连接；

2）采用竖向龙骨用卡托和角托连接于竖向龙骨；

3）用 Q6 嵌缝条与竖龙骨连接；

4）用宽 50 mm×0.63（或 0.8）镀锌带钢与竖向龙骨连接。

7 通贯横撑龙骨必须与竖向龙骨的冲孔保持在同一水平上，并卡紧牢固，不得松动。

8 金属减震条与竖向龙骨成垂直连接，用抽芯铆钉固定，间距不得大于 600 mm，减振条接长的搭接长度不得大于 100 mm。

9 在 QC 竖向龙骨上，应选用与龙骨端面尺寸相适应的支撑卡，卡距不得大于 600 mm。支撑卡龙骨的开口部位应卡紧牢固，不得松动。

10 当隔墙中设置各种附墙设备和吊挂件，均应按设计要求在安装骨架时预先将连接件与骨架件连接牢固。

20.1.2.3　石膏板安装。安装石膏板之前，应对预埋墙中的管道和有关附墙设备采取局部加强措施，进行验收并办理隐检手续，经认可后方可封板。

1 石膏板应竖向排列，隔墙两侧的石膏板应错缝排列，隔声墙的底板与面板也应错缝排列。石膏板的安装顺序，应从板的中间向两边固定。

2 石膏板与龙骨固定，应采用十字头自攻螺丝固定。螺丝长度，用于 12 mm 厚石膏板为 25 mm 长；用于两层 12 mm 厚的石膏板为 35 mm 长。螺丝距石膏板边缘（即在纸面所包的板边）至少 10 mm，在切割的边端至少 15 mm，螺帽应略埋入板内，但不得损坏纸面。钉距在板的四周为 250 mm，在板的中部为 300 mm。如石膏板与金属减震条连接时，螺丝应与减震条固定（切不可与竖向龙骨连接），钉距为 200 mm。如金属减震条连接时，螺丝应与减震条固定（切不可与竖向龙骨连接），钉距为 200 mm。如面板与底板连接不用自攻螺丝时，也可用 SG791 胶粘剂面板直接粘于底板上，粘结厚度以 2 mm~3 mm 为宜。

3 为避免门口上角的石膏板在接缝处出现开裂，其两侧面板应采用刀把形板。

4 隔墙的阳角和门窗边应选用边角方正无损的石膏板。

5 隔墙下端的石膏板不应直接与地面接触，应留有 10 mm~15 mm 的缝隙，隔声墙的四周应留有 5 mm 的缝隙，所有缝隙均用 YJ4 型密封膏嵌严。

20.2　钢化玻璃隔墙工程

20.2.1　操作工艺流程

施工条件检查→精确度量尺寸→下料钢化→安装玻璃→成品保护

20.2.2　施工工艺及安装要点

20.2.2.1　检查玻璃底座槽口是否稳固。

20.2.2.2　根据设计要求分件，玻璃底边座考虑胶垫厚度上边应留空 5 mm，玻璃之间应留缝 3 mm。

20.2.2.3　下料后四周倒角 1 mm 再钢化，安装前检查钢化玻璃不得有划伤等缺陷。

20.2.2.4　安装时应注意风向，玻璃四周应留空隙，每块玻璃下部应至少放置两块宽度与槽口宽度相同，长度不少于 100 mm 的橡胶垫块，小心搬运，打胶应饱满密实、连续、均匀、无气泡。

20.2.2.5　施工完成应写"小心玻璃"的警示语，附近有浇焊时应小心火星溅到玻璃上。

21　质量保证措施

21.1　骨架隔墙工程的质量保证措施

21.1.1　安装前，应检查龙骨和板材的质量，凡翘曲变形、缺棱掉角、受潮发霉或规格不符合要求者，均不得使用。

21.1.2　胶粘剂、腻子和接缝带，应有产品制造日期、使用说明和材质合格证明。

21.1.3　隔墙工程边框龙骨必须与基体结构连接牢固，并应平整、垂直、位置正确。

21.1.4　隔墙的墙面板应安装牢固，无脱层、翘曲、折裂及缺损。

21.1.5　隔墙表面应平整光滑、色泽一致、洁净、无裂缝，接缝应均匀、顺直。

21.1.6　架隔墙上的孔洞、槽、盒应位置正确、套割吻合、边缘整齐。

21.1.7　隔墙内的填充材料应干燥，填充应密实、均匀、无下坠。

21.1.8　用水及管道设备试压用水，均不得污损已完成的隔墙。

21.2　钢化玻璃隔墙工程的质量保证措施

21.2.1　根据设计要求分件，玻璃底边座考虑胶垫厚度上边应留空 5 mm，玻璃之间应留缝 3 mm。

21.2.2 下料后四周倒角 1 mm 再钢化，安装前检查钢化玻璃不得有划伤等缺陷。

21.2.3 安装时应注意风向，玻璃四周应留空隙，每块玻璃下部应至少放置两块宽度与槽口宽度相同，长度不少于 100 mm 的橡胶垫块，小心搬运，打胶应饱满密实、连续、均匀、无气泡。

21.2.4 施工完成应写"小心玻璃"的警示语，附近有浇焊时应小心火星溅到玻璃上。

22 成品保护措施

22.1 轻钢龙骨和石膏板在入场、存放、使用过程中应严加保管，确保不变形、不受潮、不污染、不破损。玻璃安装时，应轻拿轻放，严禁相互碰撞。避免扳手、钳子等工具碰坏玻璃门。玻璃的材料进场后，应在室内竖直靠墙排放，并靠放稳当。

22.2 轻钢龙骨石膏罩面板隔断施工中，各工种应注意不要损坏已安装部分。避免碰撞隔断内电管线及电盒、电箱等。

22.3 隔断安装完后，不要碰撞墙面，不要悬挂重物，不要损坏和污染隔断墙面。

附录 F　蜜蜂新居验房标准依据——轻质隔墙工程

轻质隔墙工程				
1	轻质隔墙工程	本章适用于板材隔墙、骨架隔墙、活动隔墙和玻璃隔墙等分项工程的质量验收。板材隔墙包括复合轻质墙板、石膏空心板、增强水泥板和混凝土轻质板等隔墙；骨架隔墙包括以轻钢龙骨、木龙骨等为骨架，以纸面石膏板、人造木板、水泥纤维板等为墙面板的隔墙；玻璃隔墙包括玻璃板、玻璃砖隔墙。	8.1.1	GB50210-2018《建筑装饰装修工程质量验收标准》
2		轻质隔墙工程应对下列隐蔽工程项目进行验收： 1 骨架隔墙中设备管线的安装及水管试压； 2 木龙骨防火和防腐处理； 3 预埋件或拉结筋； 4 龙骨安装； 5 填充材料的设置。	8.1.4	
3		隔墙板材的品种、规格、颜色和性能应符合设计要求。有隔声、隔热、阻燃和防潮等特殊要求的工程，板材应有相应性能等级的检验报告。	8.2.1	
4		民用建筑轻质隔墙工程的隔声性能应符合现行国家标准《民用建筑隔声设计规范》（GB 50118）的规定。	8.1.8	
5		隔墙板材安装应牢固。	8.2.3	

6		隔墙板材安装应位置正确，板材不应有裂缝或缺损。	8.2.5	
7		板材隔墙表面应光洁、平顺、色泽一致，接缝应均匀、顺直。		
8		隔墙上的孔洞、槽、盒应位置正确、套割方正、边缘整齐。		
9	轻质隔墙工程	板材隔墙安装的允许偏差和检验方法应符合表8.2.8的规定。 表8.2.8　板材隔墙安装的允许偏差和检验方法	8.2.8	GB50210-2018《建筑装饰装修工程质量验收标准》
10		骨架隔墙所用龙骨、配件、墙面板、填充材料及嵌缝材料的品种、规格、性能和木材的含水率应符合设计要求。有隔声、隔热、阻燃和防潮等特殊要求的工程，材料应有相应性能等级的检验报告。	8.3.1	
11		木龙骨及木墙面板的防火和防腐处理应符合设计要求。	8.3.4	
12		骨架隔墙的墙面板应安装牢固，无脱层、翘曲、折裂及缺损。	8.3.5	
13		骨架隔墙表面应平整光滑、色泽一致、洁净、无裂缝，接缝应均匀、顺直。		

表8.2.8　板材隔墙安装的允许偏差和检验方法

项次	项目	允许偏差（mm）				检验方法
		复合轻质墙板		石膏空心板	增强水泥板、混凝土轻质板	
		金属夹芯板	其他复合板			
1	立面垂直度	2	3	3	3	用2m垂直检测尺检查
2	表面平整度	2	3	3	3	用2m靠尺和塞尺检查
3	阴阳角方正	3	3	3	4	用200mm直角检测尺检查
4	接缝高低差	1	2	2	3	用钢直尺和塞尺检查

| 14 | 轻质隔墙工程 | 骨架隔墙安装的允许偏差和检验方法应符合表 8.3.10 的规定。
表 8.3.10 骨架隔墙安装的允许偏差和检验方法 | | | | 8.3.10 | GB50210-2018《建筑装饰装修工程质量验收标准》 |

表 8.3.10 骨架隔墙安装的允许偏差和检验方法

项次	项目	允许偏差（mm）		检验方法
		纸面石膏板	人造木板、水泥纤维板	
1	立面垂直度	3	4	用 2 m 垂直检测尺检查
2	表面平整度	3	3	用 2 m 靠尺和塞尺检查
3	阴阳角方正	3	3	用 200 mm 直角检测尺检查
4	接缝直线度		3	拉 5 m 线，不足 5 m 拉通线，用钢直尺检查

15	轻质隔墙工程	活动隔墙轨道应与基体结构连接牢固，并应位置正确。	8.4.2	GB50210-2018《建筑装饰装修工程质量验收标准》
16		活动隔墙用于组装、推拉和制动的构配件应安装牢固、位置正确，推拉应安全、平稳、灵活。	8.4.3	
17		活动隔墙安装的允许偏差和检验方法应符合表 8.4.8 的规定。	8.4.8	
18		有框玻璃板隔墙的受力杆件应与基体结构连接牢固，玻璃板安装橡胶垫位置应正确。玻璃板安装应牢固，受力应均匀。	8.5.3	

表 8.4.8　活动隔墙安装的允许偏差和检验方法

项次	项目	允许偏差（mm）	检验方法
1	立面垂直度	3	用 2 m 垂直检测尺检查
2	表面平整度	2	用 2 m 靠尺和塞尺检查
3	接缝直线度	3	拉 5 m 线，不足 5 m 拉通线，用钢直尺检查
4	接缝高低差	2	用钢直尺和塞尺检查
5	接缝宽度	2	用钢直尺检查

续表F

19		无框玻璃板隔墙的受力爪件应与基体结构连接牢固，爪件的数量、位置应正确，爪件与玻璃板的连接应牢固。	8.5.4	
20		玻璃隔墙接缝应横平竖直，玻璃应无裂痕、缺损和划痕。	8.5.8	
21	轻质隔墙工程	玻璃隔墙安装的允许偏差和检验方法应符合表 8.5.10 的规定。	8.5.10	GB50210-2018《建筑装饰装修工程质量验收标准》
22		当轻质隔墙下端用木踢脚覆盖时，饰面板应与地面留有 20~30 mm 缝隙；当用大理石、瓷砖、水磨石等做踢脚板时，饰面板下端应与踢脚板上口齐平，接缝应严密。	9.1.4	GB50327-2001《住宅装饰装修工程施工规范》
23		饰面板表面应平整，边沿应整齐，不应有污垢、裂纹、缺角、翘曲、起皮、色差和图案不完整等缺陷。胶合板不应有脱胶、变色和腐朽。	9.2.2	
24		复合轻质墙板的板面与基层（骨架）粘接必须牢固。	9.2.3	

表 8.5.10　玻璃隔墙安装的允许偏差和检验方法

项次	项目	允许偏差（mm）		检验方法
		玻璃板	玻璃砖	
1	立面垂直度	2	3	用 2 m 垂直检测尺检查
2	表面平整度		3	用 2 m 靠尺和塞尺检查
3	阴阳角方正	2		用 200 mm 直角检测尺检查
4	接缝直线度	2		拉 5 m 线，不足 5 m 拉通线，用钢直尺检查
5	接缝高低差	2	3	用钢直尺和塞尺检查
6	接缝宽度	1		用钢直尺检查

25		轻钢龙骨的安装应符合下列规定： 1 应按弹线位置固定沿地、沿顶龙骨及边框龙骨，龙骨的边线应与弹线重合。龙骨的端部应安装牢固，龙骨与基体的固定点间距应不大于1 m。 2 安装竖向龙骨应垂直，龙骨间距应符合设计要求。潮湿房间和钢板网抹灰墙，龙骨间距不宜大于400 mm。 3 安装支撑龙骨时，应先将支撑卡安装在竖向龙骨的开口方向，卡距宜为400~600 mm，距龙骨两端的距离宜为20~25 mm。 4 安装贯通系列龙骨时，低于3m的隔墙安装一道，3~5m隔墙安装两道。 5 饰面板横向接缝处不在沿地、沿顶龙骨上时，应加横撑龙骨固定。 6 门窗或特殊接点处安装附加龙骨应符合设计要求。	9.3.2	
26	轻质隔墙工程	纸面石膏板的安装应符合以下规定： 1 石膏板宜竖向铺设，长边接缝应安装在竖龙骨上。 2 龙骨两侧的石膏板及龙骨一侧的双层板的接缝应错开，不得在同一根龙骨上接缝。 3 轻钢龙骨应用自攻螺钉固定，木龙骨应用木螺钉固定。沿石膏板周边钉间距不得大于200 mm，板中钉间距不得大于300 mm，螺钉与板边距离应为10~15 mm。 4 安装石膏板时应从板的中部向板的四边固定。钉头略埋入板内，但不得损坏纸面。钉眼应进行防锈处理。 5 石膏板的接缝应按设计要求进行板缝处理。石膏板与周围墙或柱应留有3 mm的槽口，以便进行防开裂处理。	9.3.5	GB50327-2001《住宅装饰装修工程施工规范》
27		胶合板的安装应符合下列规定： 1 胶合板安装前应对板背面进行防火处理。 2 轻钢龙骨应采用自攻螺钉固定。木龙骨采用圆钉固定时，钉距宜为80~150 mm，钉帽应砸扁；采用钉枪固定时，钉距宜为80~100 mm。 3 阳角处宜作护角； 4 胶合板用木压条固定时，固定点间距不应大于200 mm。	9.3.6	
28		玻璃砖墙的安装应符合下列规定： 1 玻璃砖墙宜以1.5 m高为一个施工段，待下部施工段胶结材料达到设计强度后再进行上部施工。 2 当玻璃砖墙面积过大时应增加支撑。玻璃砖墙的骨架应与结构连接牢固。 3 玻璃砖应排列均匀整齐，表面平整，嵌缝的油灰或密封膏应饱满密实。	9.3.8	

| 29 | 轻质隔墙工程 | 平板玻璃隔墙的安装应符合下列规定：
1 墙位放线应清晰，位置应准确。隔墙基层应平整、牢固。
2 骨架边框的安装应符合设计和产品组合的要求。
3 压条应与边框紧贴，不得弯棱、凸鼓。
4 安装玻璃前应对骨架、边框的牢固程度进行检查，如有不牢应进行加固。
5 玻璃安装应符合本规范门窗工程的有关规定。 | 9.3.89 | GB50327-2001《住宅装饰装修工程施工规范》 |

第5篇 卫生洁具安装施工工艺标准①

23 范围

本工艺标准适用于一般民用和公共建筑卫生洁具安装工程。

24 施工准备

24.1 材料要求

24.1.1 卫生洁具的规格、型号必须符合设计要求，并有出厂产品合格证。卫生洁具外观应规矩、造型周正，表面光滑、美观、无裂纹，边缘平滑，色调一致。

24.1.2 卫生洁具零件规格应标准，质量应可靠，外表光滑，电镀均匀，螺纹清晰，锁母松紧适度，无砂眼、裂纹等缺陷。

24.1.3 卫生洁具的水箱应采用节水型。

24.1.4 其他材料：镀锌管件、皮钱截止阀、八字阀门、水嘴、丝扣返水弯、排水口、镀锌燕尾螺栓、螺母、胶皮板、铜丝、油灰、铅皮、螺丝、焊锡、熟盐酸、铅油、麻丝、石棉绳、白水泥、白灰膏等均应符合材料标准要求。

24.2 主要机具

24.2.1 机具：套丝机、砂轮机、砂轮锯、手电钻、冲击钻。

24.2.2 工具：管钳、手锯、铁、布剪子、活扳手、自制死扳手、叉扳手、手锤、手铲、錾子、克丝钳、方锉、圆锉、螺丝刀、烙铁等。

24.2.3 其他：水平尺、划规、线坠、小线、盒尺等。

24.3 作业条件

24.3.1 所有与卫生洁具连接的管道压力、闭水试验已完毕，并已办好隐预检手续。

24.3.2 浴盆的稳装应待土建做完防水层及保护层后配合土建施工进行。

24.3.3 其他卫生洁具应在室内装修基本完成后再进行稳装。

---

① 本篇依据标准：《建筑工程施工质量验收统一标准》（GB50300-2001）、《建筑给水排水及采暖工程施工质量验收规范》（GB50242-2002）、《民用建筑设计统一标准》（GB50352-2019）。

25　操作工艺

25.1　工艺流程

安装准备→卫生洁具及配件检验→卫生洁具安装→压卫生洁具配件预装→卫生洁具稳装→卫生洁具与墙、地缝隙处理→卫生洁具外观检查→通水试验

25.2　卫生洁具在安装前应进行检查、清洗。配件与卫生洁具应配套。部分卫生洁具应先进行预制再安装。

25.3　卫生洁具安装

25.3.1　高水箱、蹲便器安装

25.3.1.1　高水箱配件安装

1 先将虹吸管、锁母、根母、下垫卸下，涂抹油灰后将虹吸管插入高水箱出水孔。将管下垫、眼圈套在管上。拧紧根母至松紧适度。将锁母拧在虹吸管上。虹吸管方向、位置视具体情况自行确定。

2 将漂球拧在漂杆上，并与浮球阀（漂子门）连接好，浮球阀安装与塞风安装略同。

3 拉把支架安装：将拉把上螺母眼圈卸下，再将拉把上螺栓插入水箱一侧的上沿（侧位方向视给水预留口情况而定）加垫圈紧固。调整挑杆距离（挑杆的提拉距离一般为 40 mm 为宜）。挑杆另一端连接拉把（拉把也可交验前统一安装），将水箱备用上水眼用塑料胶盖堵死。

25.3.1.2　蹲便器、高水箱安装

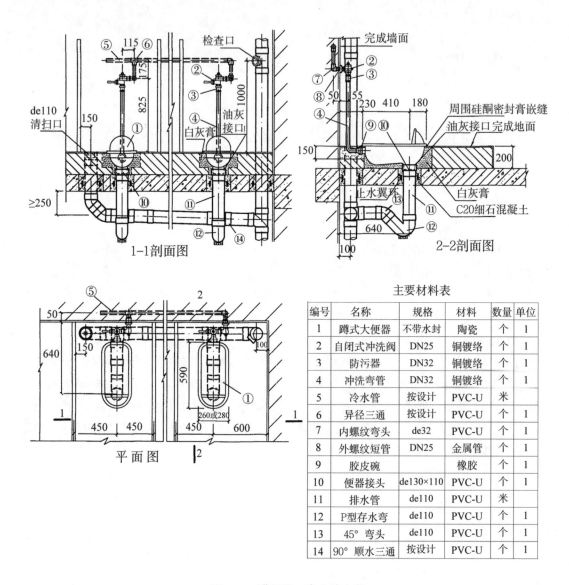

主要材料表

编号	名称	规格	材料	数量	单位
1	蹲式大便器	不带水封	陶瓷	个	1
2	自闭式冲洗阀	DN25	铜镀络	个	1
3	防污器	DN32	铜镀络	个	1
4	冲洗弯管	DN32	铜镀络	个	1
5	冷水管	按设计	PVC-U	米	
6	异径三通	按设计	PVC-U	个	1
7	内螺纹弯头	de32	PVC-U	个	1
8	外螺纹短管	DN25	金属管	个	1
9	胶皮碗		橡胶	个	1
10	便器接头	de130×110	PVC-U	个	1
11	排水管	de110	PVC-U	米	
12	P型存水弯	de110	PVC-U	个	1
13	45°弯头	de110	PVC-U	个	1
14	90°顺水三通	按设计	PVC-U	个	1

图5-1 蹲便器、高水箱安装

1 首先，将胶皮碗套在蹲便器进水口上，要套正，套实。用成品喉箍紧固（或用14#铜丝分别绑两道，但不允许压结在一条线上，铜丝拧紧要错位90°左右）。

2 将预留排水管口周围清扫干净，把临时管堵取下，同时检查管内有无杂物。找出排水管口的中心线，并画在墙上。用水平尺（或线坠）找好竖线。

将下水管承口内抹上油灰，蹲便器位置下铺垫白灰膏，然后将蹲便器排水口插入排水管承口内稳好。同时用水平尺放在蹲便器上沿，纵横双向找平、找正。使蹲便器进水口对准墙上中心线。同时蹲便器两侧用砖砌好抹光，将蹲便器排水口与排水管承口接触处的油灰压实、抹光。最后将蹲便器排水口用临时堵封好。

3 稳装多联蹲便器时，应先检查排水管口标高、甩口距墙尺寸是否一致。找出标准地面标高，向上测量好蹲便器需要的高度，用小线找平，找好墙面距离，然后按上述方法逐个进行稳装。

4 高水箱稳装：应在蹲便器稳装之后进行。首先检查蹲便器的中心与墙面中心线是否一致，如有错位应及时进行调整，以蹲便器不扭斜为宜。确定水箱出水口中心位置，向上测量出规定高度（给水口距台阶面 2 m）。同时结合高水箱固定孔与给水孔的距离找出固定螺栓高度位置，在墙上画好十字线，剔成 $\phi 30 \times 100$ mm 深的孔眼，用水冲净孔眼内杂物，将燕尾螺栓插入洞内用水泥捻牢。将装好配件的高水箱挂在固定螺栓上，加胶垫、眼圈，带好螺母拧至松紧适度。

5 多联高水箱应按上述做法先挂两端的水箱，然后挂线拉平、找直，再稳装中间水箱。

6 高水箱冲洗管的连接：先上好八字门，测量出高箱浮球阀距八字水门中口给水管尺寸，配好短节，装在八字水门上及给水管口内。将铜管或塑料管断好，需要灯叉弯者把弯煨好。然后将浮球阀和八字水门锁母卸下，背对背套在铜管或塑料管上，两头缠石棉绳或铅油麻线，分别插入浮球阀和八字水门进出口内拧紧锁母。

7 延时自闭冲洗阀的安装：冲洗阀的中心高度为 1100 mm。根据冲洗阀至胶皮碗的距离，断好 90° 弯的冲洗管，使两端合适。将冲洗阀锁母和胶圈卸下，分别套在冲洗管直管段上，将弯管的下端插入胶皮碗内 40~50 mm，用喉箍卡牢。再将上端插入冲洗阀内，推上胶圈，调直找正，将锁母拧至松紧适度。扳把式冲洗阀的扳手应朝向右侧。按钮式冲洗阀的按钮应朝向正面。

25.3.2　背水箱坐便器安装

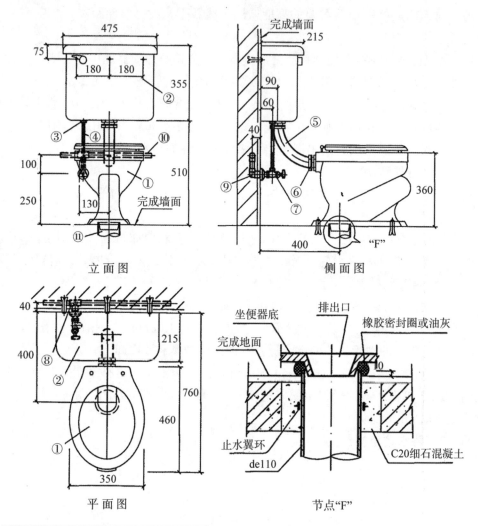

主要材料表											
编号	名称	规格	材料	数量	单位	编号	名称	规格	材料	数量	单位
1	坐便器		陶瓷	个	1	7	角式截止阀	DN15	铜镀络	个	1
2	壁挂式低水箱		陶瓷	个	1	8	异径三通	按设计	PVC-U	个	1
3	进水阀配件	DN15	配套	套	1	9	内螺纹弯头	de20	PVC-U	个	1
4	水箱进水管	D12x1.5	钢管	米	0.3	10	冷水管	按设计	PVC-U	米	
5	角尺弯	de50	PUC-U	个	1	11	排水管	de110	PVC-U	米	
6	锁紧螺母	de50	PUC-U	个	1						

图 5-2　背水箱坐便器安装

25.3.2.1　背水箱配件安装

1 背水箱中带溢水管的排水口安装与塞风安装相同。溢水管口应低于水箱固定螺孔10~20 mm。

2 背水箱浮球阀安装与高水箱相同，有补水管者把补水管上好后煨弯至溢水管口内。

3 安装扳手时，先将圆盘塞入背水箱左上角方孔内，把圆盘上入方螺母内用管钳拧至松紧适度，把挑杆煨好勺弯，将扳手轴插入圆盘孔内，套上挑杆拧紧顶丝。

4 安装背水箱翻板式排水时，将挑杆与翻板车用尼龙线连接好。扳动扳手使挑杆上翻板活动自如。

25.3.2.2 背水箱、坐便器稳装

1 将坐便器预留排水管口周围清理干净，取下临时管堵，检查管内有无杂物。

2 将坐便器出水口对准预留排水口放平找正，在坐便器两侧固定螺栓眼处画好印记后，移开坐便器，将印记做好十字线。

3 在十字线中心处剔 $\phi20 \times 60$ mm 的孔洞，把 $\phi10$ mm 螺栓插入孔洞内用水泥栽牢，将坐便器试稳，使固定螺栓与坐便器吻合，移开坐便器。将坐便器排水口及排水管口周围抹上油灰后将便器对准螺栓放平，找正，螺栓上套好胶皮垫、眼圈上螺母拧至松紧适度。

（4）对准坐便器尾部中心，在墙上画好垂直线，在距地平 800cm 高度画水平线。根据水箱背面固定孔眼的距离，在水平线上画好十字线。在十字线中心处剔 $\phi30 \times 70$mm 深的孔洞，把带有燕尾的镀锌螺栓（规格 $\phi10 \times 100$mm）插入孔洞内，用水泥栽牢。将背水箱挂在螺栓上放平、找正。与坐便器中心对正，螺栓上套好胶皮垫，带上眼圈、螺母拧至松紧适度。坐便器无进水锁母的可采用胶皮碗的连接方法。上水八字水门的连接方法与高水箱相同。

25.3.2.3　蹲便器安装注意事项

1 方正度 90°、保证水平。

2 低于地面砖 3~4 mm。

3 蹲便器位置最低。

4 冲洗管和墙面的间距适宜。

5 垂直于地面。

6 安装完毕后及时保护。

7 48 小时才能使用。

25.3.3　洗脸盆安装

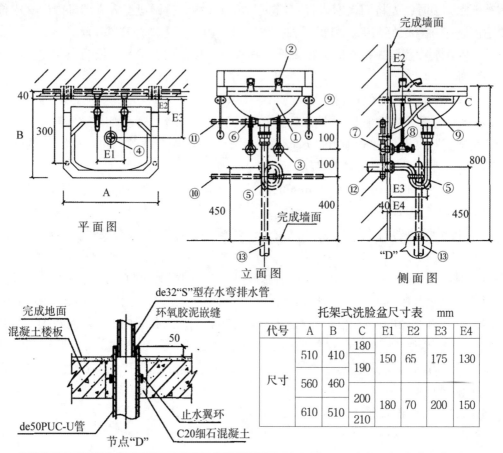

托架式洗脸盆尺寸表　mm

代号	A	B	C	E1	E2	E3	E4
尺寸	510	410	180	150	65	175	130
			190				
	560	460	200	180	70	200	150
	610	510	210				

主要材料						
编号	名称	规格	材料	单位	数量	
1	托架式洗脸盆		陶瓷	个	1	
2	陶瓷片密封龙头	DN15	铜镀络	个	2	
3	角式截止阀	DN15	铜镀络	个	2	
4	排水栓（配套）	DN32	铜或尼龙	个	1	
5	存水弯	de32 DN32	塑料或铜镀络	个	1	
6	异径三通	按设计	PP-R PVC-U	个	1	1
7	内螺纹弯头	de20	PP-R PVC-U	个	1	1
8	外螺纹短管	DN15	金属管	米		
9	托架		灰铸铁	个	2	
10	冷水管	按设计	PVC-U	米		
11	热水管	按设计	PP-R	米		
12	排水管	de40	PVC-U	米		
13	排水管	de50	PVC-U	米		

图 5-3　洗脸盆安装

25.3.3.1　洗脸盆零件安装

1 安装脸盆下水口：先将下水口根母、眼圈、胶垫卸下，将胶垫垫好油灰后插入脸盆排水口孔内，下水口中的溢水口要对准脸盆排水口中的溢水口眼。外面加上垫好油灰的胶垫，套上眼圈，带上根母，再用自制扳手卡住排水口十字筋，用平口扳手上根母至松紧适度。

2 安装脸盆水嘴：先将水嘴根母、锁母卸下，在水嘴根部垫好油灰，插入脸盆给水孔眼，下面再套上胶垫眼圈，带上根母后左手按住水嘴，右手用自制八字死扳手将锁母紧至松紧适度。

25.3.3.2　洗脸盆稳装

1 洗脸盆支架安装：应按照排水管口中心在墙上画出竖线，由地面向上量出规定的高度，画出水平线，根据盆宽在水平线上画出支架位置的十字线。按印记剔成 $\phi 30 \times 120$ mm 孔洞。将脸盆支架找平栽牢。再将脸盆置于支架上找平、找正。将架钩钩在盆下固定孔内，拧紧盆架的固定螺栓，找平正。

2 铸铁架洗脸盆安装：按上述方法找好十字线，按印记剔成 $\phi 15 \times 70$ mm 的孔洞栽好铅皮卷，采用螺丝将盆架固定于墙上。将活动架的固定螺栓松开，拉出活动架将架钩钩在盆下固定孔内，拧紧盆架的固定螺栓，找平、找正。

25.3.3.3　洗脸盆排水管连接

1 S 型存水弯的连接：应在脸盆排水口丝扣下端涂铅油，缠少许麻丝。将存水弯上节拧在排水口上，松紧适度。再将存水弯下节的下端缠油盘根绳插在排水管口内，将胶垫放在存水弯的连接处，把锁母用手拧紧后调直找正。再用扳手拧至松紧适度。用油灰将下水管口塞严、抹平。

2 P 型存水弯的连接：应在脸盆排水口丝扣下端涂铅油，缠少许麻丝。将存水弯立节拧在排水口上，松紧适度。再将存水弯横节按需要长度配好。把锁母和护口盘背靠背套在横节上，在端头缠好油盘根绳，试高度是否合适，如不合适可用立节调整，然后把胶垫放在锁口内，将锁母拧至松紧适度。把护口盘内填满油灰后向墙面找平、按实。将外溢油灰除掉，擦净墙面。将下水口处外露麻丝清理干净。

25.3.3.4　洗脸盆给水管连接

首先量好尺寸，配好短管，装上八字水门，再将短管另一端丝扣处涂油、缠麻，拧在预留给水管口（如果是暗装管道，带护口盘，要先将护口盘套在短节上，管子上完后，将护口盘内填满油灰，向墙面找平、按实，清理外溢油灰）至松紧适度。将铜管（或塑料管）按尺寸断好，需煨灯义弯者把弯煨好。将八字水门与水嘴的锁母卸下，背靠背套在铜管（或塑料管）上，分别缠好油盘根绳或铅油麻线，上端插入水嘴根部，下端插入八字水门中口，分别拧好上、下锁母至松紧适度。找直、找正，并将外露麻丝清理干净。

25.3.4 PT 型支柱式洗脸盆安装

25.3.4.1 PT 型支柱式洗脸盆配件安装

1 混合水嘴的安装：将混合水嘴的根部加 1 mm 厚的胶垫、油灰。插入脸盆上洞中间孔眼内，下端加胶垫和眼圈，扶正水嘴，拧紧根母至松紧适度，带好给水锁母。

2 将冷、热水阀门上盖卸下，退下锁母，将阀门自下而上地插入脸盆冷、热水孔眼内。阀门锁母和胶圈套入四通横管，再将阀门上根母加油灰及 1 mm 厚的胶垫，将根母拧紧与丝扣平。盖好阀门盖，拧紧门盖螺丝。

3 脸盆排水口加 1 mm 厚的胶垫、油灰。插入脸盆上沿中间孔眼内，下端加胶垫和眼圈，扶正水嘴，拧紧根母至松紧适度，带好给水锁母。

4 将手提拉杆和弹簧万向珠装入三通中心，将锁母拧至松紧适度。再将立杆穿过混合水嘴空腹管至四通下口，四通和立杆接口处缠油盘根绳，拧紧压紧螺母。

25.3.4.2 PT 型支柱式洗脸盆稳装

1 按照排水管口中心画出竖线，将支柱立好，将脸盆转放在立柱上，使脸盆中心对准竖线，找平后画好脸盆固定孔眼位置。同时将支柱在地面位置做好印记。按墙上印记剔成 $\phi 10 \times 80$ mm 的孔洞，栽好固定螺栓。将地面支柱印记内放好白灰膏，稳好支柱及脸盆，将固定螺栓加胶皮垫、眼圈、带上螺母拧至松紧适度。再次将脸盆面找平，支柱找直。将支柱与脸盆接触处及支柱与地面接触处用白水泥勾缝抹光。

2 PT 型支柱式洗脸盆给排水管连接方法参照洗脸盆给排水管道安装。

25.3.5 净身盆安装

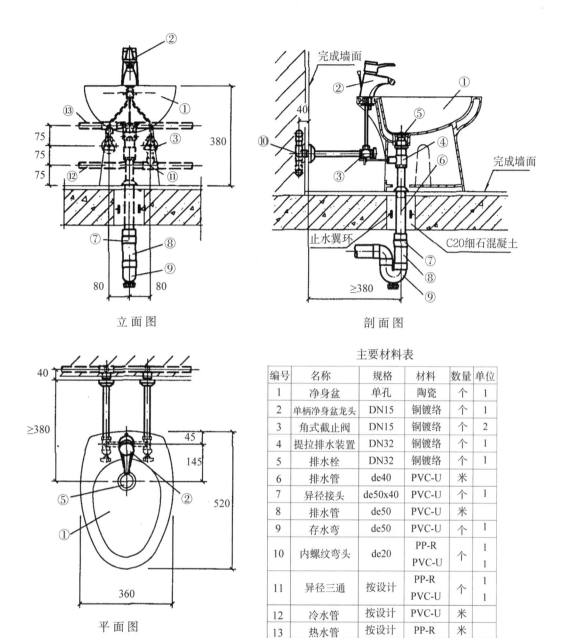

立面图

剖面图

平面图

主要材料表

编号	名称	规格	材料	数量	单位
1	净身盆	单孔	陶瓷	个	1
2	单柄净身盆龙头	DN15	铜镀络	个	1
3	角式截止阀	DN15	铜镀络	个	2
4	提拉排水装置	DN32	铜镀络	个	1
5	排水栓	DN32	铜镀络	个	1
6	排水管	de40	PVC-U	米	
7	异径接头	de50x40	PVC-U	个	1
8	排水管	de50	PVC-U	米	
9	存水弯	de50	PVC-U	个	1
10	内螺纹弯头	de20	PP-R PVC-U	个	1 1
11	异径三通	按设计	PP-R PVC-U	个	1 1
12	冷水管	按设计	PVC-U	米	
13	热水管	按设计	PP-R	米	

图 5-4　净身盆安装

25.3.5.1　净身盆配件安装

1 将混合阀门及冷、热水阀门的门盖卸下，下根母调整适当，以三个阀门装好后上根母与阀门颈丝扣基本相平为宜。将预装好的喷嘴转心阀门装在混合开关的四通下口。

1）将冷、热水阀门的出口锁母套在混合阀门四通横管处，加胶圈或缠油盘根装在一起，拧紧锁母。将三个阀门门颈处加胶垫，同时由净身盆自下而上穿过孔眼。三个阀门上加胶垫、眼圈带好根母。混合阀门上加角形胶垫及少许油灰，扣上长方形镀铬护口盘，带好根母。然后将空心螺栓穿过护口盘及净身盆。盆下加胶垫眼圈和根母，拧紧根母至松紧适度。

2）将混合阀门上根母拧紧，其根母应与转心阀门颈丝扣平为宜。将阀门盖放入阀门挺旋转，能使转心阀门盖转动30°即可。再将、热水阀门的上根母对称拧紧。分别装好三个阀门门盖，拧紧冷、热水阀门门盖上的固定螺丝。

2 喷嘴安装：将喷嘴靠瓷面处加1 mm厚的胶垫，抹少许油灰，将定型铜管一端与喷嘴连接，另一端与混合阀门四通下转心阀门连接。拧紧锁母，转心阀门门挺须朝向与四通平行一侧，以免影响手提拉杆的安装。

3 排水口安装：将排水口加胶垫，穿入净身盆排水孔眼。拧入排水三通上口。同时检查排水口与净身盆排水孔眼的凹面是否紧密，如有松动及不严密现象，可将排水口锯掉一部分，尺寸合适后，将排水口圆盘下加抹油灰，外面加胶垫、眼圈，用自制叉扳手卡入排水口内十字筋，使溢水口对准净身盆溢水孔眼，拧入排水三通上口。

4 手提拉杆安装：将挑杆弹簧珠装入排水三通中口，拧紧锁母至松紧适度。然后将手提拉杆插入空心螺栓，用卡具与横挑杆连接，调整定位，使手提拉杆活动自如。

5 净身盆配件装完以后，应接通临时水试验无渗漏后方可进行稳装。

25.3.5.2　净身盆稳装

1 将排水预留管口周围清理干净，将临时管堵取下，检查有无杂物。将净身盆排水三通下口铜管装好。

2 将净身盆排水管插入预留排水管口内，将净身盆稳平找正。净身盆尾部距墙尺寸一致。将净身盆固定螺栓孔及底座画好印记，移开净身盆。

3 将固定螺栓孔印记画好十字线，剔成$\phi 20 \times 60$ mm孔眼，将螺栓插入洞内栽好。再将净身盆孔眼对准螺栓放好，与原印记吻合后再将净身盆下垫好白灰膏，排水铜管套上护口盘。净身盆稳牢、找平、找正。固定螺栓上加胶垫、眼圈，拧紧螺母。清除余灰，擦拭干净。将护口盘内加满油灰与地面按实。净身盆底座与地面有缝隙之处，嵌入白水泥浆补齐、抹光。

25.3.6　平面小便器安装

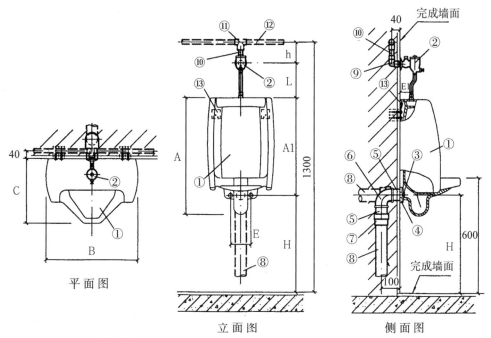

平面图　　立面图　　侧面图

主要材料表

编号	名称	规格	材料	数量	单位
1	壁挂式小便器		陶瓷	个	1
2	自闭式冲洗阀	DN15	配套	个	1
3	橡胶止水环	DN50	配套	个	1
4	排水法兰盘	DN50	配套	个	1
5	外螺纹短管	DN50	金属管	米	
6	弯头	DN50	金属	个	1
7	转换接头	De50x50	PVC-U	个	1
8	排水管	de50	PVC-U	米	
9	内螺纹弯头	de20	PVC-U	个	1
10	冷水管	de20	PVC-U	米	
11	异径三通	按设计	PVC-U	个	1
12	冷水管	按设计	PVC-U	米	
13	挂钩		配套	个	2

图 5-5　平面小便器安装

25.3.6.1　首先，对准给水管中心画一条垂线，由地平向上量出规定的高度画一水平线。根据产品规格尺寸，由中心向两侧固定孔眼的距离，在横线上画好十字线，再画出上、下孔眼的位置。

25.3.6.2　将孔眼位置剔成 $\phi10 \times 60$ mm 的孔眼，栽入 $\phi6$ mm 螺栓。托起小便器挂在螺栓上。把胶垫、眼圈套入螺栓，将螺母拧至松紧适度。将小便器与墙面的缝隙嵌入白水泥浆补齐、抹光。其他安装方法同上。

25.3.7 立式小便器安装

25.3.7.1 立式小便器安装前应检查给、排水预留管口是否在一条垂线上，间距是否一致。符合要求后按照管口找出中心线。将下水管周围清理干净，取下临时管堵，抹好油灰，在立式小便器下铺垫水泥、白灰膏的混合灰（比例为 1：5）。将立式小便器稳装找平、找正。立式小便器与墙面、地面缝隙嵌入白水泥浆抹平、抹光。

25.3.7.2 将八字水门丝扣抹铅油、缠麻、带入给水口，用扳子上至松紧适度。其护口盘应与墙面靠严。八字水门出口对准鸭嘴锁口，量出尺寸，断好铜管，套上锁母及扣碗，分别插入鸭嘴和八字水门出水口内。缠油盘根绳拧紧锁母拧至松紧适度。然后将扣碗加油灰按平。

25.3.8 家具盆安装

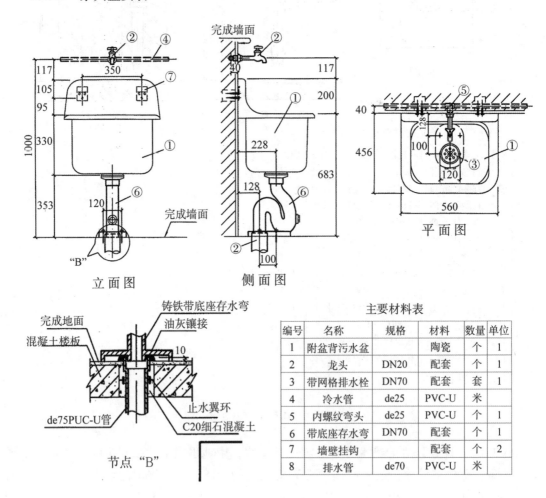

图 5-6 家具盆安装

主要材料表

编号	名称	规格	材料	数量	单位
1	附盆背污水盆		陶瓷	个	1
2	龙头	DN20	配套	个	1
3	带网格排水栓	DN70	配套	套	1
4	冷水管	de25	PVC-U	米	
5	内螺纹弯头	de25	PVC-U	个	1
6	带底座存水弯	DN70	配套	个	1
7	墙壁挂钩		配套	个	2
8	排水管	de70	PVC-U	米	

25.3.8.1 栽架前应将盆架与家具盆试一下是否相符。将冷、热水预留管口之间画一条平分垂线（只有冷水时，家具盆中心应对准给水管口）。由地面向上量出规定的高度，

画出水平线，按照家具盆架的宽度由中心线左右画好十字线，剔成 $\phi 50 \times 120$ mm 的孔眼，用水冲净孔眼内杂物，将盆架找平，找正。用水泥栽牢。将家具盆放于架上纵横找平，找正。家具盆靠墙一侧缝隙处嵌入白水泥浆勾缝抹光。

25.3.8.2　排水管的连接：先将排水口根母松开卸下，放在家具盆排水孔眼内，测量出距排水预留管口的尺寸。将短管一端套好丝扣，涂油、缠麻。将存水弯拧至外露丝 2~3 扣，按量好的尺寸将短管断好，插入排水管口的一端应做扳边处理。将排水口圆盘下加工业 1 mm 厚的胶垫、抹油灰，插入家具盆排水孔眼，外面再套上胶垫、眼圈，带上根母。在排水口的丝扣处抹油、缠麻，用自制扳手卡住排水口内十字筋，使排水口溢水眼对准家具盆溢水孔眼，用自制扳手拧紧根母至松紧适度。吊直找正。接口处捻灰，环缝要均匀。

25.3.8.3　水嘴安装：将水嘴丝扣处涂油缠麻，装在给水管口内，找平，找正，拧紧。除净外露麻丝。

25.3.8.4　堵链安装：在瓷盆上方 50 mm 并对准排水口中心处剔成 $\phi 10 \times 50$ mm 孔眼，用水泥浆将螺栓注牢。

25.3.9　浴盆安装

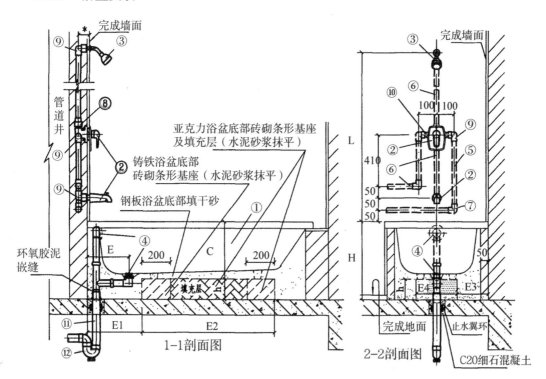

1-1 剖面图

2-2 剖面图

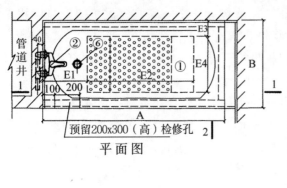

主要材料表

编号	名称	规格	材料	数量	单位
1	普通浴盆			个	1
2	单柄浴盆龙头	DN15	配套	个	1
3	金属软管	DN15	配套	米	1
4	手提式花洒	DN15	配套	个	1
5	滑竿		配套	个	
6	排水配件	DN40 DN32	配套	套	1
7	冷水管	de20	PVC-U	米	1
8	热水管	de20	PP-R	米	
9	90° 弯头	de20	PVC-U	个	1
10	内螺纹弯头	de20	PVC-U	个	1
			PP-R		1
11	存水弯	de50	PVC-U	个	1
12	排水弯	de50	PVC-U	米	2

图 5-7 浴盆安装

25.3.9.1 浴盆稳装：浴盆稳装前应将浴盆内表面擦拭干净，同时检查瓷面是否完好。带腿的浴盆先将腿部的螺丝卸下，将拔销母插入浴盆底卧槽内，把腿扣在浴盆上带好螺母拧紧找平。浴盆如砌砖腿时，应配合土建施工把砖腿按标高砌好。将浴盆稳于砖台上，找平、找正。浴盆与砖腿缝隙外用 1：3 水泥砂浆填充抹平。

25.3.9.2 浴盆排水安装：将浴盆排水三通套在排水横管上，缠好油盘根绳，插入三通中口，拧紧锁母。三通下口装好铜管，插入排水预留管口内（铜管下端板边）。将排水口圆盘下加胶垫、油灰，插入浴盆排水孔眼，外面再套胶垫、眼圈，丝扣处涂铅油、缠麻。用自制叉扳手卡住排水口十字筋，上入弯头内。

将溢水立管下端套上锁母，缠上油盘根绳，插入三通上口对准浴盆溢水孔，带上锁母。溢水管弯头处加 1 mm 厚的胶垫、油灰，将浴盆堵螺栓穿过溢水孔花盘，上入弯头"一"字丝扣上，无松动即可。再将三通上口锁母拧至松紧适度。

浴盆排水三通出口和排水管接口处缠绕油盘根绳捻实，再用油灰封闭。

25.3.9.3 混合水嘴安装：将冷、热水管口找平、找正。把混合水嘴转向对丝抹铅油，缠麻丝，带好护口盘，用自制扳手（俗称钥匙）插入转向对丝内，分别拧入冷、热水预留管口，校好尺寸，找平、找正。使护口盘紧贴墙面。然后将混合水嘴对正转向对丝，加垫后拧紧锁母找平、找正。用扳手拧至松紧适度。

25.3.9.4 水嘴安装：先将冷、热水预留管口用短管找平、找正。如暗装管道进墙较深者，应先量出短管尺寸，套好短管，使冷、热水嘴安完后距墙一致。将水嘴拧紧找正，除净外露麻丝。

25.3.10 淋浴器安装

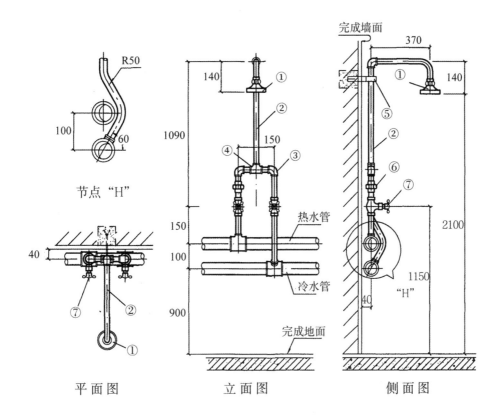

节点 "H"

平面图　　　　　　立面图　　　　　　侧面图

主要材料表

编号	名称	规格	材料	数量	单位
1	莲蓬头	DN15	铜或尼龙	个	1
2	混合水管	DN15	金属管	米	2.5
3	弯头	DN15	金属	个	3
4	三通	DN15	金属	个	1
5	单管立式支架	-20×3	Q235-A	个	1
6	活接头	DN15	金属	个	1
7	淋浴器阀	DN15	铜	个	2

图 5-8　淋浴器安装

25.3.10.1　镀铬淋浴器安装：暗装管道先将冷、热水预留管口加试管找平、找正。量好短管尺寸，断管、套丝、涂铅油、缠麻，将弯头上好。明装管道按规定标高煨好 "弯"（俗称元宝弯），上好管箍。

淋浴器锁母外丝丝头处抹油、缠麻。用自制扳手卡住内筋，上入弯头或管箍内。再将淋浴器对准锁母外丝，将锁母拧紧。将固定圆盘上的孔眼找平、找正。画出标记，卸下淋浴器，将印记剔成 $\phi10 \times 40$ mm 的孔眼，栽好铅皮卷。再将锁母外丝口加垫抹油，将淋浴器对准锁母外丝口，用扳手拧至松紧适度。再将锁母外丝口加垫抹油，将淋浴器对准锁母外丝口，用扳手拧至松紧适度。再将固定圆盘与墙面靠严，孔眼平正，用木螺丝固定在墙上。

将淋浴器上部铜管预装在三通口上，使立管垂直，固定圆盘与墙面贴实，孔眼平正，画出孔眼标记，栽入铅皮卷，锁母外加垫抹油，将锁母拧至松紧适度。上固定圆盘采用木螺栓固定在墙面上。

25.3.10.2 铁管淋浴器的组装：铁管淋浴器的组装必须采用镀锌管及管件，皮钱阀门、各部尺寸必须符合规范规定。

由地面向上量出 1150 mm，画一条水平线，为阀门中心标高。再将冷、热阀门中心位置画出，测量尺寸，配管上零件。阀门上应加活接头。

根据组数预制短管，按顺序组装，立管栽固定立管卡，将喷头卡住。立管应吊直，喷头找正。安装时应注意男、女浴室喷头的高度。

26　质量标准

26.1　一般规定

26.1.1　本章适用于室内污水盆、洗涤盆、洗脸（手）盆、盥洗槽、浴盆、淋浴器、大便器、小便器、小便槽、大便冲洗槽、妇女卫生盆、化验盆、排水栓、地漏、加热器、煮沸消毒器和饮水器等卫生器具安装的质量检验与验收。

26.1.2　卫生器具的安装应采用预埋螺栓或膨胀螺栓安装固定。

26.1.3　卫生器具安装高度如设计无要求时，应符合表 5-9 的规定。

表 5-9　卫生器具的安装高度

项次	卫生器具名称		卫生器具安装高度（mm）		备注
			居住和公共建筑	幼儿园	
1	污水盆（池）	架空式 落地式	800 500	800 500	
2	洗涤盆（池）		800	800	
3	洗脸盆、洗手盆（有塞、无塞）		800	500	自地面至器具上边缘
4	盥洗槽		800	500	
5	浴盆		≥ 520	–	自地面至器具上边缘
6	蹲式大便器	高水箱 低水箱	1800 900	1800 900	自台阶面至高水箱底 自台阶面至低水箱底

项次	卫生器具名称			卫生器具安装高度（mm）		备注
				居住和公共建筑	幼儿园	
7	坐式大便器	高水箱		1800	1800	自地面至高水箱底 自地面至低水箱底
		低水箱	外露排水管式 虹吸喷射式	510 470	– 370	
8	小便器	挂式		600	450	自地面至下边缘
9	小便槽			200	150	自地面至台阶面
10	大便槽冲洗水箱			≮2000		自台阶至水箱底
11	妇女卫生盆			360		自地面至器具上边缘
12	化验盆			800		自地面至器具上边缘

26.1.4　卫生器具给水配件的安装高度，如设计无要求时，应符合表5-10的规定。

表5-10　卫生器具给水配件的安装高度

项次	给水配件名称		配件中心距地面高度（mm）	冷热水龙头距离（mm）
1	架空式污水盆（池）水龙头		1000	--
2	落地式污水盆（池）水龙头		800	
3	洗涤盆（池）水龙头		1000	150
4	住宅集中给水龙头		1000	--
5	洗手盆水龙头		1000	--
6	洗脸盆	水龙头（上配水）	1000	150
		水龙头（下配水）	800	150
		角阀（下配水）	450	--

项次	给水配件名称		配件中心距地面高度（mm）	冷热水龙头距离（mm）
7	盥洗槽	水龙头	1000	150
		冷热水管 其中热水龙头上下并行	1100	150
8	浴盆	水龙头（上配水）	670	150
9	淋浴器	截止阀	1150	95
		混合阀	1150	
		淋浴喷头下沿	2100	--
10	蹲式大便器 （台阶面算起）	高水箱角阀及截止阀	2040	--
		低水箱角阀	250	--
		手动式自闭冲洗阀	600	--
		脚踏式自闭冲洗阀	150	--
10	蹲式大便器 （台阶面算起）	拉管式冲洗阀（从地面算起）	1600	--
		带防污助冲器阀门 （从地面算起）	900	--
11	坐式大便器	高水箱角阀及截止阀	2040	--
		低水箱角阀	150	--
12	大便槽冲洗箱截止阀（从台阶面算起）		≮2400	--
13	立式小便器角阀		1130	--
14	挂式小便器角阀及截止阀		1050	--
15	小便槽多孔冲洗管		1100	--
16	实验室化验水龙头		1000	--
17	妇女卫生盆混合阀		360	--

26.2　检验方法：用水平尺和尺量检查。

26.3　卫生器具与墙面最小间距要求

26.3.1　坐便器中心距侧墙有竖管时不应小于 450 mm，无竖管时不应小于 400 mm，中心距侧面器具不应小于 350 mm。

26.3.2　蹲便器中心距侧墙有竖管时不应小于 450 mm，无竖管时不应小于 400 mm，中心距侧面器具不应小于 350 mm。

26.3.3　淋浴喷头中心距墙不小于 450 mm，喷头中心与器具水平距离不应小于 350 mm。

26.3.4　浴盆在人体进出面一边不应小于 600 mm。

26.3.5　洗面器中心距侧墙不应小于 550 mm，侧边距一般器具不应小于 100 mm，前边距墙距器具不应小于 600 mm。

26.3.6　洗衣机后边距墙不应小于 50 mm，侧面距墙不应小于 100 mm，墙边距墙或者器具不应小于 600 mm。

26.3.7　电 / 太阳能热水器储水箱侧面距墙不应小于 100 mm。

27　卫生器具安装

27.1　主控项目

27.1.1　排水栓和地漏的安装应平正、牢固，低于排水表面，周边无渗漏。地漏水封高度不得小于 50 mm。

27.1.2　卫生器具交工前应做满水和通水试验。满水后各连接件不渗不漏；通水试验，给、排水畅通。

27.2　一般项目

27.2.1　卫生器具安装的允许偏差应符合表 5–11 的规定。

表 5–11　卫生器具安装的允许偏差

项次	项目		允许偏差 /mm	检验方法
1、	坐标	单独器具	10	拉线、吊线和尺量检查
		成排器具	5	
2、	坐标	单独器具	± 15	
		成排器具	± 10	
3、	器具水平度		2	用水平尺和尺量检查
4、	器具垂直度		3	吊线和尺量检查

27.2.2 有饰面的浴盆，应留有通向浴盆排水口的检修门。

27.2.3 小便槽冲洗管，应采用镀锌钢管或硬质塑料管。冲洗孔应斜向下方安装，冲洗水流向同墙面呈 45°。镀锌钢管钻孔后应进行二次镀锌。

27.2.4 卫生器具的支、托架必须防腐良好，安装平整、牢固，与器具接触紧密、平稳。

28 卫生器具给水配件安装

28.1 主控项目：卫生器具给水配件应完好无损伤，接口严密，启闭部分灵活。

28.2 一般项目

28.2.1 卫生器具给水配件安装标高的允许偏差符合表 5–12 的规定。

表 5–12 卫生器具给水配件安装标高的允许偏差和检验方法

项次	项目	允许偏差 /mm	检验方法
1	大便器高、低水箱角阀及截止阀	± 10	尺量检查
2	水龙头	± 10	
3	淋浴器喷头下沿	± 15	
4	浴盆软管淋浴器挂钩	± 20	尺量检查

28.2.2 浴盆软管淋浴器挂钩的设计，如设计无要求，应距地面 1.8m。

29 卫生器具排水管道安装

29.1 主控项目

29.1.1 与排水横管连接的各卫生器具的受水口和立管均应采取妥善可靠的固定措施；管道与楼板的接合部位应采取牢固可靠的防渗、防漏措施。

29.1.2 连接卫生器具的排水管道接口应紧密不漏，其固定支架、管卡支撑位置应正确、牢固，与管道的接触应平整。

29.2 一般项目

29.2.1 卫生器具排水管道安装的允偏差应符合表 5–13 的规定。

表 5-13　卫生器具排水管道安装的允许偏差及检验方法

项次	项目		允许偏差 /mm	检验方法
1、	横管弯曲度	每 1m	2	用水平尺量检查
		横管长度≤ m，全长	<8	
		横管长度 >10m，全长	10	
2、	卫生器具的排水管口及横支管的纵横坐标	单独器具	10	用尺量检查
		成排器具	5	
3、	卫生器具的接口标高	单独器具	± 10	用水平尺和尺量检查
		成排器具	± 5	

29.2.2　连接卫生器具的排水管径和最小坡度，如设计无要求时，应符合表 5-14 的规定。

表 5-14　连接卫生器具的排水管道管径和最小坡度

项次	卫生器具名称		排水管管径 /mm	管道的最小坡度（ % ）
	污水盆（池）		50	2.5
	单、双格洗涤盆（池）		50	2.5
	洗手盆、洗脸盆		32~50	2.0
	浴盆		50	2.0
	淋浴器		50	2.0
	大便器	高低、水箱	100	1.2
		自闭式冲洗阀	100	1.2
		拉管式冲洗阀	100	1.2
	小便器	手动、自闭式冲洗阀	40~50	2.0
		自动冲洗水箱	40~50	2.0
	化验盆（无塞）		40~50	2.5
	净身器		40~50	2.0
	饮水器		20~50	1.0~2.0
	家用洗衣机		（软管为 30）	

30　成品保护

30.1　洁具在搬运和安装时要防止磕碰。稳装后洁具排水口应用防护用品堵存，镀铬零件用纸包好，以免堵塞或损坏。

30.2　在釉面砖、水磨石墙面剔孔洞时，宜用手电钻或先用小錾子轻剔掉釉面，待剔至砖底灰层处方可用力，但不得过猛，以免将面层剔碎或震成空鼓现象。

30.3　洁具稳装后，为防止配件丢失或损坏，如拉链、堵链等材料、配件应在竣工前统一安装。

30.4　安装完的洁具应加以保护，防止洁具瓷面受损和整个洁具损坏。

30.5　通水试验前应检查地漏是否畅通，分户阀门是否关好，然后按层段分房间逐一进行通水试验，以免漏水使装修工程受损。

30.6　在冬季室内不通暖时，各种洁具必须将水放净。存水弯应无积水，以免将洁具和存水弯冻裂。

31　应注意的质量问题

31.1　蹲便器不平，左右倾斜。原因：稳装时，正面和两侧垫砖不牢，卫生间回填后，没有检查，抹灰后不好修理，造成高水箱与便器不对中。

31.2　高、低水箱拉、扳把不灵活。原因：高、低水箱内部配件安装时，三个主要部件在水箱内位置不合理。高水箱进水、拉把应放在水箱同侧。以免使用时互相干扰。

31.3　零件镀铬表层被破坏。原因：安装时使用管钳。应采用平面扳手或自制扳手。

31.4　坐便器与背水箱中心未对齐，弯管歪扭。原因：画线不对中，便器稳装不正或先稳背箱，后稳便器。

31.5　坐便器周围离开地面。原因：下水管口预留过高，稳装前没修理。

31.6　立式小便器距墙缝隙太大。原因：甩口尺寸不准确。

31.7　洁具溢水失灵。原因：下水口无溢水眼。

31.8　通水之前，将器具内污物清理干净，不得借通水之便将污物冲入下水管内，以免管道堵塞。

31.9　严禁使用未经过滤的白灰粉代替白灰膏稳装卫生设备，避免造成卫生设备胀裂。

32　质量记录

32.1　产品合格证（卫生器具的出厂合格证）。

32.2　应有卫生器具及配件的产品进入现场的验收记录。

32.3　器具安装前管道甩口位置的预检记录。

32.4　样板间检验鉴定记录。

32.5　卫生器具安装分项工程质量检验评定。

32.6　卫生器具通水试验记录。

33　安全环保措施

33.1　在拉设临时电源时，电线均应架空，过道须用钢管保护，不得乱拖乱拉，以免电线被车辗物压。

33.2　电箱内电气设备应完整无缺，设有专用漏电保护开关，必须按"一机一闸一漏一箱"要求设置。

33.3　所有移动电具，都应具有二级漏电保护，电线无破损，插头插座应完整，严禁不用插头而用电线直接插入插座内。

33.4　各类电机械应勤加保养，及时清洗、注油，在使用时如遇中途停电或暂时离开，必须关闭电门或拔出插头。

33.5　使用切割机时，首先检查防护罩是否完整，后部严禁有易燃易爆物品，切割机不得代替砂轮磨物，严禁用切割机切割麻丝和木块。

33.6　煨弯管时，首先要检查煤炭中有无爆炸物，砂子烘干，以防爆炸。灌砂台搭设牢固，以防倒塌伤人。

33.7　搬运蹲便器和水箱等卫生洁具时要轻抬慢放，严防损坏器具或砸伤脚。

33.8　水箱固定安装前，要先检查预栽螺栓或膨胀螺栓的牢固性，防止出现意外而伤人。

34　卫生器具及给排水管道安装工程常见质量通病

34.1　面盆、洗涤盆安装不符合要求情况：

34.1.1　厨房间、洗室中面盆、洗涤盆台面安装高度不一致，不符合规范规定。

34.1.2　面盆、洗涤盆、水盘在排水管接口处渗漏。

34.1.3 面盆、洗涤盆、水盘溢水孔堵塞或排水不畅。

34.1.4 装饰安装成套厨房用具的洗涤盆不排水管无 P 弯；采用塑料软管排水在与管道接口处未封堵。

34.2 浴缸冷热水龙头及淋浴器安装不符合要求情况：

34.2.1 冷热水龙头及淋浴器喷头安装与浴缸排水栓、排水孔不在同一直线，偏位明显，观感很差。

34.2.2 浴缸上淋浴器喷头安装高度 1.5~2.2 m，不一致，有的影响使用。

34.2.3 浴缸四周与墙面接触处接缝不密实，有渗水。

34.3 坐便器安装不符合要求情况：

34.3.1 坐便器安装不牢，有松动。

34.3.2 坐便器低水箱与墙面不靠紧，有的间距达 60~120 mm。

34.3.3 坐便器底座有渗水现象。

34.4 给排水管道安装不符合要求情况：

34.4.1 管卡设置不规则，不统一，随意性。

34.4.2 管卡安装松动不牢固。

34.5 地漏安装不符合要求情况：

34.5.1 装饰施工重铺设地面砖，致使地漏低于地面的最小距离不符国家标准规定，有的深度甚至达 40~50 mm。

34.5.2 装饰重铺设地面砖后，地漏四周圆弧度差，有的不规则，有的甚至呈锯齿型，观感很差。有的甚至有堵塞或排水不畅现象。

35 浴缸冷热水龙头及淋浴器安装质量通病及预防

35.1 质量通病

由于操作人员在预埋冷、热水管及淋浴器喷淋头管道时没有与浴缸的排水栓中心位置进行测量，或者由于土建在浴缸安装位置的墙体修改或粉刷层变动，造成浴缸安装后排水孔、排水栓、冷热水龙头中心和淋浴器喷头的中心不在一直线上。

浴缸上沐浴器喷头安装的高度没有按国家有关标准图集的规定执行，造成高低不一致。

装饰安装中，与土建的配合不够协调，或者大家都不重视这一接合部。

35.2 预防措施

加强装饰施工中，土建与安装工种之间相互配合，并且在安装前再一次核对浴缸型号及预埋管线的中心位置是否相符。如不相符，则应对预埋管线在未装饰墙面砖之前及时修改移动，以确保浴缸的排水栓、排水孔、水龙头及沐浴喷头在同一直线上。偏差不宜大于 5 mm。

浴缸上安装的沐浴喷头应适应一般人的使用要求。安装固定式淋浴器的，从地面至喷淋头的高度应为 2100 mm，安装绕性软管淋浴器的，从地面至挂钩中心应为 1 500 mm。

浴缸安装完毕后，应对浴缸四周与墙面砖接触的部位打上硅胶，以防止有渗水现象。

36　地漏安装质量通病及预防

36.1　质量通病

铺设地面砖前没有及时把地漏接高，造成地面砖铺好之后不易变动。

装饰施工人员对地漏整体的观感不重视，操作马虎，或者是没有专门的开孔工具，造成地漏四周的地面砖开孔成形差。

36.2　预防措施

对装饰要求的地面高度或弹出基准线或将高度告诉安装操作人员，以便及时调整地漏的高度，使之符合国家规范要求；地漏应安装在地面最低处，其篦子板顶面应低于设置处地面 5 mm。

装饰施工人员在地漏安装到位铺设地面砖或大理石等材料时，应根据地漏面板的大小准确地开孔，使开孔的大小及圆弧整齐一致，达到外观的和谐美观。

地漏安装完毕，应进行通水试验，发现有堵塞或排水不畅时要及时疏通，并做好保护措施，以确保使用功能。

37　坐便器安装质量通病及预防

37.1　质量通病

坐便器的固定螺栓规格不符要求。

由于土建砌筑墙体的偏差或者预留排污管孔洞的偏差，或者由于装饰设计对于坐便器型号的修改变动等因素，造成坐便器安装后低水箱不靠紧墙面（连全水箱除外），使用时产生不稳。

由于装饰设计的变更，造成重新铺设的地面砖高于原预埋的排污管口，或者坐便器与排污口的连接处理不当而产生渗透水现象。

37.2　预防措施

坐便器底座的固定螺栓，一般应采用镀锌膨胀螺栓或经加工的脚螺栓，螺栓直径不得小于 6 mm，固定后螺栓应露出螺帽 3~5 扣，螺帽与坐便器底座之间应采用软性垫片（如橡胶垫圈、纸板垫圈等），严禁使用钢垫片、弹簧垫片。坐便器和高、低水箱以及其他卫生器具都不得使用木螺钉固定。

在装饰施工前，应对原排污管口的预留位置进行测量，并注意与选购安装的坐便器型号相吻合，使坐便器安装中低水箱靠紧墙面不应有间隙，以增加坐便器的稳定性。

装饰中卫生间地砖不应高于排污管口，如地面确需抬高则应在地砖未铺设前将安装的排污管道接长并高于地砖 5~10 mm。坐便器安装时便器的排出口外四周应用油灰涂抹，然后对准污水管慢慢用力均匀压紧，并用水平尺将坐便器校平整，然后均匀拧紧底座螺栓。坐便器安装固定完后应立即用 1~2 桶清水灌入大便器内冲洗，以防油灰干后粘贴管口四周造成排水不畅或堵塞。坐便器的底座位应与地面平齐，坐便器安装时应将底座四周用油灰嵌缝并及时将四周抹平整。坐便器底座不得使用水泥砂浆。全部安装完毕后宜在底座四周打上硅胶，以防渗水或返潮。

在多孔砖、轻型砌块等墙体中严禁使用膨胀螺栓固定卫生器具（如高、低水箱，面盆，洗涤盆等）。

附录 G　蜜蜂新居验房监理标准依据——卫生器具

卫生器具						
1	卫生器具	卫生器具安装高度如设计无要求时，应符合表 7.1.3 的规定。 表 7.1.3				7.1.3	Gb50242 -2002 《建筑给水排水及采暖工程》

项次	卫生器具名称		卫生器具安装高度（mm）		备注
			居住和公共建筑	幼儿园	
1	污水盆（池）	架空式	800	800	
		落地式	500	500	
2	洗涤盆（池）		800	800	至地面至器具上边缘
3	洗脸盆、洗手盆（有塞、无塞）		800	500	
4	盥洗槽		800	500	
5	浴盆		>520		
6	蹲式大便器	高水箱	1800	1800	子台阶面至水箱底
		低水箱	900	900	
7	坐式大便器	高水箱	1800	1800	自地面至水箱底
		低水箱 外露排水管式	510	370	
		低水箱 虹吸喷射式	470		
8	小便池	挂式	600	450	自地面至下边缘
9	小便槽		200	150	自地面至台阶面
10	大便槽冲洗水箱		女 2000		自台阶面至水箱底
11	妇女卫生盆		360		自地面至器具上边缘
12	化验盆		800		自地面至器具上边缘

2	卫生器具	卫生器具给水配件的安装高度，如设计无要求时，应符合表7.1.4的规定。 表7.1.4 卫生器具积水配件安装高度 （见下表）		7.1.4	Gb50242 -2002 《建筑给 水排水 及采暖 工程》

卫生器具给水配件的安装高度，如设计无要求时，应符合表7.1.4的规定。

表7.1.4 卫生器具积水配件安装高度

项次		积水配件名称	配件中心距地面高度（mm）	冷热水龙头距离（mm）
1		架空式污水盆（池）水龙头	1000	
2		架空式污水盆（池）水龙头	800	
3		洗涤盆（池）水龙头	1000	150
4		住宅集中给水龙头	1000	
5		洗手盆水龙头	1000	
6	洗脸盆	水龙头（上配水）	1000	150
		水龙头（下配水）	800	150
		角阀（下配水）	450	
7	盥洗槽	水龙头	1000	150
		冷热水管上下并行其中热水龙头	1100	150
8	浴盆	水龙头（上配水）	670	150
9	淋浴器	截止阀	1150	95
		混合阀	1150	
		淋浴喷头下沿	2100	
10	蹲式便器（台阶面算起）	高水箱角阀及截止阀	2040	
		低水箱角阀	250	
		手动式自闭冲水阀	600	
		脚踏式自闭冲洗阀	150	
		拉管式冲洗阀（从地面算起）	1600	
		带防污助冲器阀门（从地面算起）	900	
11	坐式大便器	高水箱角阀及截止阀	2040	
		低水箱角阀	150	
12		大便槽冲洗水箱截止阀（从台阶面算起）	2400	
13		立式小便器角阀及截止阀	1130	
14		挂式小便器及截止阀	1050	
15		小便槽多孔冲洗管	1100	

注：装设在幼儿园的洗手盆、洗脸盆和盥洗槽水嘴中心离地面安装高度应为700mm，其他卫生器具、积水配件的安装高度，应按照卫生器具实际尺寸相应减少。

3		浴盆软管淋浴器挂钩的高度，如设计无要求，应距地面1.8 m。			7.3.3	Gb50242 -2002 《建筑给水排水及采暖工程》
4		排水栓和地漏的安装应平正、牢固，低于排水表面，周边无渗漏。地漏水封高度不得小于50 mm。			7.2.1	
5		卫生器具给水配件安装标高的允许偏差应符合表7.3.2的规定。 表7.3.2			7.3.2	

项次	项目	允许偏差（mm）	检验方法
1	大便器高低水箱角阀及截止阀	±10	尺量检查
2	水嘴	±10	
3	淋浴喷头下沿	±15	
4	浴盆软管，淋浴器挂钩	±20	

6	卫生器具	卫浴间地面应防滑和便于清洗，且地面不应积水。	14.1.4	JGJ/ T304- 2013 《住宅室内装饰装修工程质量验收规范》
7		卫生洁具应做满水或灌水（蓄水）试验，且应严密，畅通，无渗漏。	14.2.2	
8		卫生洁具的排水管应嵌入排水支管管口内，并应与排水支管管口吻合，密封严实。	14.2.3	
9		坐便器、净身盆应固定安装，并应采用非干硬性材料密封，不得用水泥砂浆固定。	14.2.4	
10		除浴缸的原配管外，浴缸排水应采用硬管连接。有饰面的浴缸，浴缸排水部位应有检修口。	14.2.5	
11		卫生洁具给水排水配件应安装牢固，无损伤、渗水；给水连接管不得有凹凸弯扁等缺陷。卫生洁具与墙体、台面接合部应进行防水密封处理。	14.2.8	
12		淋浴间门应安装牢固，开关灵活。玻璃应为安全玻璃。	14.3.3	
13		淋浴间低于相连室内地面不宜小于20 mm或设置挡水条，且挡水条应安装牢固、密实。	14.3.4	
14		淋浴间内给水、排水系统应进水顺畅、排水通畅、不堵塞。	14.2.5	
15		淋浴间表面应洁净、无污损，不得有翘曲、裂缝及缺损。	14.3.6	
16		淋浴间打胶部位应打胶完整、胶面光滑、均匀，无污染。	14.3.7	

续表G

17		毛巾架、手纸盒、肥皂盒、镜子及门锁等卫浴配件应采用防水、不易生锈的材料，并应符合国家现行有关标准的规定。	14.5.2	JGJ/T304–2013《住宅室内装饰装修工程质量验收规范》
18		卫浴配件安装应位置正确，使用方便，无损伤，装饰护盖遮盖严密，与墙面靠实无缝隙，外露螺丝平整。	14.5.3	
19		坐便器中心距侧墙有竖管时不应小于 450 mm，无竖管时不应小于 400 mm，中心距侧面器具不应小于 350 mm。	5.4	
20	卫生器具	蹲便器中心距侧墙有竖管时不应小于 450 mm，无竖管时不应小于 400 mm，中心距侧面器具不应小于 350 mm。	5.4	
21		淋浴喷头中心距墙不小于 450 mm，喷头中心与器具水平距离不应小于 350 mm。	5.4	Gb50352–2008《民用建筑设计统一标准》
22		浴盆在人体进出面一边不应小于 600 mm。	5.4	
23		洗面器中心距侧墙不应小于 550 mm，侧边距一般器具不应小于 100 mm，前边距墙距器具不应小于 600 mm。	5.4	
24		洗衣机后边距墙不应小于 50 mm，侧面距墙不应小于 100 mm，墙边距墙或者器具不应小于 600 mm。	5.4	
25		电 / 太阳能热水器储水箱侧面距墙不应小于 100 mm。	5.4	

第6篇 室内门窗工程理论知识 [①]

38 施工标地概况

单框中空塑钢 / 铝合金窗。内门为平开木门,单元门采用防盗楼宇门,分户内门采用防盗防火门。

39 施工条件及施工准备

39.1 按图示尺寸弹好门窗位置线,并根据已弹好的建筑 50 水平线确定门窗的安装标高。

39.2 现场校核结构留洞的位置、大小是否符合安装要求,发现问题,及时处理。

39.3 门窗安装各种连接材料,发泡胶、密封胶,粉刷门窗套的水泥、砂等材料必须准备齐全,并要符合使用要求。

40 门窗加工要求

40.1 门窗加工必须根据图纸要求,结合现场情况进行,一般加工的成型门窗框要求比结构洞口小 20mm,加工之前,要根据现场情况实地测量。

40.2 门窗框的连接、焊接必须牢固,窗框的拼缝必须严密。

---

① 本篇依据《建筑装饰装修工程质量验收规范》(GB 50210-2001)、《住宅装饰装修工程施工规范》(GB 50327-2001)、本工程《施工组织设计》、工程设计施工图纸。

41　安装工艺及质量要求

41.1　窗户安装

41.1.1　安装工艺

弹线找规矩→窗洞口处理→安装连接件的检查→塑钢窗外观检查→塑钢窗安装→窗四周嵌缝→安装配件→检查、验收→现场清理，做好成品保护，办移交手续

41.1.1.1　安装的主要机具：线坠、水平尺、托线板、手锤、扁铲、钢卷尺、螺丝刀、冲击电钻、射钉枪等。

41.1.1.2　在结构面中将窗框的安装位置线放出，根据洞口位置线检查结构预留洞口是否有偏位、洞口大小不符现象，发现问题，及时处理。注意结构洞口剔凿不得超过10 mm，并且要切割成缝后再剔凿，要注意对结构的保护。

41.1.1.3　安装时，先将窗框按线就位，用木楔上下左右固定好，检查及校正窗框的位置、垂直度，全部合格后，将窗框固定。砼墙采用射钉枪将窗框连接板穿透与结构混凝土连接牢固，砌体墙采用内置式膨胀螺栓与窗框内侧穿孔固定。

41.1.1.4　窗框与结构固定完毕后，将定位木楔撤除，对窗框与结构之间的缝隙，用专用膨胀发泡胶打严。

41.1.2　窗框安装需注意的质量问题

41.1.2.1　表面应洁净、平整、光滑，大面应无划痕、碰伤。

41.1.2.2　窗安装五金配件时，应转孔后用自攻螺丝拧入，不得直接锤击钉入。

41.1.2.3　窗框和扇的安装必须牢固，膨胀螺栓的数量与位置应正确，连接方式应符合要求，固定点应距窗角、中横框、中竖框 150 mm，固定点间距应小于或等于 600 mm。

41.1.2.4　安装组合窗时应将两窗框与拼樘料卡接，卡接后应用紧固件双向拧紧，其间距不得大于 600 mm，紧固件端头及拼樘料与窗框间的缝隙应用嵌缝膏进行处理。拼樘料型钢两端必须与洞口连接牢固。

41.1.2.5　窗框与结构间缝隙上打发泡胶不得过多，以免发泡胶过度膨胀，将窗框挤压变形。要将溢出框外的发泡胶用裁纸刀切除，表面应用密封胶进行密封。

41.1.2.6　所有外围窗框均要铣出排水孔，要求排水孔的直径为 5 mm，长为 30 mm，排水孔不应设在有增强型钢的框腔内。

41.1.2.7　塑钢窗加工及现场安装允许偏差见表 6–1。

表6-1　塑钢窗加工及现场安装允许偏差

项次	项目		允许偏差（mm）	检查方法
1	窗洞口宽度、高度	≤ 1500 mm	2	用钢尺检查
		> 1500 mm	3	
2	窗槽口对角线长度差	≤ 2000 mm	3	用钢尺检查
		> 2000 mm	4	
3	窗框的正、侧面垂直度		3	用1 m垂直检测尺检查
4	窗框的水平度		3	用1 m水平尺和塞尺检查
5	窗横框标高		5	用钢尺检查
6	窗竖向偏离中心		5	用钢直尺检查

41.2　木门安装

41.2.1　木门安装工艺

弹线找规矩、找出门框安装位置→框扇安装样板→门框安装→门扇安装

41.2.2　木门框安装

41.2.2.1　此道工序应在地面施工前完成，门框安装应用线坠找垂直，复核门框对角线是否相等。安装时应保证牢固，按照木砖位置间距用钉子将木框与木砖钉牢。当隔墙为加气砼条板时，按要求预留木砖间距，预留45 mm的孔，深为10cm，在孔内预留防腐木楔粘水泥胶浆加入孔中，木楔直径大于孔径1 mm，待其凝固后安门框。

41.2.2.2　框与洞口每边空隙不超过20 mm，若超过需加钉子，并且还需在木砖与门框之间加设垫木，保证钉进木砖50 mm，超过30 mm的空隙需用豆石砼填实，不超过30 mm的空隙用干硬性砂浆填实。

41.2.2.3　木门框安装后应用铁皮保护，其高度以手推车轴中心为准，对于高级硬木门框宜用1cm厚木板条钉设保护，防止砸碰，破坏裁口，影响安装。

41.2.3　木门扇安装

41.2.3.1　确定门的开启方向，小五金位置、型号。检查门口是否尺寸正确，边角是否方正，有无窜角。高度检查测量门两侧，宽度检查测量门上中下三点。

41.2.3.2　现场制作的木门，将门扇靠在框上画出相应尺寸线，若扇大将多余部分刨出，扇小则需绑木条，用胶和钉子钉牢。钉帽砸扁钉入木材2 mm。修刨门窗时应用木卡具将门垫起卡牢，以免损坏门边。

41.2.3.3　现场制作的木门，将修刨好的门扇塞入口内用木楔顶住临时固定，按门扇与口边缝宽合适尺寸画二次修刨线，标出合页槽位置。合页距门上下端为立梃高1/10，避开上下冒头。注意口与扇安装的平整。

41.2.3.4　现场制作的木门，门扇二次修刨后，缝隙尺寸合适后即安装合页，先用线勒

子勒出合页宽度，钉出合页安装边线，分别从上下边往里量出合页长度，剔合页槽应留线，不可剔得过大过深。若过深用胶合板调节。

41.2.3.5　合页槽剔好后，即可安装上下合页。安装合页之前需先将门扇上下口刷漆，安装合页时先拧一个螺丝，然后关上门检查缝隙是否合适，口扇是否平整，上中下合页轴心是否在一条垂线上，防止出现门扇自动开启或关闭。无问题后可将螺丝全部拧上拧紧。木螺丝钉入 1/3 拧入 2/3，拧时不能倾斜，严禁全部钉入。若遇木节，应在木节处钻眼，重新塞入木塞后再拧紧螺丝，同时注意不要遗漏螺丝。

41.2.3.6　五金安装按图纸要求不得遗漏。门拉手位于门高度中点以下，插销安于门拉手下面，门锁不可安于中冒头与立梃结合处，以防伤榫，若与实际情况不符可上调 5cm。一般门拉手距地 1.0m，门锁、碰珠、插销距地 90cm。并应注意锁木的方向及位置。安装后注意成品保护，喷浆时应遮盖保护，防止污染。

41.2.3.7　木门现场安装允许偏差见表 6-2。

表 6-2　木门现场安装允许偏差

项次	项目	允许偏差（mm）	
		普通	高级
1	门槽口对角线长度差	3	2
2	门框的正、侧面垂直度	2	1
3	框与扇、扇与扇接缝高低差	2	1

41.3　防盗门的安装

41.3.1　安装工艺

弹线找规矩→结构洞口处理→就位、固定→校正、检查、验收

41.3.1.1　弹线找规矩：在安装防盗门之前，首先将防盗门的安装位置线画出。检查结构洞口是否有偏差，若有偏差，则要对结构洞口进行处理，一般偏差在 10 mm 以内时，可以剔凿一下，当结构偏差过多，则要向项目技术部有关人员反映，不得随便剔凿。

41.3.1.2　防盗门就位、固定、安装：防盗门安装之前要对好蓝图中门的位置、大小扇的布置、开启方向等，注意这步非常重要。无误后将门框就位。注意防盗门安装要比走道外侧结构面突出 1~2 mm；按照结构楼面的门位置线和墙面 50cm 水平控制线对门框进行定位。用木楔对门框进行固定，校正垂直平整度后，用 $\phi 8$ 膨胀螺栓将门框与结构连接固定。

41.3.1.3　门框在加工时就要预留出膨胀螺栓固定孔洞，不得现场开洞。紧固螺栓用力要适当，注意不得用力过大使门框变形。

41.3.1.4　校正、检查、验收：安装完毕前，在螺栓没完全紧固之前要对门框进一步校正，确保误差在允许范围之内，方可对门框进行最后固定。每层安装完毕后，首先进行

自检，合格后报项目质检科，由质检科有关人员会同监理人员对门的安装进行验收，合格后，方可进行门扇的安装。

41.3.1.5 防盗门安装质量要求：防盗门安装的质量要求基本同防火门安装。需注意门框固定必须牢固可靠。

41.3.1.6 安装允许偏差项目见下表 6-3。

表 6-3 防盗门安装允许偏差

项次	项目	允许偏差（mm）	检查方法
1	门洞口宽度、高度	2	用钢尺检查
2	门槽口对角线长度差	3	用钢尺检查
3	门框的正、侧面垂直度	2	用 1m 垂直检测尺检查
4	门框的水平度	2	用 1m 水平尺和塞尺检查
5	门框安装标高	5	用钢尺检查
6	门框安装偏离中心	5	用钢直尺检查
7	平开门铰链部位配合间隙	±1	用专用塞尺检查

42 成品保护

42.1 合金窗

42.1.1 外围合金窗安装上下沿必须采用连接件连接，以防止门窗框安装后渗水。

42.1.2 合金窗框安装完毕，要对窗框进行包裹保护，以防止其他工序施工（如内外墙涂料施工等）对门窗框造成的污染。

42.1.3 其他工序施工时要特别注意对合金窗框的保护，特别是内外墙涂料的施工、外加拆除等要采取一定的措施，保护好塑钢窗框。

42.2 木门

42.2.1 安装门扇时应轻拿轻放防止损坏成品，修整时不得硬撬，以免损坏扇料和五金。

42.2.2 安装门扇时注意防止碰撞抹灰角和其他装饰好的成品。

42.2.3 已安装好的门扇如不能及时安装五金时，应派专人负责管理，防止损坏。

42.2.4 严禁将框扇作为架子的支点使用，防止脚手板砸碰损坏。

42.2.5 门扇安好后不得在室内使用手推车，防止砸碰。

42.3　防盗门

42.3.1　防盗门安装后要及时将门框与结构之间的缝隙堵严，以防止门框变形。

42.3.2　防盗门安装后，走小车或搬运材料时要特别注意对门框的保护。

42.3.3　油漆施工前，要将门框用塑料布包裹好，以防止油漆对门框造成的污染。

42.3.4　入户防盗门下沿有 50 mm 高的门槛，门框安装完毕要及时用 C20 细石砼将门槛下部堵严，并且要用竹胶板对其进行覆盖。

附录 H　蜜蜂新居验房标准依据——室内门窗

		室内门窗安装			
1		住宅门洞设计尺寸：			
		类别	洞口宽度（m）	洞口高度（m）	
		公用外门	1.2	2.0	
		户（套）门	0.9	2.0	
		起居室（厅）门	0.9	2.0	
		卧室门	0.9	2.0	
		厨房门	0.8	2.0	
		卫生间门	0.7	2.0	
		阳台门（单扇）	0.7	2.0	
2	门洞	各部位门洞口的最小尺寸应符合表 2.9.5 的规定。各部位门洞口的最小尺寸：表 2.9.5			GBJ 96-86《住宅设计规范》
		类	门洞口宽度（m）	门洞口高度（m）	
		共用外门	1.20	2.00	2.9.5
		户门	0.90	2.00	
		起居室门	0.90	2.00	
		卧室门	0.90	2.00	
		厨房门	0.70	2.00	
		卫生间、厕所门	0.70	1.80	
		阳台门	0.70	2.00	
		注：卫生间、厕所采用钢门框或推拉门时，门洞口宽度可为 0.60 m。			
3		外窗窗台距楼面、地面高度低于 0.9 m 时，应有防护措施，窗外有阳台或平台时可不受此限制。		3.9.1	
4		底层外窗或阳台门，下沿低于 2 m 且紧邻走廊或公用上人屋面的窗和门，应采取防护措施。		3.9.2	
5		住宅门应采取安全防卫门。向外开启的门户不应妨碍交通。		3.9.4	

6		外窗窗台面距楼面的高度低于0.80 m时，应有防护措施，窗外有阳台的不受此限。	2.9.1	GBJ 96-86《住宅设计规范》
7		底层外窗和阳台门、面临走廊和屋面的窗户，其窗台高度低于2 m宜采取防护措施。	2.9.2	
8		面临走廊的窗应避免视线干扰。向走廊开启的窗扇不应妨碍交通。	2.9.3	
9		户门应向内开启，并宜在构造上采取防卫措施。	2.9.4	
10	门洞	门窗安装前，应对门窗洞口尺寸以及相邻洞口的位置偏差进行检验。同一类型外门窗洞口垂直，水平方向的位置应对齐，位置偏差应符合下列规定： 垂直方向相邻洞口位置允许偏差应为10 mm；全楼高度小于30 m的垂直方向相邻洞口位置允许偏差应为15 mm，全楼高度不小于30 m的垂直方向相邻洞口位置允许偏差应为20 mm； 水平方向相邻洞口位置允许偏差应为10mm；全楼高度小于30 m的水平方向相邻洞口位置允许偏差应为15 mm，全楼高度不小于30 m的水平方向相邻洞口位置允许偏差应为20 mm。	6.1.7	GB50210-2018《建筑装饰装修工程质量验收标准》
11		金属门窗和塑料门窗的安装应采用预留洞口的方法施工。	6.1.8	
12		建筑外门窗安装必须牢固。在砌体上安装门窗严禁采用射钉固定。	6.1.11	
13		推拉门窗扇必须牢固，必须安装防脱落装置。	6.1.12	
14		建筑外窗口的防水和排水构造应符合设计要求和国家现行标准的有关规定。	6.1.15	
15	施工方法	排水孔应畅通，位置和数量应符合设计要求。 （5.3.3 外门框扇、梃应有排水通道和气压平衡孔，使渗入框、扇、梃内的水及时排至室外，排水通道不应与放置增强型钢的腔室连通。 索引：《建筑用塑料窗》GB/T 28887-2012） （3.3.2 门窗水密性能构造设计应符合下列要求：在外门、外窗的框、扇下横边应设置排水孔，并应根据等压原理设置气压平衡空槽；排水孔的位置、数量及开口尺寸应满足排水要求，内外侧排水槽应横向错开，避免直通；排水孔宜加盖排水孔帽。 索引：《塑料门窗工程技术规程》JGJ 103-2008） （6.4.1 外门窗排水有效性可按下列步骤进行检验： 按设计要求核查外门窗下框排水孔的位置和数量； 在推拉外门窗下框内淋满水，在1 min之内水能完全排除且不排向室内在窗外淋水，窗台不积水且水不排向室内。 索引：《建筑门窗工程检测技术规程》JGJT 205-2010）	6.3.9	

续表H

16		木门窗框应安装牢固。预埋木砖的防腐处理，木门窗框固定点的数量、位置和固定方法应符合设计要求。	6.2.4	
17		木门窗扇安装应牢固、开关灵活、关闭严密、无倒翘。	6.2.5	
18		木门窗与墙体之间的缝隙应填嵌饱满。严寒和寒冷地区外门窗（或门窗框）与砌体之间的空隙应填充保温材料。	6.2.10	
19		木门窗批水、盖口条、压缝条和密封条安装应顺直，与门窗结合应牢固、严密。	6.2.11	

20	施工方法	平开木门窗安装的留缝限值、允许偏差和检验方法应符合表6.2.12的规定。 表6.2.12　平开木门窗安装的留缝限值、允许偏差和检验方法	6.2.12	GB50210-2018《建筑装饰装修工程质量验收标准》

表6.2.12　平开木门窗安装的留缝限值、允许偏差和检验方法

项次	项目		留缝限值（mm）	允许偏差（mm）	检验方法
1	门框的正、侧面垂直度		—	2	用1m垂直检测尺检查
2	框与扇接缝高低差		—	1	用塞尺检查
	扇与扇接缝高低差			1	
3	门窗扇对口缝		1~4	—	用塞尺检查
4	工业厂房、围墙双扇大门对口缝		2~7	—	
5	门窗扇与上框间留缝		1~3	—	
6	门窗扇与合页侧框间留缝		1~3	—	
7	室外门扇与锁侧框间留缝		1~3	—	
8	门扇与下框间留缝		3~5	—	用塞尺检查
9	窗扇与下框间留缝		1~3	—	
10	双层门窗内外框间隙		—	4	用钢直尺检查
11	无下框时门扇与地面间留缝	室外门	4~7	—	用钢直尺或塞尺检查
		室内门	4~8	—	
		卫生间门			
		厂房大门	10~20	—	
		围墙大门			
12	框与扇搭接宽度	门	—	2	用钢直尺检查
		窗	—	1	

21		金属门窗扇应安装牢固、开关灵活、关闭严密、无倒翘。推拉门窗应安装防止扇脱落的装置。	6.3.3	

22		金属门窗表面应洁净、平整、光滑、色泽一致，应无锈蚀、擦伤、伤痕和碰伤。漆膜和保护层应连续。				6.3.5	

23		金属门窗框与墙体之间的缝隙应填嵌饱满，并采用密封胶密封。密封胶表面应光滑顺直无裂纹。				6.3.7	

| 24 | | 金属门窗的密封胶条或密封毛条装配应平整、完好，不得脱槽，交角处应平顺。
铝合金门窗安装应符合下列规定：
（1）门窗装入洞口应横平竖直，严禁将门窗框直接埋入墙体。
（2）密封条安装时应留有比门窗装边长20~30 mm的余量，转角处应斜面断开，并用胶粘剂粘贴牢固，避免收缩产生缝隙。
（3）门窗框与墙体间缝隙不得用水泥砂浆填塞，应采用弹性材料填嵌饱满，表面应用密封胶密封。（索引：GB 50327-2001《住宅装饰装修工程施工规范》） | | | | 6.3.8 | |

表 6.3.10　钢门窗安装的留缝限值、允许偏差和检验方法

25	施工方法	项次	项目		留缝限值（mm）	允许偏差（mm）	检验方法	6.3.10	GB50210-2018《建筑装饰装修工程质量验收标准》
		1	门窗槽口宽度、高度	≤ 1 500 mm	–	2	用钢卷尺检查		
				>1 500 mm	–	3			
		2	门窗槽口对角线长度差	≤ 2 000 mm	–	3	用钢卷尺检查		
				>2 000 mm	–	4			
		3	门窗框的正、侧面垂直度		–	3	用1 m垂直检测尺检查		
		4	门窗横框的水平度		–	3	用1 m水平尺和塞尺检查		
		5	门窗横框标高		–	5	用钢卷尺检查		
		6	门窗竖向偏离中心		–	4	用钢卷尺检查		
		7	双层门窗内外框间距		–	5	用钢卷尺检查		
		8	门窗框、扇配合间隙		≤ 2		用塞尺检查		

| 25 | | 钢门窗安装的留缝限值、允许偏差和检验方法应符合表 6.3.10 的规定。

 表 6.3.10　钢门窗安装的留缝限值、允许偏差和检验方法

 见下表 | 6.3.10 | |

表 6.3.10　钢门窗安装的留缝限值、允许偏差和检验方法

项次	项目		留缝限值（mm）	允许偏差（mm）	检验方法
9	平开门窗框扇搭接宽度	门	≥ 6		用钢直尺检查
		窗	≥ 4		用钢直尺检查
	推拉门窗框扇搭接宽度		≥ 6		用钢直尺检查
10	无下框时门扇与地面间留缝		4~8		用塞尺检查

26　施工方法

铝合金门窗安装的留缝限值、允许偏差和检验方法应符合表 6.3.11 的规定。

表 6.3.11　铝合金门窗安装的允许偏差和检验方法

项次	项目		允许偏差（mm）	检验方法
1	门窗槽口宽度、高度	≤ 2000 mm	2	用钢卷尺检查
		>2000 mm	3	
2	门窗槽口对角线长度差	≤ 2500 mm	4	用钢卷尺检查
		>2500 mm	5	
3	门窗框的正、侧面垂直度		2	用 1 m 垂直检测尺检查
4	门窗横框的水平度		2	用 1 m 水平尺和塞尺检查
5	门窗横框标高		5	用钢卷尺检查
6	门窗竖向偏离中心		5	用钢卷尺检查
7	双层门窗内外框间距		4	用钢卷尺检查
8	推拉门窗扇与框搭接宽度	门	2	用钢直尺检查
		窗	1	

此行对应：6.3.11　GB50210-2018《建筑装饰装修工程质量验收标准》

27	施工方法	镀色镀锌钢板门窗安装的留缝限值、允许偏差和检验方法应符合表6.3.12的规定。				6.3.12	GB50210–2018《建筑装饰装修工程质量验收标准》

表6.3.12　涂色镀锌钢板门窗安装的允许偏差和检验方法

项次	项目		允许偏差（mm）	检验方法
1	门窗槽口宽度、高度	≤1500 mm	2	用钢卷尺检查
		>1500 mm	3	
2	门窗槽口对角线长度差	≤2000 mm	4	用钢卷尺检查
		>2000 mm	5	
3	门窗框的正、侧面垂直度		3	用1 m垂直检测尺检查
4	门窗横框的水平度		3	用1 m水平尺和塞尺检查
5	门窗横框标高		5	用钢卷尺检查
6	门窗竖向偏离中心		5	用钢卷尺检查
7	双层门窗内外框间距		4	用钢卷尺检查
8	推拉门窗扇与框搭接宽度		2	用钢直尺检查

28	塑料门窗框、附框和扇的安装应牢固。固定片或膨胀螺栓的数量与位置应正确，连接方式应符合设计要求，固定点应距窗角、中竖框、中横框150 mm~200 mm，固定点之间的距离不应大于600 mm。	6.4.2
29	窗框与洞口之间的伸缩缝内应采用聚氨酯发泡胶填充，发泡胶应均匀密实。发泡胶成型后不宜切割，表面应采用密封胶密封。密封胶应粘接牢固，表面光滑、顺直、无裂纹。	6.4.4
30	门窗表面应洁净、平整、光滑颜色均匀一致。可视面应无划痕、碰伤等缺陷，门窗不得有焊角开裂和型材断裂的现象。	6.4.11
31	旋转窗间隙应均匀。	6.4.12

| 32 | 施工方法 | 塑料门窗安装的允许偏差和检验方法应符合表6.4.14的规定。
表6.4.14　塑料门窗安装的允许偏差和检验方法 | | | 6.4.14 | GB50210-2018《建筑装饰装修工程质量验收标准》 |

表6.4.14　塑料门窗安装的允许偏差和检验方法

项次	项目		允许偏差（mm）	检验方法
1	门、窗框外形（高、宽）尺寸长度差	≤1500 mm	2	用钢卷尺检查
		>1500 mm	3	
2	门、窗框两对角线长度差	≤2000 mm	3	用钢卷尺检查
		>2000 mm	5	
3	门、窗框（含拼樘料）正、侧面垂直度		3	用1 m垂直检测尺检查
4	门、窗框（含拼樘料）水平度		3	用1 m水平尺和塞尺检查
5	门、窗下横框的标高		5	用钢卷尺检查，与基准线比较
6	门、窗竖向偏离中心		5	用钢卷尺检查
7	双层门、窗内外框间距		4	用钢卷尺检查
8	平开门窗及上悬、下悬、中悬窗	门、窗扇与框搭接宽度	2	用深度尺或钢直尺检查
		同樘门、窗相邻扇的水平高度差	2	用靠尺和钢直尺检查
		门、窗框扇四周的配合间隙	1	用楔形塞尺检查
9	推拉门窗	门、窗扇与框搭接宽度	2	用深度尺或钢直尺检查
		门、窗扇与框或相邻扇立边平行度	2	用钢直尺检查
10	组合门窗	平整度	3	用2 m靠尺和钢直尺检查
		缝直线度	3	用2 m靠尺和钢直尺检查

33	施工方法	门窗扇关闭应严密，开关应灵活。	6.4.7	
34	门窗启闭	当平开窗扇高度大于900 mm时，窗扇锁闭点不应少于两个。	6.4.8	
35		安装后的门窗关闭时，密封面上的密封条应属于压缩状态，密封层数应符合设计要求。密封条应连续完整，装配后应均匀、牢固，应无脱槽、收缩虚压等现象；密封条接口应严密且应位于窗的上方。	6.4.9	
36		塑料门窗的开关力应符合下列规定： 1 平开门窗平铰链的开关力不应大于80 N，滑撑铰链的开关力不应大于80N，并不应小于30 N。 2 推拉门窗平铰链的开关力不应大于100 N。	6.4.10	GB50210-2018《建筑装饰装修工程质量验收标准》
37	玻璃安装	门窗玻璃裁割尺寸应正确。安装后玻璃应牢固，不得有裂纹、损伤和松动。	6.6.5	
38		镶钉木压条接触坡璃应与裁口边缘平齐。木压条应互相紧密连接，并应于裁口边缘紧贴，割角应整齐。	6.6.6	
39		玻璃中空层内不得有灰尘和水蒸气，门窗玻璃不应直接接触型材。	6.6.7	
40		腻子及密封胶应填抹饱满、粘接牢固；腻子与密封胶边缘与裁口应平齐。固定玻璃的卡子不应在腻子表面显露。	6.6.8	
41		玻璃密封条不得卷边、脱槽，密封条接缝应粘接。	6.6.9	
42	安全玻璃	建筑物需要以玻璃作为建筑材料的下列部位必须使用安全玻璃： （1）7层及7层以上建筑物外开窗； （2）面积大于1.5 m²的窗玻璃或玻璃底边离最终装修面小于500 mm的落地窗； （3）幕墙（全玻幕除外）； （4）倾斜装配窗、各类天棚（含天窗、采光顶）、吊顶； （5）观光电梯及其外围护； （6）室内隔断、浴室围护和屏风； （7）楼梯、阳台、平台走廊的栏板和中庭内栏板； （8）用于承受行人行走的地面板； （9）水族馆和游泳池的观察窗、观察孔； （10）公共建筑物的出入口、门厅等部位； （11）易遭受撞击、冲击而造成人体伤害的其他部位。	第六条	《建筑安全玻璃管理规定》

42	外窗隔声性能	外窗(包括未封闭阳台的门)的空气声隔声性能,应符合表4.2.5的规定。 表 4.2.5 	构件名称	空气隔声单值评价量 + 频谱修正量（dB）	
交通干线两侧卧室、起居室（厅）的窗	计权隔声量 + 交通噪声频谱修正量	≥ 30
其他窗	计权隔声量 + 交通噪声频谱修正量	≥ 25		4.2.5	GB50118–2010《民用建筑隔声设计规范》
	室内放假噪声规定	（自 2022 年 4 月 1 日起废止）卧室、起居室（厅）内噪声级,应符合下列规定： 1 昼间卧室内的等效连续 A 声级不应大于 45 dB； 2 夜间卧室内的等效连续 A 声级不应大于 37 dB； 3 起居室（厅）的等效连续 A 声级不应大于 45 dB。	7.3.1	GB50096–2011《住宅设计规范》
43	室内木门安装	锁孔中心距离水平地面高度通常为 900 mm~1000 mm。	4.2.8.1	LYT 2387–2014《室内木质门安装与验收规范》
44		门吸安装应坚实牢固，不可有松动且位置合理，避免门锁或把手与墙接触。	4.2.8.2	

| 45 | 室内木门安装 | 门扇与门套间应符合表2中的相关要求；木质门安装与验收技术要求。 | | | LYT 2387–2014《室内木质门安装与验收规范》 |

表2 木质门窗安装与验收技术要求

项目		允许偏差（mm）	检查工具
门套正侧面安装垂直度		≤ 1.0	垂直度测量仪、线锤、钢板尺
门扇与横套板间缝隙		1.5~4.0	塞尺或钢板尺
门扇与竖套板间缝隙		1.5~4.0	
门扇与地面间缝隙	内门	1.5~4.0	
	卫生间门	1.5~4.0	
	推拉门	1.5~4.0	
45° 门套线连接缝		应严密、平整、无错位	肉眼观察
双扇平开门（包括子母门）、推拉门、折叠门的门扇间正面高度差		≤ 1.5	塞尺

46		安装密封条时安装部位应平整，密封条不得卷曲和拉伸。	4.2.9		
47		对安装过程中可能造成的表面漆膜污损等细节问题应进行修补。	4.2.10		
48		安装合页：产品出厂前宜开合页槽，若未开合页槽时，应分清门扇上下端，开好合页槽，具体要求如下： 一般木质门高度小于 2 200 mm 时宜安装两个合页，高度大于 2 200 mm 时应安装三个合页；木质门重量超过 80 kg 时应使用承重较大的合页。 平口门门扇和门套的合页槽深度均为 2 mm~3 mm，安装两个合页时，两合页槽的安装位置通常为距门扇上下端 200 mm 左右；安装三个合页时上两个合页槽间距通常为 200 mm。 T 型门的合页孔通常应在工厂制作，合页孔位置由各厂家工艺确定。	4.2.7		

49	室内木门安装	固定门套板：门洞口与门套板的安装间隙为 8 mm~20 mm，采用发泡胶固定门套板，通常采取点状施胶，施胶位置通常分布在安装合页，锁对应的位置以及横套板的两侧及中点，施胶量应保证发泡后胶体应布满施胶处墙体的厚度方向，且高度达到 200 mm。施胶前墙面可适当加湿，加快发泡胶反应，施胶通常由下至上，从墙面一侧施胶；发泡胶一般应干燥 1 h~2 h，发泡胶未干透之前不可卸下支撑杆，避免发泡胶膨胀过大导致门套板变形，必要时应采用钉固定门板套。	4.2.6	LYT 2387-2014《室内木质门安装与验收规范》
50		固定后的门套线应尽量紧靠墙体，因墙体不垂直或厚度不均导致门套线与墙体之间有缝隙，缝隙应用密封胶收口处理（因墙体不平时，必须保证套线接口平整。套线弯度允许公差 1 毫米）。	4.2.7.3	
51		在厨房、卫生间、地下室等湿度较大的房间，门套板与地面之间应流出 2 mm~3 mm 空隙，并采用密封胶进行密封；若门套线等部件需要锯切其部件下端时，锯切后端面应进行涂饰等防水处理，且门套线与地面间隙应采用密封胶进行密封处理。	4.2.3.2	
52		门套应整洁、洁净、线条顺直、接缝严密、色泽一致，不得有裂缝、翘曲及损坏。	14.4.3	GB 50210-2018《建筑装饰装修工程质量验收标准》
53		门套安装的允许偏差和检验方法<table><tr><td>项次</td><td>项目</td><td>允许偏差（mm）</td><td>检验方法</td></tr><tr><td>1</td><td>正、侧面垂直度</td><td>3</td><td>用 1 m 垂直检测尺检查</td></tr><tr><td>2</td><td>门套上口水平度</td><td>1</td><td>用 1 m 水平检测尺和塞尺检查</td></tr><tr><td>3</td><td>门套上口直线度</td><td>3</td><td>拉 5 m 线，不足 5 m 拉通线用钢尺检查</td></tr></table>	14.4.4	
54		门扇的安装：调整合页为最佳状态，保证门扇开启轻松、无摩擦声，开关灵活自如，门扇平整、垂直；门扇关严后与密封条紧密结合，不摆动。	4.4.3	WB/T1047-2012《木质门安装规范》

55	栏杆扶手	阳台栏杆设计应防儿童攀爬，栏杆的垂直杆间净空不应大于0.11 m，放置花盆处采取防坠落措施。 （11.1.7 扶手高度不应小于0.9 m，护栏高度不应小于1.05 m，栏杆间距不应大于0.11 米；索引：GB 50327-2001《住宅装饰装修工程施工规范》）。	3.7.2	GBJ 96-86《住宅设计规范》
56		低层、多层住宅阳台栏杆净高不应低于1.05m，中高层、高层住宅的栏杆净高不得低于1.10 m。 中高层、高层及寒冷、严寒地区住宅的阳台宜采用实体栏板。	3.7.3	
57		阳台应设置晾晒衣物的设施；顶层阳台应设雨罩。各套住宅之间毗邻的阳台应设分户隔板。	3.7.4	
58		阳台雨罩均应做有组织排水；雨罩应做防水，阳台宜做防水。	3.7.5	
59		护栏和扶手安装的允许偏差和检验方法 表格见下	14.5.7	GB 50210-2018《建筑装饰装修工程质量验收标准》

护栏和扶手安装的允许偏差和检验方法

项次	项目	允许偏差（mm）	检验方法
1	护栏垂直度	3	用1m垂直检测尺检查
2	栏杆间距	-6	用钢尺检查
3	扶手直线度	4	拉通线用钢直尺检查
4	扶手高度	+6.0	用钢直尺检查

附录 I 断桥铝门窗

　　不同于普通铝合金门窗和彩色铝合金门窗，断桥铝门窗在普通铝合金型材的中间加上了尼龙 PA-66 材料，隔断了冷热桥，具有保温、节能、隔音等特点。断桥铝门窗采用断桥隔离导热技术和中空玻璃，可以做到比普通门窗热量散失减少 50%，降低取暖费用 35% 左右。

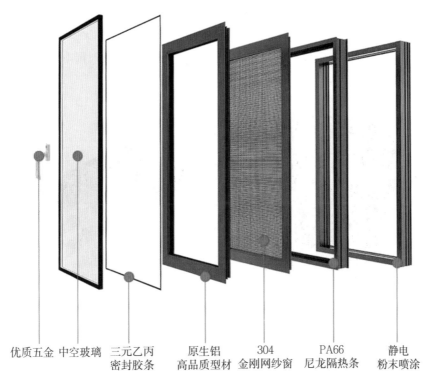

优质五金　中空玻璃　三元乙丙　　原生铝　　　304　　　PA66　　　静电
　　　　　　　　　密封胶条　高品质型材　金刚网纱窗　尼龙隔热条　粉末喷涂

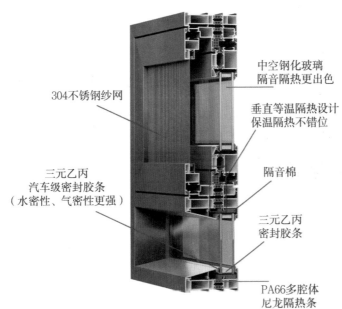

304不锈钢纱网

中空钢化玻璃
隔音隔热更出色

垂直等温隔热设计
保温隔热不错位

三元乙丙
汽车级密封胶条
（水密性、气密性更强）

隔音棉

三元乙丙
密封胶条

PA66多腔体
尼龙隔热条

图I-1　断桥铝门窗

I1 选购注意事项

I1.1　系列

断桥铝门窗有不同的系列，例如断桥铝 60/70/80/90/108 系列都有，这些数字的区分在于型材截面的宽度。60 系列则代表材料宽度为 6 厘米。

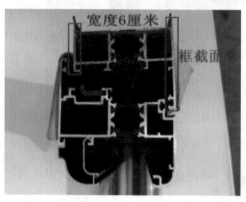

图 I-2　断桥铝 60 系列

注意：不是系列数越大，断桥铝门窗的保温隔热效果就越好。

I1.2　隔热条

材质：看隔热条的材质，一定要选品质较好的隔热条，不要选廉价的 PVC 条。尼龙条不易燃烧，因此可通过灼烧的方式来辨别尼龙条和 PVC 条。

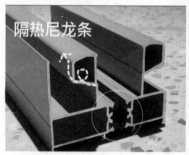

图 I-3　隔热条

尺寸：空胶型的隔热条尺寸越大，它的保温性能就越高。

形状：选 C 字型的隔热条，不要选 I 型的隔热条，I 型槽容易积水。胶条容易老化，保温性能差于 C 字型隔热条。

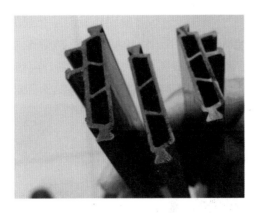

图 I-4　C 字型隔热条

I1.3　胶条

胶条首选优质三元乙丙材质。皮条是保证门窗密封性不可或缺的条件，劣质的胶条半年就会变形，但三元乙丙可以维持长达几十年。

图 I-5　胶条

I1.4　铝材壁厚

厚度：标准在 1.4 mm~2.0 mm 的区间内，国标准厚度为 1.4 mm。

注意：低于 1.4 mm 都是不合格产品。且一定要选原生铝的，不能选再生铝的。

图 I-6　铝材壁厚

I1.5 玻璃

选中空玻璃,一般尺寸为 5+9A+5、5+12A+5、5+20A+5、5+27A+5,也有 6+8A+6、6+12A+6。5+9A+5 的隔音隔热性能最差,5+27A+5 的隔音隔热性能最好。

注:5+12A+5 指的是中空层为 12 mm 厚的中空玻璃,5 为玻璃厚度。

图 I-7 玻璃

I1.6 五金件

五金件建议选择 2 个锁点以上的锁闭器。

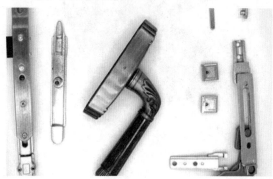

I-8 五金件

I1.7 毛条

推拉窗的毛条要选夹片化毛条。

I1.9 毛条

I1.8 密封性

国内大型断桥铝型材厂生产的窗框原材都自带密封，外开窗有 2 道密封条，内开窗有 3 道密封条。没有必要选有太多道密封的窗框，过多皮条会导致关闭窗扇时非常费劲。

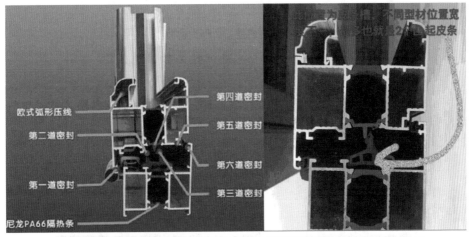

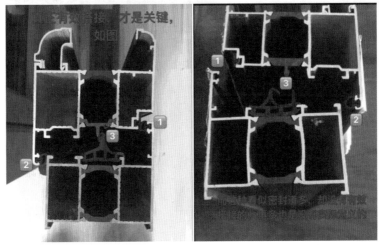

I-10 密封性

43　中央空调工程安装施工方案

43.1　负荷计算

户式中央空调工程安装施工方案规定，空调房间或区域的夏季冷负荷，应采用分项计算方法进行，应根据所服务空调房间或区域的同时使用情况，按各房间或区域冷负荷的累计最大值确定。空调系统的冬季负荷，应采用分项计算方法，按稳定传热方式进行。在选择空调末端设备时，应考虑不使用空调时形成的负荷，对间歇使用空调的房间，还应充分考虑建筑物蓄热特性形成的负荷。

43.2　安装流程

家用中央空调分为三次安装。

第一次安装（水电进场时）：

（1）吊装中央空调室内机，并对内机进行包裹，避免有灰尘杂质进入；

（2）安装排管：冷媒管、冷凝水管、信号线。

第二次安装（第一次安装结束 24 小时之后）：

（1）吊装中央空调室外机；

（2）充氮保压，测试中央空调系统，测量风口尺寸和位置。

第三次安装（第二次安装结束后或次日）：安装风口，最后设备运行测试。

43.3　电气设备安装

电源质量应符合国家标准空调的供电应为专路电源，并单独安装相应容量漏电保护器、空气开关等保护装置，电气设备必须有接地措施。

43.3.1　户式中央空调工程安装施工方案规定电气设备安装要求如下：

43.3.1.1　要根据室外机、室内机接线盒中配对的电线编号或颜色连接电线。

43.3.1.2　连接电线的剥线长度不宜太长，以能完全插入接线柱为好。截面面积 6 mm² 以上的电源线必须装上接线耳，才能连接到端子上排上。

43.3.1.3　配线连到端子板后，不应有裸露部分。

43.3.1.4　连线端子的引出电线均要通过线夹。

43.3.1.5　接地线都要装上接线耳，才能接到接地螺钉上。

43.3.1.6　各类空调电气附件安装，应严格按照生产单位的安装说明书操作。

43.3.2　户式中央空调工程安装施工方案规定的抗电磁干扰要求如下：

43.3.2.1　电源电缆线的控制电缆线不应捆扎在一起铺设，电源电缆线和控制电缆线之间距宜大于 300 mm。

43.3.2.2　控制电缆线径应采用 0.75 mm²~1.25 mm² 的护套线或双芯电缆，在电磁场强的地方，应使用屏蔽线。

43.4　室内机安装应符合下列规定：

43.4.1　内机离房顶距离不得小于 1 cm，避免机器运行时与墙顶产生共振。

43.4.2　室内机安装位置应正确，并保持水平。安装时，室内机吊杆螺母必须有防松措施。室内机安装位置应便于安装与维修，在室内机电器盒及铜管接头下方，必须留下检修口。

43.4.3　落地机组应旋转在平整的基础上，基础高度应满足冷凝水排放的要求。

43.4.4　室内机吊装在水泥现浇板下，则可采用埋头栓或膨胀螺栓等方法，通悬吊螺栓来吊装室内机；如楼板为预制板时，则采用"T"字吊杆螺栓吊装。当楼板强度不够时，必须采取加固措施。

43.4.5　消声和隔振：户式中央空调工程安装施工方案规定，空调房间的噪声应符合主要房间允许噪声指标——卧室 ≤ 43 dB（A）；客厅 ≤ 46 dB（A）。

43.5　风管制作与安装

43.5.1　户式中央空调工程安装施工方案要求风管的材质、规格和厚度应符合设计的规定。

43.5.1.1　风管表面应平整，无明显扭曲与翘角。

43.5.1.2　风管表面凹凸不应大于 10 mm。

43.5.1.3　其口径允许偏差不大于 3 mm。

43.5.1.4　管口平面度允许偏差不大于 2 mm。

43.5.2　户式中央空调工程安装施工方案对镀锌钢板法兰风管、镀锌钢板无法兰连接管、复合材料风管的制作作出了具体规定，规定如下：

43.5.2.1　风管穿墙或穿楼板时，应设预留孔洞，尺寸和位置应符合设计要求。风管安装后，应用不燃材料封堵，外墙及屋顶部位应有防渗漏措施。

43.5.2.2　风管安装后，应做漏光检测，不应有可见的孔洞和边隙。

43.5.2.3　明装风管水平度、垂直度允许偏差不应大于 2/1000，且目测感觉符合要求。

43.5.2.4　支、吊架的固定应牢固，间距不大于 3 m，复合材料风管的支、吊架距离可适当放宽，支、吊、托架不宜设置在风口、阀门检查门等处，支、吊、托架必须有防腐处理。

43.6　制冷剂管道系统安装

户式中央空调工程安装施工方案规定制冷剂管道安装应符合下列规定：

43.6.1　管道、管件的内外壁应清洁、干燥；管道位置、安装标高应符合设计要求。

43.6.2 制冷剂管道弯管的弯曲半径应大于3.5D（管道直径），配管弯曲变形后的短径与原直径之比应大于2/3。

43.6.3 穿越墙体或楼板处的管道应设保护套管，管道穿过的外墙孔应向室外倾斜并应密封，管道焊缝不得置于套管内。保护套管应与墙面或楼板底平齐，但应比楼板面高出20mm。管道与套管的空隙应用不燃柔性材料封堵。

43.6.4 户式中央空调工程安装施工方案还规定，制冷剂管道安装完毕后，应用氮气对系统（室内机、室外机除外）进行吹扫，系统吹扫干净后，应将系统中阀门的阀芯拆下清洗干净。制冷剂管道施工结束后，按机组的技术要求，对整个制冷剂管道系统（室外机除外）进行气密性及真空度检测。

43.6.5 所有的焊接点应该是铜管与分歧管的连接处进行焊接，不可以进行铜管与铜管焊接。

43.6.6 在焊接过程中必须在铜管内冲入氮气（充氮焊接工艺），这使铜管内部没有空气，避免了产生焊接使内壁结炭从而在正式运转时入压缩机而产生故障。

43.7 空调水系统安装

户式中央空调工程安装施工方案规定的空调水系统管道安装要求如下：

43.7.1 管道隐蔽前必须进行验收。

43.7.2 管道与水泵、空调机组等的连接应为柔性连接，且应在设备安装完毕后进行。柔性短管不得强行连接，与其连接的管道应设置独立支架。

43.7.3 冷热水管道与支、吊架之间，应有硬质绝热衬垫，其厚度不应小于绝热层厚度，宽度不应小于支、吊回承面的宽度。衬垫的表面应平整，结合面的空隙应填实。

43.7.4 冷热水系统应大系统冲洗、排污合格（目测：以出口的水色透明度与入口对比相近，无可见杂物），循环试运行2h以上，且水质正常后才能与空调机组相贯通。

43.7.5 冷凝水管的水平管应坡向排水口，坡度应符合设计要求。当设计无规定时，其坡度不宜小于0.8%；软管的连接应牢固，其长度不宜大于150mm，且不得有瘪管和扭曲。

43.7.6 固定在建筑结构上的管道支、吊架，不得影响结构的安全。管道穿越墙体或楼板时和制冷剂管道要求相同。

43.8 防腐和绝热

43.8.1 管道绝热材料应采用不燃或难燃材料；保冷管道与支吊架之间宜采用不燃或难燃硬质绝热衬垫。户式中央空调工程安装施工方案对冷热水管采用橡塑、玻璃棉作绝热层时，分别规定了最小厚度。

43.8.2 对风管绝热层施工的要求

风管系统部件的绝热不得影响其操作功能，风管绝热层采用粘结方法固定时，施工应符合下列规定：

43.8.2.1 粘结剂的性能应符合使用温度和环境卫生的要求，并与绝热材料相匹配；

43.8.2.2　粘结材料宜均匀地涂在风管、部件或设备的外表面上。绝热材料与风管、部件及设备表面应紧密贴合，无空隙；

43.8.2.3　绝热层纵横向的接缝应错开；

43.8.2.4　绝热层粘结后，如进行包扎或捆扎，包扎的搭接处均匀、贴紧；捆扎应松紧适度，不得损坏绝热层。

43.9　室外机的安装应符合下列规定：

43.9.1　室外机搬运、吊装时应注意保持垂直；倾斜不应大于 45°，并注意在搬运、吊装过程中的安全。

43.9.2　室外机安装的水平度应符合产品技术文件的规定。当无规定时，水平的允许偏差可按 1/100 执行。

43.9.3　当室外机安装在屋顶平台或阳台时，应有高出地面 100mm 的机座平台；机组与平台应按设计规定安装隔震器（垫）。

43.9.4　室外机应安装固定在平台或专用座机板上，如安装固定在墙体上时，必须进行强度计算，合格后，方可进行，并不得在墙体上采用膨胀螺栓固定方式。

43.9.5　室外机的排出的热气不得影响邻居。当噪声大于有关规定时，应有隔声措施。

43.9.6　室外机的进出口与管理的连接，必须为柔性接口，且不允许强行对口连接。

43.9.7　外机风扇出风口必须在 50 cm 内外机后部 15 cm 之内无遮挡物。

43.10　系统调试

43.10.1　户式中央空调工程安装施工方案规定，系统高度包括：

43.10.1.1　设备单机试运转及调试。

43.10.1.2　系统联合试运转及调试。

43.10.2　设备单机试运转及调试

43.10.2.1　空调机组室内外机中的风机试运转前应检查各项安全措施；盘动叶轮应无卡阻和碰擦现象；叶轮旋转方向必须正确，运转平稳，无异常震动与声响；电动机的电流和功率不应超过额定值。

43.10.2.2　空调机组室内外机运行，产生的噪声不应超过国家有关标准及产品说明书的规定值。

43.10.2.3　空调末端设备的温控转速开关的控制动作应正确，并与空调机组运行状态一一对应。

43.10.3　空调工程系统联合试运转及调试

43.10.3.1　系统联合试运转应在空调机组单机试运转并在风管系统漏风量测定合格后，冷（热）水系统管道和制冷剂配管系统管道无泄漏检测合格后进行。

43.10.3.2　系统联合试运转时，第一次合上空调系统总电源开关，向室外机通电，必须满足设备要求的预热时间后，才能启动室外机。

43.10.3.3　系统连续运行应达到正常、平稳；水泵的压力和水泵电机的电流量不应出现大幅波动。系统平衡高速后，空调机组水流量应符合设计要求。

43.10.3.4 空调系统与风口的风量测定与调整，实测值与设计风量的偏差不应大于10%。

43.10.3.5 制冷系统运行压力、温度、流量等各项技术数据应符合有关技术文件的规定。

43.10.3.6 舒适性空调的室内温度、风速与噪声，应符合设计的要求。

43.10.3.7 空调工程的控制与监测设备、应能与系统的检测元件和执行机构正常沟通，系统的状态参数应能正确显示，设备连锁、自动调节、自动保护应能正确动作。

44 新风系统的施工安装技术方案

44.1 施工前准备

包括供货、预约施工时间及现场施工交底工作。

44.2 主机吊装

44.2.1 主机是新风系统中的核心部件，是系统发挥作用的动力源，也是唯一可能出现噪音的部件。主机的吊装要科学谨慎。

44.2.2 主机安装前必须检查外观尺寸、性能参数，是否适用于本安装环境。检查风机叶轮与机壳间的间隙和风扇转动是否符合要求，箱体内应无杂物。

44.2.3 吊装主机的原则：主机排风出口可直通风道或者室外。机器距离风道不宜过短（小于 0.5 米），进入通风竖井的管道不应太长，以通风竖井内长的 1/5 为宜。机器安装最好能直连风道（或室外排气口），应尽量没有弯度以减少阻力。主机安装应牢固、水平，吊杆螺母必须有防松和减震措施，保证安全牢固无振动。在主机吊装位置下方的吊顶，必须留有大小合适的检修口，安装位置应便于安装与检修保养。

44.3 管路排布

在一套新风系统的安装过程中，管路的排布是非常关键的部分，因为管路的排布会影响到系统风量损耗、系统噪音等多个方面。

44.3.1 一般要求

44.3.1.1 通风管径尺寸应根据主机接口大小、风量大小及风压进行合理选择，通风管道规格的检查，风管以内径为准，其配件以外径为准。

44.3.1.2 圆形风管的斜插式三通或四通，其夹角宜为 15°~60°，夹角的允许偏差为不大于 3°。

44.3.1.3 风管和配件内外面应平整，无裂漏、圆弧均匀、纵向接缝应错开，咬口缝应紧密，宽度均匀。

44.3.1.4 复合材料风管的覆面材料为不燃（或阻燃）材质较好，内部的绝热材料应为不燃或难燃 B1 级，且对人体无毒害的材料。

44.3.1.5 与主机连接的管道内壁应光滑，尽量保持平直，减少弯头的使用以减少阻力；（双向流系统）新风管道进风口应设过滤网罩；进风口位置应选在空气不受污染的地方。

44.3.1.6　风管与部件支、吊、托架的配件、射钉或膨胀螺栓（含组合膨胀螺栓）位置应安装正确且到位、牢固可靠，埋入部分应去除油污，并不得涂漆。

44.3.1.7　用膨胀螺栓（含组合膨胀螺栓）固定支、吊、托架时，应符合膨胀螺栓使用技术条件规定执行。支、吊、托架的形式应符合设计规定。当设计无规定时，可如下进行：排气罩的安装宜在设备就位后进行，位置应正确，固定应可靠，支、吊架的设置应不影响其他部分操作。

44.3.1.8　安装膨胀螺栓时，须配件完整。吊筋旋转到膨胀螺栓完全张开为宜，吊筋长度应以吊顶下平为准，减去吊顶厚度、风管及管卡长度，准确测量后，得出数据。为利于安装，吊筋两端头应打坡。

44.3.1.9　在 PVC 管道的安装中，不能使用 90° 弯头，应使用 45° 弯头，以减少风阻。管道安装要稳固，与风机接口处用胶带（PVC 管道不可直接相连，应采用软连接）固定结实，避免风管的脱落。

44.3.2　具体连接要求

为减少材料浪费与安装误差，在安装前，据现场测量的精确结构数据，进行预装配。

44.3.2.1　直接（管箍）的预装配

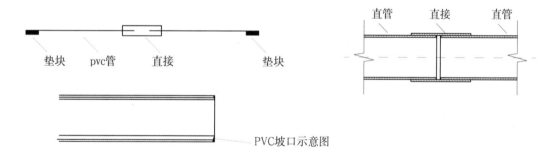

图 7-1　直接（管箍）的预装配

所有 PVC 管道端口须打坡口，从而使 PVC 管与管件直接、充分接触。刷 PVC 胶前，直节里面、PVC 管插头外面的杂物及灰尘应清理干净；对接完成后，PVC 管两端应垫至水平状态，再检查是否在同一直线上，凉干后备用。其他连接类似。

44.3.2.2　45° 弯头的安装

两个 45° 弯头与直管组成 90° 大弯，正三通安装、45° 三通安装、45° 三通和 45° 弯头共同组成 90° 三通，直接件（管箍）的连接安装见图 7-2。

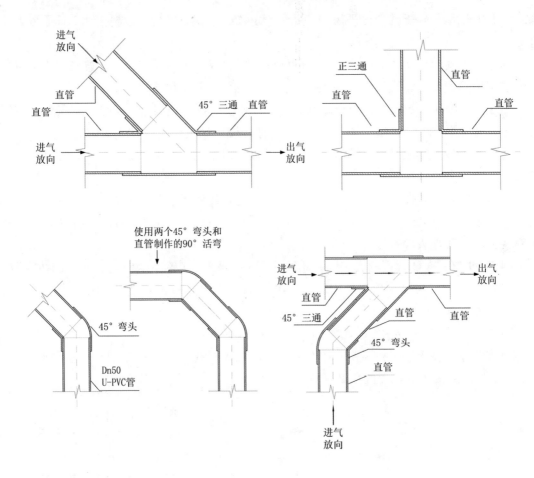

图 7-2　45°弯头的安装

44.4　风口安装

44.4.1　排风口的安装

44.4.1.1　排风口的位置

卫生间排风口应尽量安装在马桶之上。其他由主机连出的排风管路应尽量短直，建议管路不出卫生间。这样可以使新风与排风充分混合后完全置换循环排出，避免通风死角。

44.4.1.2　排风口的安装

排风口分侧排、直排两种形式，排风口安装要牢固，风口紧贴墙壁或吊顶。

44.4.2　进风器的安装

44.4.2.1　进风器的位置

进风器位置一般建议选择在住宅的窗户下方（距离地面不小于 50cm）、暖气上方处等处，方便安装与维护，并且不影响室内物品的摆放。要尽量避免死角，较好的方式是进风器与排风口成对角线使新风与室内污浊空气形成对流循环，避免室内空气出现通风死角。

44.4.2.2　进风器的安装

进风器的安装要牢固，室外防雨部分可使用自攻螺丝与防水玻璃胶（特殊情况可使用防水泡沫胶）进行固定，但方向不可倾斜以免影响防雨效果。室内部分可使用中性玻璃胶或自攻螺丝进行固定，风口里外部分都应紧贴墙壁。具体安装见图 7-3。

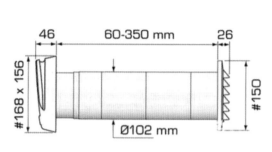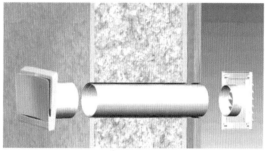

图 7-3　进风器的安装

44.4.2.3　三维滤纤滤芯的安装与更换

在进风器安装完毕固定好后，进行滤芯的安装。

44.4.3　穿梁开孔要求

一般排风口不出卫生间的设计，不会对建筑结构产生破坏，如遇特殊建筑结构或特别需求，需要从梁体处开孔时，建议使用过梁器或在梁体中间打孔。

禁止情况：

1 禁止在宽度小于 30cm 的建筑梁体上开孔；

2 禁止在建筑梁体开孔直径大于 10cm；

3 其他国家建筑法律法规禁止的行为。

44.5　控制器安装

44.5.1　主机安装中选用的电源线及电气元件，必须使用经国家强制认证的产品。

44.5.2　主机安装必须要接入可靠接地系统，接地导线的截面积不小于相线截面积。

44.5.3　敷设线路时，根据规定要求，对线路相线、零线、保护接地（接零）线应采用不同颜色的线。

一般要求：单相电源的相线宜用红色线，也可用蓝、黄线；三相电源的三根相线（A、B、C）应分别使用红、黄、绿颜色的线，零线用黑色线，接地线用黄绿双色线。

44.5.4　导线穿线管可根据其敷设的环境选用。根据开关电气国家标准 GB16915.1-2003/GB16915-2，家用及类似用途固定式电气装置的开关，暗装开关安装要求距地面 1.2 m~1.4 m，距门框水平 15 cm~20 cm。同一室内的开关高度应一致为好。在施工中监督电工严格按照操作规程进行施工，在开关安装完毕后，一定要进行实际使用，看看这些部位是否有发热现象，检验合格后方能使用。

44.5.5　开关可承载电流范围应与主机实际参数匹配，遥控开关应避免金属物品阻碍干扰无线信号，并且告知客户无线开关遥控的可靠距离范围。

44.6 施工后现场清理

安装结束后，施工人员将施工中产生的垃圾应堆整齐并且及时彻底地清理出去，做到工完料清。

45 地暖施工方案 [①]

45.1 管材及连接

45.1.1 管道夹层内采暖管道，共用立管、分户计量装置使用热镀锌钢管（公称压力1.6 MPa），螺纹连接。

45.1.2 计量装置后到分集水器前管道采用 PE–RT，使用条件级别为 4 级，管材系列 S4，与金属管材连接采用专用管件过渡。施工所选用具体厂家品牌应保证在设计温度和压力下，累计使用寿命不低于 50 年。由管井至户内敷设在合用前室地面的管道需做保温处理。

45.2 防腐

热镀锌钢管套丝部分防锈底漆两道，明装不保温部分银粉两道。

45.3 施工准备

45.3.1 根据施工方案安排好适当的现场工作场地、工作棚、材料库，在地沟或管井施工时要接通低压照明并采取良好的通风措施。

45.3.2 按设计和有关规范要求各项预留孔洞、管槽、预埋件已完毕。

45.3.3 土建地面已施工完毕。各种基准线测放完毕。

45.3.4 各种材料合格并经监理确认批准进场。

45.3.5 现场临时用电、用水能保证连续施工且有排放试压用水的地点。

45.3.6 土建专业已完成墙面粉刷（不含面层），外窗、外门已安装完毕，并已将地面清理干净，厨房、卫生间已做完闭水试验并经过验收。

45.3.7 相关电气预埋等工程已完成。

45.4 施工要求

45.4.1 地暖做法

---

① 编制依据：辐射供暖供冷技术规程（JGJ142-2012/JJ-2001）、建筑给排水及采暖工程施工质量验收规范（GB50242-2002）、建筑安装工程质量检验评定统一标准（GB50300-2001）、建筑安装工程资料管理规程（DBJ01-51-2003）。

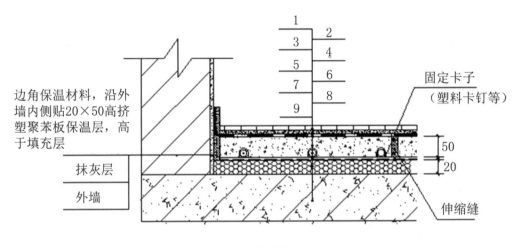

图7-4 地暖做法

注意：与土壤接触的底层在绝热层底部再设一层防潮层。

表7-5 楼层辐射采暖地板构造

代号	名称	说明
1	地面层	8-10厚地砖，干水泥擦缝
2	结合层	30厚1:3水泥干硬性水泥砂浆结合层
3	防水层	仅在楼层潮湿房间地面设（本工程办公室地面不设）
4	填充层	细石混凝土厚度50mm，标号C20
5	却热管	优质交联聚乙烯PB-RT管
6	保护层	复合铝箔（绝热层表面）
7	绝热层	20厚聚苯乙烯泡沫塑料板，容重≥0.2KN/m³
8	找平层	20厚1:3水泥砂浆找平层
9	楼板结构层	本工程卫生间不设地暖，采用暖气片采暖

45.4.2 施工工艺

45.4.2.1 检查清理地面→20厚1：3水泥砂浆找平层施工→材料进场验收→20挤塑聚苯板的铺设→铺真空镀铝聚酯薄膜或玻璃布基铝箔贴面层→铺底层铁丝网→铺边界保温带→PE-Xc管环路铺设→安装分集水器→安装膨胀缝、上层钢筋网→气密性强度试压→回填细石混凝土→养护达到强度后二次试压→施工交工验收。

45.4.2.2 工序内容

1 检查地面：检查地面平整、清洁情况，清扫地面杂物、剔除室内墙体和边角落灰。

2 20 厚 1 : 3 水泥砂浆找平层，抹平整。

3 材料进场验收：材料进场报监理单位验收合格后方可使用。

4 绝热层铺设：铺设 20 mm 厚苯板，要求做到平整、搭接严密，苯板铺设平整，缝隙 ≤ 0.5 mm。卫生间根据图纸要求及现场实际情况不做地暖，不铺设苯板。除固定加热管的塑料卡钉穿越外，不得有其他坏损。铺真空镀铝聚酯薄膜。

5 铺设底层钢丝网，钢丝网铺设平整，铺设完毕后铺设加热管。

6 加热管安装、固定：按照图纸要求敷设和固定加热管，加热管进出水口与分集水器供、回水口连接，安装伸缩缝、套管。

7 分集水器安装：在规定的位置用膨胀螺栓固定分集水器支架（或箱体），安装分集水器。

8 进行管道吹洗：采用清水泵或空压泵对分、集水器和加热管进行吹洗。

9 水压试验：封堵分、集水器干管一侧管口、安装压力试验接管及阀门、压力表，注水，用手动试压泵升压，进行水压试验。

10 设置边墙保温：清理墙面、地面杂物，按规定设置边墙保温材料。

11 伸缩缝设置和填充层浇筑：按设计要求安装伸缩缝后，分区浇筑填充层，进行养护。

12 管道连接：供、回水支管连接，安装控制及调节阀门，去除接口多余的密封填料。

13 二次水压试验。检查加热管在填充层施工和养护期间是否遭到损坏。

14 系统竣工验收。对地暖系统进行竣工验收。

15 运行调试：在采暖期开始时，施工单位针对每户把地暖系统调试到符合设计要求，达到正常运行状态。

45.4.2.3 施工进度计划编制施工前，应根据建设单位要求及土建工程进度情况和施工单位的作业能力等编制施工进度计划。编制施工进度计划的目的是在保证工期的情况下，根据所确定的施工方案及施工方法，合理地组织人员、材料、工具及设备，以提高工作效率。

45.4.2.4 工序间协调及配合

1 施工单位根据进场前所制定的施工进度计划及各工序工程量的进度安排，明确分集水器安装、绝热层铺设、加热管铺设、伸缩缝设置、填充层施工等工序的衔接要求和时间。

2 与土建施工单位确定标高尺寸并核定 50 线和分集水器安装位置。

3 在有管道立管安装时，应先与土建施工单位协调确定立管与支管相连接各设施的接口高度、位置，确认与供暖干管连接点位置、连接方式、管线阀门控制方式及安装位置。

4 与监理单位确认加热管隐蔽前进行水压试验的时间和具体安排。

5 在建设单位或监理单位的配合下，与土建施工单位协调填充层施工进度和养护期间对加热管的保护措施和明确各自应承担的责任。

6 与监理单位协调加热管隐蔽后进行系统水压试验的时间和具体安排。

（7）与建设单位协调竣工验收和系统运行调试的时间和具体安排。

45.4.3　分集水器安装

45.4.3.1　分集水器的安装应在开始敷设加热管之前进行。安装时应根据分集水器的结构形式、规格及图纸和技术文件的安装要求，确定安装位置及定位尺寸。

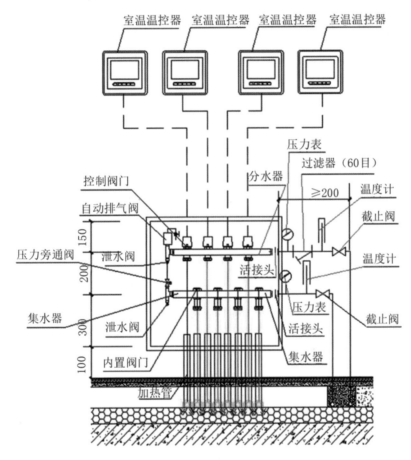

图 7-6　分集水器安装

45.4.3.2　分集水器安装位置确定时注意事项：

1 分集水器及供暖供、回水管道、阀门等安装及检修方便。

2 运行时分集水器的控制阀门调节方便。

3 与强、弱电控制盒及插座的距离应不小于 50 mm。

4 对于自控型分集水器，为防止其电路受潮应尽量布置在较干燥的房间。

45.4.3.3　分集水器安装前的质量检查

1 分集水器的种类、型号、规格是否与图纸、技术规范规定一致。

2 分集水器上下主管左右接口螺纹是否完整。

3 分集水器上下主管有无砂眼、裂纹及锈蚀。

4 分集水器上下主管的控制阀门及接头与接口间的连接是否牢固，接口是否严密，控制阀门是否能灵活开关。

5 分集水器支架、挡板的防腐涂层是否完好、有无划痕。

45.4.3.4 分集水器安装要求

在分集水器水平安装时，应将分水器安装在上，集水器安装在下或按设计规定。分、集水器主管垂直间距为 200 mm，集水器主管中心距地面距离应不小于 300 mm。

45.4.3.5 分集水器的固定

1 分集水器一般均通过支架支撑，安装时按照图纸标定的高度，经号眼打孔后用膨胀螺栓可靠固定在墙壁上，然后再将分集水器安装在支架上。

2 禁止在有防水层的地面上打孔固定分、集水器装饰板。

3 分集水器前挡板可在地面辐射供暖工程施工完毕后再安装。

4 当分集水器安装在起居室内时，在安装高度允许时，支脚应高出室内净地坪 50 mm~100 mm。

5 分集水器水平安装时，应保证与供、回水管连接后能及时排除管道内的积气。

45.4.3.6 分集水器与供热管道及附件的连接

1 分集水器安装就位后再安装立管与分、集水器间的连接支管为宜。

2 在分水器之前的供水连接管道上，顺水流方向应安装阀门、过滤器、热计量装置（有热计量要求的系统）。在集水器之后的回水连接管上，应安装可关断调节阀，必要时可用平衡阀代替。

3 在分水器的进水管与集水器的出水管之间，宜设置旁通管。旁通管上应设置阀门，以保证对供暖管路系统冲洗时污水不流进加热管。

45.4.3.7 分集水器与加热管的连接

1 每环路加热管的进、出水口要对应与分、集水器相连接。

2 加热管与金属或塑料分集水器之间的连接应采用卡套式、卡压式夹紧结构或热熔连接。采用卡套式、卡压式连接结构时，加热管与连接件连接要求管口剪切平滑，切面与管材轴线垂直，管口插入接口时不得损伤接口上的硅胶密封圈，管口插入到位，卡环牢固锁紧连接部位且不得渗漏。

3 加热管为 PE-RT 管，与塑料分集水器接口之间若要采用热熔连接，接头部位与调节阀之间要有活接结构以利维修，但不得使用裸铜接头。

45.4.4 绝热层施工

45.4.4.1 绝热层施工的作业条件

1 墙体粗抹灰及贴砖工作已基本完成。

2 有穿越楼板的管道时，应按图纸做好预留洞，对有防水要求的房间应事先做好套管。

3 地面层内埋设的管线等已事先穿引完毕并经验收合格。

4 在直接与土壤接触或有潮湿气体侵入的地面，在铺设绝热层之前应先铺设一层防潮层。

45.4.4.2 茶水间有防水要求的房间，防水层施工要求见附录 D（规范性附录）。

45.4.4.3 绝热层施工要求

1 挤塑聚苯乙烯保温板（EPX）绝热层施工要求

1）检查挤塑聚苯保温板（EPX）的质量要求应符合 JGJ 142-2004 中 4.4.2 的规定。

2）根据房间地面大小和挤塑聚苯保温板（EPX）规格及加热管敷设区域进行排料，从边角开始顺序铺设。挤塑聚苯保温板（EPX）应可靠落实在楼板上。板块搭接应无间隙，且无翘曲和起拱现象。苯板铺设平整，缝隙 ≤ 0.5 mm。

3）挤塑聚苯保温板铺设工作完成后应清除杂物，铺设真空镀铝聚酯薄膜。

2 其他绝热层的铺设

1）检查产品质量应符合其执行标准的规定。

2）铺设时应根据产品特性决定工步、工法和要求。

45.4.5 热管的安装

45.4.5.1 加热管应按照设计图纸或经设计单位出具的设计变更通知书的间距、形式布置。

45.4.5.2 加热管安装要求

1 加热管安装前，应检查管材是否有外在损伤。清除与其连接的管道和管件内外的污物。

2 加热管安装时应首先放线和配管。布管从分水器接口开始沿管线走向顺序敷设。加热管供、回水端穿出地坪与分、集水器接口间的管段排列密集部位的管间距在小于 100 mm 时，加热管外部应采取设置柔性套管和加设钢丝网片等措施。加热管在过门口、伸缩缝通过处亦应设置柔性套管。

3 加热管出地面至分水器、集水器连接处的弯管部分不宜露出地面装饰层。加热管出地面至分水器、集水器下部球阀接口之间的明装管段，外部应加装塑料套管。套管应高出装饰面 150 mm~200 mm。

4 加热管与金属分水器、集水器，塑料分集水器连接要求按 45.4.3.7。

5 加热管的环路布置不宜穿越填充层内的伸缩缝。必须穿过时，伸缩缝处应设长度不小于 200 mm 的柔性套管。加热管穿过止水墙时应采取防水措施。

6 加热管两端宜设固定卡。加热管应用塑料管卡加以固定，固定点的间距在直管段应 600 mm，弯曲管段固定点间距应不大于 300 mm。

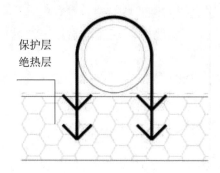

保护层
绝热层

注:保护层为聚乙烯
膜 塑料卡钉（管卡）

图 7-7　塑料管卡

7 加热管安装过程中，应防止油漆、沥青或其他化学溶剂污染管材。管道系统安装间断或完毕的敞口处，应随时封堵管口。

8 同一通路的加热管除正常落差外应保持水平。

9 加热管弯曲部分不得出现硬折弯现象，塑料管的弯曲半径应不小于 8 倍管外径，复合管的弯曲半径应不小于 5 倍管外径。

10 埋设于填充层内的管材不应有接头。

45.4.6　伸缩缝

45.4.6.1　伸缩缝在填充层施工前安装。

45.4.6.2　过门处增加膨胀缝，在与内、外墙、柱等垂直构件交接处应留不间断的伸缩缝且宽度不小于 10 mm。当地面面积大于 30 m² 或长度大于 6 m 时，应按不大于 6 m 间距设置伸缩缝，且伸缩缝宽度不小于 10 mm。本工程伸缩缝设置按照图纸设计做。

45.4.6.3　伸缩缝宜采用高发泡聚乙烯塑料或满填弹性膨胀膏。伸缩缝填充材料应采用搭接方式连接，搭接宽度应不小于 10 mm。伸缩缝填充材料与墙、柱应有可靠的固定措施，与地面绝热层连接应紧密。

45.4.6.4　伸缩缝应从绝热层的上边缘做到填充层的上边缘。

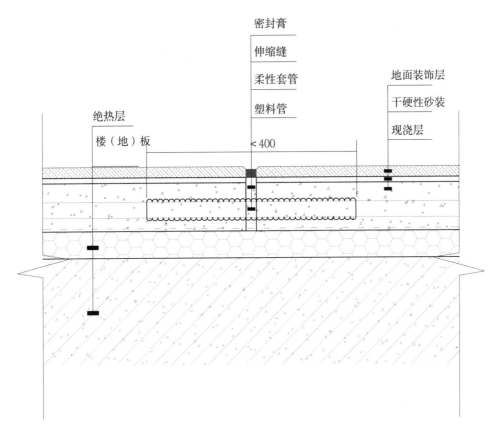

图 7-8 伸缩缝

45.4.7 加热管隐蔽前的水压试验

45.4.7.1 加热管隐蔽前的水压试验应在浇筑填充层前进行。

45.4.7.2 当水压试验出现管材渗漏时不得采用接头连接，应整根更换出现渗漏的管材并对新换的管材再进行水压试验。

45.4.8 填充层

45.4.8.1 混凝土填充层施工应具备以下条件：

1 所有伸缩缝均已按设计要求敷设完毕。

2 加热管安装完毕且水压试验合格，加热管处于有压状态下。

3 通过隐蔽工程验收。

1）混凝土填充层的施工，应由土建施工方承担。安装单位应密切配合，保证加热管内的水压不低于 0.6MPa。养护过程中，系统应保持不小于 0.4MPa。

2）浇捣混凝土填充层时，施工人员应穿软底鞋，采用平头铁锹。

3）混凝土填充层的养护周期不应少于 21 天。养护期满后，对地面应妥加保护，严禁在地面上运行重载、高温烘烤，或直接放置高温物体和高温加热设备。

45.4.8.2 混凝土填充层的施工要求，应符合 JGJ142 中 5.5 的规定。

45.4.8.3 细石混凝土施工工序

1 细石混凝土地面使用商品混凝土或自己搅拌。

2 使用普通复合硅酸盐水泥 PC32.5。

3 细石选择：回填细石混凝土强度等级 C20，水泥砂浆体积比不小于 1 : 3，石子粒径应不大于 10 mm。

4 将二者按照施工配合比送入搅拌机内搅拌。

5 将细石混凝土由输送泵送到工作面，进行砂浆填充并用刮杠与 50 线找平。在细石混凝土面层铺设钢丝网一道，置于混凝土中，不要刺伤地热管。

6 待初凝后用木搓子找平、压实，最后用钢抹子搓平或拉毛。

45.4.8.4 养护

1 夏季时填充层施工完成后应从第 3 d 开始养护，养护时间不少于 7 d。抗压强度应达到 5 Mpa 后方准上人行走。在 28 d 养护期内出现裂纹应采用水泥干粉填实。

2 填充层养护期间严禁在其上面进行任何施工作业和踩踏、碾压。

45.4.9 填充层养护期满后的水压试验

45.4.9.1 填充层养护期满后的水压试验方法和要求按 JGJ142 中 4.7.2 的规定。此次水压试验也可与地暖工程施工完成后的竣工验收一并进行。

45.4.9.2 当水压试验出现管材渗漏时，应及时查找渗漏位置，并依据 JGJ142 中 5.3.5 的规定进行处理及对新换或增设接头的管材再进行水压试验。

45.4.10 系统检查和保护

45.4.10.1 检查分集水器各零部件是否安装齐全、牢固、符合使用要求。

45.4.10.2 检查加热管与分集水器连接是否正确、牢固。

45.4.10.3 在未交付验收前应对明装的分集水器等采取相应保护措施。

45.5 验收

45.5.1 验收分类地面供暖系统验收分为：

45.5.1.1 施工前材料进场验收。

45.5.1.2 施工过程中隐蔽工程验收（中间验收）。

45.5.1.3 系统竣工验收。

45.5.2 材料进场验收

45.5.2.1 无论材料是由建设单位采购还是由地暖施工单位采购，工程使用的材料（成品、半成品、配件和设备）应有中文质量证明文件。材料进场后应做检查验收，并经监理工程师核准确定。

45.5.2.2 验收依据为采购合同中明确的产品质量执行标准。

45.5.2.3 验收项目按标准规定或合同约定的项目。

45.5.2.4 验收方法

1 验收产品质量合格证明文件：检查每种产品在有效期内的产品质量检测报告，检查其报告中的检验项目是否达到所执行标准或合同规定的技术指标。

2 产品抽样检查：分集水器组件抗压强度和严密性、管材抗压强度、绝热层材料体积密度和抗压强度检查，及这些产品的外观质量检查。以进场产品数量为一批，按其产品执行标准中规定的抽样方案抽取，其试验方法按产品执行标准规定的试验方法进行。

3 其他产品的外观质量检查，按其产品执行标准中规定的抽样方案抽取，其检验方法按产品执行标准规定的方法进行。

45.5.2.5　合格判定

1 具有产品质量合格证明文件及进场检（试）验报告。

2 分集水器、管材、绝热层材料性能抽样检查结果全部合格。

3 外观质量抽样检查合格判定数符合产品标准抽样检查方案。

45.5.3　隐蔽工程验收（中间验收）

45.5.3.1　验收时机隐蔽工程验收时机，应在加热管敷设完成、填充层施工前进行。

45.5.3.2　验收单位隐蔽工程在隐蔽前，应由施工单位通知监理单位和有关单位进行验收。

45.5.3.3　验收项目隐蔽工程验收项目，包括绝热层施工质量、加热管敷设和固定质量，以及对加热管进行水压试验。

45.5.3.3　组织验收由地暖施工单位提出验收报告，再由监理工程师（建设单位项目专业技术负责人）组织施工单位项目专业质量（技术）负责人等进行验收。合格后填写 JGJ 142 中的表 F.0.4《绝热层安装工程质量检验表》、表 F.0.5《伸缩缝安装工程质量检验表》、F.0.6《加热管安装工程质量检验表》，及 GB 50242-2004 中附录 C《分项工程质量验收表》，并由参与验收的各方签字认可。

45.5.3.4　合格判定验收过程中如出现不合格项目时，应允许调试、维修和更换材料，然后再重新进行单项验收直至合格。

45.5.4　系统竣工验收

45.5.4.1　系统竣工验收时机应在填充层养护期满且在分集水器、阀门等系统调试完成后进行。

45.5.4.2　系统竣工验收报验和组织系统竣工验收应由地暖施工单位向工程监理单位提交工程报验单后，由监理工程师（建设单位项目技术负责人）组织地暖施工单位项目专业质量（技术）负责人进行验收。

45.5.4.3　系统竣工验收应具备的条件：

1 施工图、竣工图和设计变更文件。

2 材料进场验收合格证明和记录。

3 隐蔽工程验收（中间验收）合格记录。

45.5.4.4　系统竣工验收项目和要求：

1 水压试验：水压试验合格，并应将系统内的水吹尽。如确认当年不能供暖，又必须改用气压试验时，须由监理单位和地暖施工单位确认后方可改用气压试验，但在次年采暖期开始前必须再进行水压试验并以此试验为仲裁法。

2 分集水器安装：安装位置应符合图纸规定，安装牢固，结构件（阀门、过滤器、泄水阀、排气阀及其他连接件）齐全，阀门无渗漏、开启自如。

45.5.4.5 系统竣工验收记录系统竣工验收时，应做好验收记录，并在验收合格后填写 GB50242 和 JGJ142 规定表格，然后进行竣工交接。

45.6 系统调试运行

45.6.1 地面供暖系统采暖运行前的调试，应在具备正常供暖条件的情况下进行。

45.6.2 系统调试运行应由地暖施工单位在建设单位的配合下进行。

45.6.3 系统调试程序

45.6.3.1 系统调试工作开始时，应首先检查分、集水器及管材、管件是否有丢失和损坏；如有丢失和损坏应在责任明确的前提下进行更换或修复后进行调试。

45.6.3.2 在初始加热时热水升温应平缓，供水温度应控制在比环境温度高 10℃左右，且不应高于 32℃。升温过程应连续进行 48 h，此后每隔 24 h 水温升高 3℃，直至达到设计供水温度。

45.6.3.3 在达到设计供水温度后，地暖施工单位应对每组分、集水器连接的加热管进行逐路调节，直到满足室内温度设计要求。

45.6.3.4 地面供暖效果应以房间中央离地 1.5m 处、黑球温度计指示的温度作为检测和评价的依据。

45.6.4 系统调试完成后的移交

45.6.4.1 系统调试完成后，地暖施工单位应与建设单位签署地暖系统调试完成移交书并由双方签章，以确认移交。

45.6.4.2 确认移交时，地暖施工单位应向建设单位提供设计图纸、相应技术文件及地面供暖系统保护说明书。内容应包括：

1 明确接受方对地暖系统成品保护应负的责任，采取预防分、集水器及其部件丢失和损坏的措施。

2 面层的施工应在填充层养护期满后进行。

3 施工面层时不得剔、凿、割、钻填充层，不得向填充层揿入任何物品。

4 在家庭装修时不得破坏面层，不得在过门口处钉钉、钻孔、切割造成面层及地暖管材的破坏。家庭装修时不得变动分、集水器的位置和安装状态。

附录J 蜜蜂新居验房标准依据——空调与通风

		空调与通风		
1	排风	厨房排油烟机的排所管通过外墙直接排至室外时，应在室外排气口设置避风和防止污染环境的构件。当排烟机的排气管排至竖向通风道时，竖向通风道的断面应根据所担负的排气量计算确定，应采取支管无回流、竖井无泄漏的措施。	6.4.1	GBJ96-86《住宅建筑设计规范》
2		严寒地区、寒冷地区和夏热冬冷地区的厨房，除设置排气机械外，还应设置供房间全面排气的自然通风设施。	6.4.2	
3		无外窗的卫生间，应设置有防回流构造的排气通风道，并预留安装排气机械的位置和条件。	6.4.3	
4		厨房和卫生间的门，应在下部设有效截面积不小于0.02平方米的固定百叶，或距地面留出不小于30 mm的缝隙。	6.4.4	
5		最热月平均室外气温高于和等于25摄氏度的地区，每套住宅内应预留安装空调设备的位置和条件。	6.4.5	
6		以煤、薪柴为燃料的厨房应设烟囱；上下层或相邻厨房合用一个烟囱时，必须采取防止串烟的措施。	6.4.6	
7	空调	空调系统、新风（换气）系统运行应正常，功能转换应顺畅。检验方法：运行检查，温度测定以室内中央离地1.5m实测温度。		JGJ/T304-2013《住宅室内装饰装修工程质量验收规范》
8		送、排风管道应采用不燃材料或难燃材料。	18.2.2	
9		空调内、外机管道连接口和新风排气口设置应坡向室外，不得出现倒坡现象。管道穿墙处应密封，不渗水。	18.2.3	
10		新风机和换气扇安装应牢固，与管道连接应严密；止逆阀安装应平整牢固、启闭灵活。	18.2.4	
11		空调室内机冷凝水排水管应连接紧密，无渗漏、倒坡和堵塞现象。	18.2.7	
12		空调机、新风（换气）导流风罩应外观良好，无破损和缺损；固定应牢固。	18.2.8	
13		同一起居室、房间的风口安装高度应一致，排列应整齐，风口位置的设置应便于检修和清洗。	18.2.10	

续表J

<table>
<tr>
<td>14</td>
<td rowspan="2">空调</td>
<td>住宅装饰装修后室内环境污染物浓度限值应符合表 19.2.2 的规定。
表 19.2.2　住宅装饰装修后室内环境污染物浓度限值
<table>
<tr><td>污染物</td><td>卧室、客厅、厨房</td></tr>
<tr><td>氡（Bq/m^3）</td><td>≤ 200</td></tr>
<tr><td>甲醛（mg/m^3）</td><td>≤ 0.08</td></tr>
<tr><td>苯（mg/m^3）</td><td>≤ 0.09</td></tr>
<tr><td>氨（mg/m^3）</td><td>≤ 0.2</td></tr>
<tr><td>TVOC（mg/m^3）</td><td>≤ 0.5</td></tr>
</table>
</td>
<td>19.2.2</td>
<td rowspan="2">JGJ/T304–2013
《住宅室内装饰装修工程质量验收规范》</td>
</tr>
<tr>
<td>15</td>
<td>住宅室内装饰装修分户工程验收应提供下列检测资料：
1 室内环境检测报告；
2 绝缘电阻检测报告；
3 水压试验报告；
4 通水、通气试验报告。</td>
<td>20.0.9</td>
</tr>
</table>

附录 K　家庭循环水系统详解

家庭水循环的目的是保证业主在生活中用热水时能达到即开即热的效果。

K1　大循环

水电施工的时候，每个需要用到热水的设备都要增加回水管与热水管的连接，所有主热水管和各个用水端的热水管全部连接，然后连接回水管，因此整个回路都进行热水循环。

优点：出热水的速度快，即开即热。

缺点：水压会变小，多个用水点同时使用时干扰会比较大，耗能。为避免温度过高被烫伤，需要在出水口增加一个恒温混水阀，成本比较高。

小户型做大循环水系统意义不大，因为管道不长，所以放不了多少冷水。如果想实现即开即热，有更简单的方法，即用小厨宝。但大户型、别墅还是建议做大循环水系统，因为管道很长。

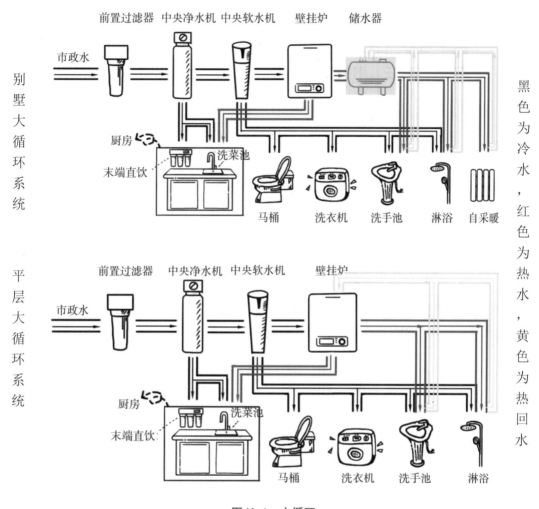

图 K-1　大循环

K2　小循环

从热气器回水器连接至离热水器最远的热水设备处（热水的末端），主热水管连接回水管，主热水管到用水设置端的那一段水管不参与热水循环。

总之，做了水循环以后，业主的舒适度会有较大提升，在一定程度上能够节约用水，但代价是会付出更多的燃气费和电费。

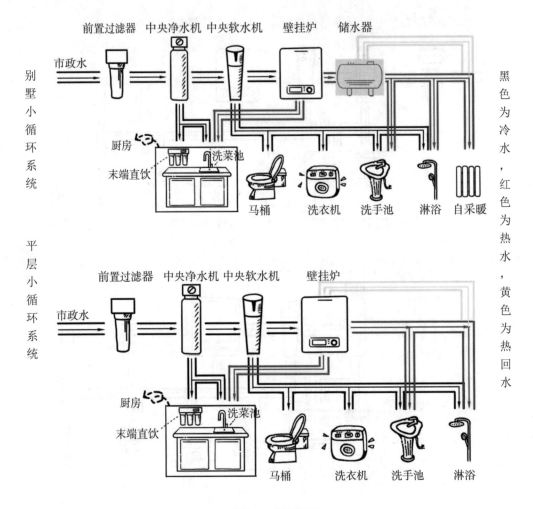

图 K-2　小循环

K3　家庭净水系统

中央净水：安装在主进水管道，过滤自来水中的泥沙、铁锈等大颗粒物质。进口 KDF、椰壳颗粒活性炭等核心滤材，能吸附自来水中对人体健康威胁最大的氯及水中的异色、异味等有害物质，进而改善净化水的口感。

中央软水：采用离子交换技术，去除水中的钙镁离子以及水中的藻类、固体悬浮物等异物，使水的硬度控制在 5ppm 以下的设备。该系统能使水的硬度降低，长期使用软水，还可以有效维护热水炉等用水设备，延长设备使用寿命，可以使衣服柔软清洁，皮肤光泽细腻。

K4　净水和软水的配置

根据各地水质情况，消费者可选装各层级净水系统，其功能安装分布可见图 K-3。

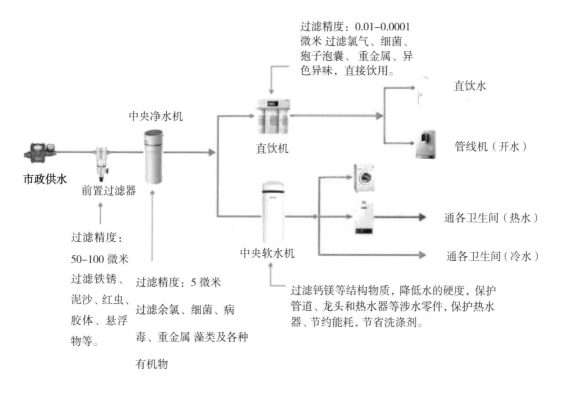

图 K-3　净水和软水的配置

K5　如何选择中央净水器

K5.1　净水要结合当地水质的实际情况。南方主要以地表水为主，主要是去除泥沙、生物腐殖物、细菌和有机物；北方以地下水为主，比较注重除水垢。吸附有机物和余氯主要靠活性炭，过滤有微滤、超滤和反渗透等。

K5.2　看滤芯的寿命，净水器一般直接标出净水流量和额定总静水量。如果额定净水量为 2000L，净水流量为 1L/H，即寿命为 2 000 小时。

K6　地暖分类

K6.1　水地暖

优点：水地暖是以 60℃ 的热水为媒介，通过地板内的加热管把地板加热，从而均匀地向室内辐射热量的取暖方式。它可以解决生活用水等问题，无需另外花钱购买热水器。其供暖面积大，供暖时间长，安装成本低、使用成本低，且没有辐射，运行费用也较低。

缺点：水地暖的前期投资比较大，小面积铺设不划算。其层高比电地暖多了 2cm，而且传热速度比电地暖慢一些。它的后期保养花费多，需要保养、除垢，地面水管需要清洗。

K6.1.1　湿法水地暖

水地暖是由燃气壁挂炉等热源＋地暖管道＋控制系统构成。

优点：安装量大，造价偏低，系统稳定性强。

缺点：因为要回填 3~5 cm 回填层，会占用 5~7 cm 层高，甚至更高。同时，升温较慢，初次开启要 1 个小时以上才能升温，全部升温加热房间要 4 个小时。并且，回填会增加楼板承重。

木地板
墙面
塑料管卡
保温墙裙

水泥层
铝质传热板
地板采暖管道
隔热保温板
基础地面

图 K-4　湿法水地暖结构

K6.1.2　干式水地暖

干式水地暖又包括二代干式水地暖和三代干式水地暖，也称薄型地暖。

优点：安装方便简单，有沟槽，可以保护地暖管，不用回填，节省了 3 cm 左右的层高，降低了楼板的承重。

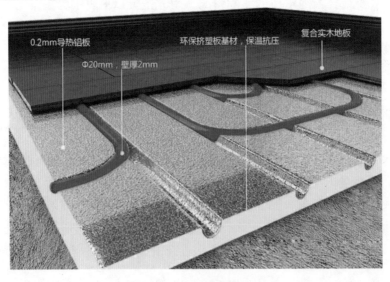

0.2mm导热铝板　　　环保挤塑板基材，保温抗压　　　复合实木地板

Φ20mm，壁厚2mm

图 K-5　干式水地暖结构

K6.2　电地暖

优点：电地暖是以电力为能源，发热电缆为媒介的一种供暖产品。它在工作时会将

97% 的电能转换为热能，并以建筑物地面作为散热面，通过对流换热加热周围空气。其铺设成本与面积相关，小面积铺设更方便、更实惠。它占用层高比水地暖少，传热速度比水地暖快。而且它的使用寿命长，免维护、免清洗，可用遥控器调节室温。

缺点：电地暖有辐射，因此业主在选购时要查看商家提供的辐射检测数据。由于它以电力为能源，很容易受到家用电流的影响，所以比较适合小面积铺贴，而且运行费用比较高。

K6.2.1　发热电缆

发热电缆电地暖是通过金属线缆通电加热，进而加热地板或瓷砖，然后加热空气。

优点：升温迅速，即开即热，并且只要线缆质量和设计安装过硬，几乎没有售后。

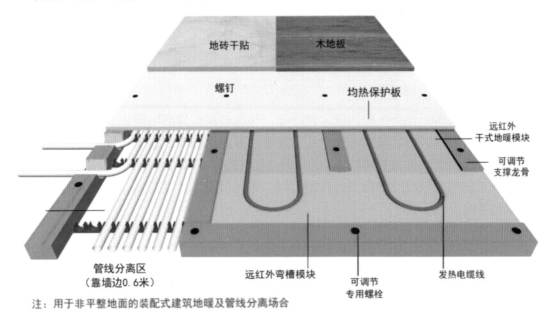

注：用于非平整地面的装配式建筑地暖及管线分离场合

图 K-6　发热电缆结构

K6.2.2　电热膜

电热膜是高分子材料制作的发热体，在工程项目中用得较多。

优点：发热电缆属于线状发热，电热膜是面状发热，发热更加均匀。如果电热膜质量和设计安装过硬，后期同样没有售后需求。

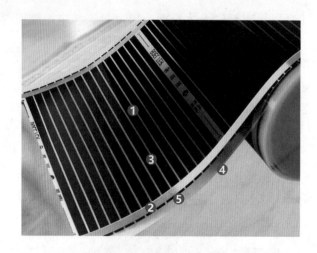

1、碳素发热区

2、铜条载流条

3、银条载流条

4、基膜

5、胶膜

图 K-7　电热膜结构

K6.2.3　碳晶、碳纤维

这部分地暖属于近年流行的概念性产品，与电热膜和发热电缆比，它们还缺乏相应的国家或行业标准，因此品质、安全性、衰减性等方面都要打一个问号。碳纤维电采暖系统是以碳纤 维长丝为发热体，将 100% 的电能转换为 99% 以上的热能，以传导、对流、辐射三种传热模式同时持续低温传递给空间，达到恒温、分室控制，满足人们室内采暖的集成化系统。

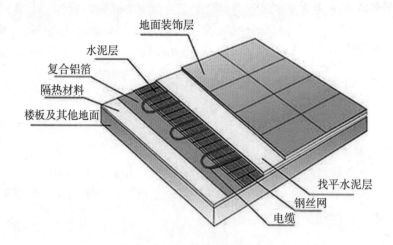

图 K-8　干铺模块速热电地暖结构

K7　地暖怎么选择

K7.1　如果房屋有足够的层高，除去地暖和地板占用的 5~7 cm，层高 2.8 m 以上，那么安装任何一种水地暖都可以。

K7.2　要考虑各地能耗成本不同，例如成都的燃气收费标准大约是 2 元 / 立方米，那么用燃气就更便宜，因为 1 立方米燃气等于 10 度电产生的热量。

K7.3　如果面积比较小，比如二三十平方米，那么安装电地暖更合适，即开即热，且造价更低，性价比更高。

K8　地暖的构成

地暖是一套系统性方案，包括热源、管路、控制、保温四个部分。

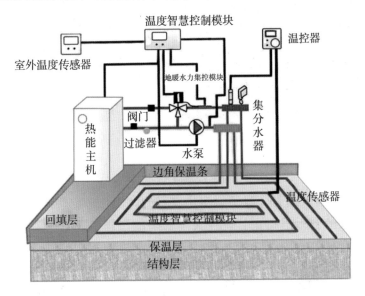

图 K-9　地暖的构成

地暖四系统：

（1）热源系统：壁挂炉、空气源热泵等。

（2）管路系统：主管道、盘管（管道不漏）。

（3）控制系统：分集水器、温控器、混水中心等（水流、温度、开关）。

（4）保温系统：挤塑板、边界保温条、反射膜等（保证热量不往楼下泄漏，不沿着墙体往外泄漏）。

K9　水地暖铺设施工详细操作步骤

K9.1　铺设前进行清理

铺设地暖之前，应该先把地面上的灰尘、脏物等清理干净，确保地面保持平整，另外还要把地面上的凹凸和杂物等都排除干净。应仔细观察一下自己家中的实际面积和实际结构，然后确定清楚壁挂炉和分集水器的具体安装位置。

图 K-10　铺设前进行清理

K9.2　安装水管

要把地暖的主水管安装好。安装地暖主水管的时候，一定要使用热水管，并且一定要严格根据设计好的图纸进行走管。在实际安装的过程中，一定要确保水管可以平直整齐。

图 K-11　安装水管

K9.3　安装温控线

先在安装分集水器的位置进行开槽施工，再把温控线隐埋在槽中，并且要把相关的温控线放在周边位置，从而便于后期的连接安装。

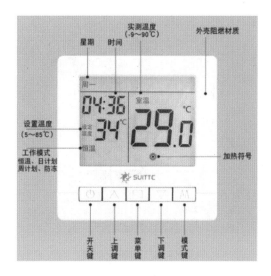

图 K-12　安装温控线

K9.4　铺设保温层

铺设保温板的时候一定要平整，若需要切割的话，则一定要切割整齐，各个保温板相互连接的缝隙位置一定要保持紧密。一般情况下，应该把整板铺设在地面的四周，而切割板则应该铺设在地面的中间位置。另外在铺设保温板的过程中，还需要注意一下保温板的平整度，保温板的高低落差一般不可以超过 ±5 毫米，而缝隙大小一般不可以超过 5 毫米。

图 K-13　铺设保温层

K9.5　铺设反射膜

铺设反射膜的时候一定要铺设平整，不可以出现褶皱现象。在铺设反射膜的时候还要遮盖严密，不可以有保温板或者是地面被遗漏覆盖的现象出现。反射膜的方格一般都需要铺设对称，并且要保持整洁，不可以出现错格的现象，另外还应该使用透明胶带或者是铝箔胶带把各个反射膜之间粘贴好。

图 K-14 铺设反射膜

K9.6 铺设地暖管

K9.6.1 铺设地暖管的时候一定要严格根据设计图纸中规定的管间距和走向进行铺设，并且应该保持平直，同时还需要使用塑料卡钉根据图纸把管材固定在挤塑板上，或者是使用绑带把管材固定在钢丝网上。

K9.6.2 铺设地暖管的时候若有出现间断或者是安装完毕的话，则应该在敞口处位置随时进行封堵。在切割地暖管的时候，一定要使用专用的工具进行切割，从而确保切口位置可以保持平整，而断口面可以和管轴线保持垂直。

图 K-15 铺设地暖管

K9.7 进行水压试验

地暖管铺设完毕以后，就需要对地暖管进行水压试验。先对地暖管进行水压冲洗和吹扫等，从而确保地暖管中没有异物。再通过排气阀往地暖管中进行注水，再把试水压力设置在 1.5 倍到 2 倍左右，但是不可以低于 0.6 帕，然后稳压一小时以后再进行查看，若压力不会超过 0.05 帕，并且不会出现渗漏现象的话则为合格。

图 K-16　进行水压试验

K9.8　回填找平地面

接下来应该在地暖管上铺设混凝土。铺设混凝土的时候，全部都应该通过人工进行抹压密实，并且一定要确保室内的水平高度是在同一个高度上，千万不能出现钢丝外露的现象。另外一定要在门口、过道、地漏等位置做好记号，从而避免后期施工中出现不当行为，破坏地暖管道。

图 K-17　回填找平地面

K9.9　安装壁挂炉

安装壁挂炉的时候，一定要严格按照壁挂炉的实际尺寸、安装前所预留的尺寸、烟道具体位置等进行校准，校准正确位置以后，再开始安装壁挂炉，而壁挂炉的底下接口则应该使用软管进行连接。

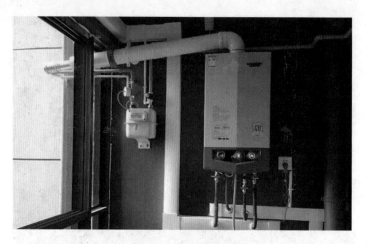

图 K-18　安装壁挂炉

第 8 篇　墙面工程理论知识

46　墙面抹灰工程施工工艺

46.1　适用范围

墙面抹灰，是指在墙面上抹水泥砂浆、混合砂浆、白灰砂浆面层工程。

墙体抹灰分为：内墙抹灰、外墙抹灰。

46.2　施工流程

内墙抹灰及外墙抹灰的工艺流程：抹灰用的水泥宜为硅酸盐水泥、普通硅酸盐水泥，其强度等级不应小于 32.5 MPa。不同品种不同标号的水泥不得混合使用。抹灰用砂子宜选用中砂，砂子使用前应过筛，不得含有杂物。抹灰用石灰膏的熟化期不应少于 15 d。罩面用磨细石灰粉的熟化期不应少于 3 d。

46.2.1　外墙抹灰工艺流程

基层处理→挂钢丝网→挂线、贴灰饼、设标筋→界面处理→弹灰层控制线→抹底灰→弹分格缝位置→粘分格条→抹面层→起条、勾缝→养护

46.2.2　内墙抹灰工艺流程

基层处理→挂加强网→吊直、套方、贴灰饼、设标筋→界面处理→做护角→弹灰层控制线→抹底灰→抹面灰→养护

46.3　工艺流程说明及主要质量控制点

46.3.1　抹灰工程操作工艺

46.3.1.1　在墙体砌筑完成 21 天以后、或斜砖顶砌完成 14 天后，才能开始抹灰。

46.3.1.2　采用干粉砂浆时，抹灰层的平均总厚度不宜大于 20 mm。

46.3.1.3　抹灰应分层进行，抹底灰时用软刮尺刮抹顺平，用木抹子搓平搓毛。采用干粉砂浆时，砂浆每遍抹灰厚度宜为 5~10 mm。采用预拌或现场拌制砂浆时，水泥砂浆每遍抹灰厚度宜为 5~7 mm，水泥混合砂浆每遍抹灰厚度宜为 7~9 mm，且应待前一层砂浆终凝后方可抹后一层砂浆。

46.3.1.4　水泥砂浆不得抹在混合砂浆上。

46.3.1.5　严禁用干水泥收干抹灰砂浆。抹灰层厚度最少不应小于 7 mm。必须使用机械搅拌抹灰砂浆，禁止人工拌和抹灰砂浆。

46.3.2 基层处理

46.3.2.1 用水泥砂浆或细石混凝土修补脚手架孔洞，包括悬挑工字钢、脚手架孔洞。

46.3.2.2 混凝土墙体表面需用钢丝刷清除浮浆、脱模剂、油污及模板残留物，并割除外露的钢筋头、剔凿凸出的混凝土块；砌体墙面清扫灰尘，清除墙面浮浆、凸出的砂浆块。

46.3.2.3 混凝土面超出抹灰完成面时，应该凿除超出部分，保证至少有 7 mm 的抹灰层。

46.3.2.4 需要湿润墙面时，用喷雾器喷水湿润砌体表面，让基层吸水均匀，蒸压加气混凝土砌体表面湿润深度宜为 10~15 mm，其含水率不宜超过 20%；普通混凝土小型空心砌体和轻骨料混凝土小型砌体含水率宜控制在 5%~8%。不得直接用水管淋水。

46.3.2.5 在基层上刷涂或喷涂聚合物水泥砂浆或其他界面处理剂成拉毛面，使其凝固在光滑的基层表面，用手掰不动为好。拉毛面积不小于基层表面积的 95%。同时加强拉毛质量检查验收。若基层混凝土表面很光滑，将光滑的表面清扫干净，用 10% 火碱水除去混凝土表面的油污后，将碱液冲洗干净后晾干再进行拉毛处理。

46.3.3 挂网

不同材料基体结合处、暗埋管线孔槽基体上、抹灰总厚 ≥ 35 mm 的找平层应挂加强网；在混凝土结构与砌体连接处设置加强措施，在砌体与混凝土墙、柱、梁接缝处均设钢板网，每边敷设宽度不低于 150 mm，直接用抹灰砂浆固定于墙面，以防温度变化及收缩不均，造成抹灰出现裂纹。挂网的材料可采用镀锌钢丝网、镀锌钢板网、（涂塑或玻璃）耐碱纤维网格布。挂网要根据设计要求进行挂设，设计无要求时可按照现行规范规进行挂设。如当地有特殊要求时满挂加强网。

46.3.4 吊垂直、套方、抹灰饼、冲筋

46.3.4.1 吊垂直：分别在门窗口角、垛、墙面等处吊垂直，横线则以楼层为水平基线或 +50 cm 标高线控制，然后套方抹灰饼，并以灰饼为基准冲筋。

46.3.4.2 套方：每套房同层内必须设置一条方正控制基准线，尽量通长设置，降低引测误差，且同一套房同层内的各房间，必须采用此方正控制基准线，然后以此为基准，引测至各房间；距墙体 30~60 cm 范围内弹出方正度控制线，并做明显标识和保护。

46.3.4.3 抹灰饼、冲筋：灰饼宜做成 5 cm 见方，两灰饼距离不大于 1.2~1.5 m，必须保证抹灰时刮尺能同时刮到两个以上灰饼。操作时应先抹上灰饼，再抹下灰饼。抹灰饼时应根据室内抹灰要求确定灰饼的正确位置，再用靠尺板找好垂直与平整。当灰饼砂浆达到七成干时，即可用与抹灰层相同砂浆充筋，充筋根数应根据房间的宽度和高度确定，一般标筋宽度为 5 cm。两筋间距不大于 1.5m。当墙面高度小于 3.5 m 时宜做立筋。大于 3.5 m 时宜做横筋，做横向冲筋时做灰饼的间距不宜大于 2 m。

46.3.5 抹底层灰

46.3.5.1 一般情况下充筋完成 2 h 左右可开始抹底灰为宜，抹掺水重 10% 的 107 胶粘剂的水泥浆一道，紧跟抹一层薄水泥砂浆或混合砂浆，抹灰用力压实使砂浆挤入细小

缝隙内。每遍厚度控制在 5~7 mm，应分层装档、抹灰与所冲的筋抹平。然后用大杠刮平整、找直，用木抹子搓毛。然后全面检查底子灰是否平整，阴阳角是否方直、整洁，管道后与阴角交接处、墙顶板交接处是否平整、顺直，并用托线板检查墙面垂直与平整情况。

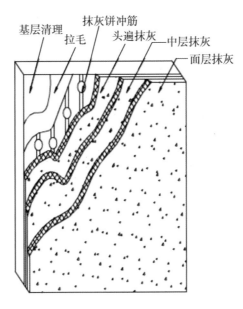

图 8-1　抹灰底层

46.3.5.2　修抹预留孔洞、配电箱、槽、盒：当底灰抹平后，要随即由专人把预留孔洞、配电箱、槽、盒周边 5cm 宽的石灰砂刮掉，并清除干净，用大毛刷蘸水沿周边刷水湿润，然后用 1 : 1 : 4 水泥混合砂浆，把洞口、箱、槽、盒周边压抹平整、光滑。

46.3.6　抹面层砂浆

底层砂浆抹好后第二天即可抹面层砂浆。面层砂浆抹灰厚度控制在 5~8 mm。如砌体表面干燥，需先洒水湿润，刷素水泥浆一道，紧跟抹罩面灰，刮平（与分格条或灰饼面平）并用木抹子搓毛，面层砂浆表面收水后用铁抹子压实赶光。为避免和减少抹灰层砂浆空鼓、收缩裂缝，面层不宜过分压光，建议以表面不粗糙、无明显小凹坑、砂头不外露为准。

46.3.7　养护

水泥砂浆抹灰面层初凝后应适时喷水养护，养护时间不少于 5 天。

46.3.8　施工顺序及滴水线槽

46.3.8.1　抹灰应从上往下打底，底层砂浆抹完后，再从上往下抹面层砂浆（前一日打底，第二天罩面为宜）。应注意在抹面层以前，先检查底层砂浆有无空、裂现象，如有空裂应剔凿返修后再抹面层灰；另外注意应先清理底层砂浆上的尘土、污垢并浇水湿润后，方可进行面层抹灰。

46.3.8.2　滴水线（槽）：在檐口、窗台、窗楣、雨篷、阳台、压顶和突出墙面等部位，其上面应作出流水坡度，下面应作出滴水线（槽）。流水坡度应保证坡向正确，滴水线（槽）距外表面不应小于 20 mm，滴水槽的宽度和深度均不应小于 8 mm。

46.3.9　质量控制要点

46.3.9.1　抹灰前，对管线的预留预埋全面检查，以免漏掉。

46.3.9.2　钢板网铺钉检查，钢丝网是否平整，钉子间距是否符合要求，自检合格后，请监理单位进行隐蔽检查验收。

46.3.9.3　灰饼的垂直度、平整度的检查。

46.3.9.4　抹灰所用的水泥、河砂质量符合设计要求。

46.3.9.5　抹灰层之间与基体之间内必须粘结牢固，无脱层、空鼓和裂纹等缺陷。

46.3.9.6　表面洁净，颜色一致，线角顺直，清晰，接槎平整。

46.3.9.7　抹灰砂浆必须具有良好的和易性，并且有一定的粘结强度、抹灰砂浆稠度。

46.3.9.8　一般抹灰工程质量的允许偏差应符合施工验收规范规定，见表 8-2。

表 8-2　一般抹灰工程质量的允许偏差

项次	项目	允许偏差（mm）	检验方法
1	立面垂直度	4	2m 靠尺
2	表面平整度	4	2m 靠尺和塞尺
3	阴阳角垂直	4	2m 靠尺
4	阴阳脚方正	4	角度尺
5	分隔缝（条）直线度	4	拉 5m 线，不足 5m 拉通线

46.3.9.9　外墙面一般抹灰允许偏差见表 8-3。

表 8-3　外墙面一般抹灰允许偏差

项次	项目	允许偏差（mm）		检验方法
		中级	高级	
1	立面垂直	5	3	用 2m 托线板检查
2	表面平整	4	2	用 2m 靠尺及楔形塞尺检查
3	阴阳角垂直	4	2	用 2m 托线板检查
4	阴阳角方正	4	2	用 20cm 方尺和楔形塞尺检查

续　表

项次	项目	允许偏差（mm）		检验方法
5	分格条（缝）平直	3	—	拉 5m 小线和尺量检查
注：	1. 中级抹灰本表第四项阴角方正可不检查。 2. 立面总高度垂直度允许偏差：单层每层框架或每层大模为 H/1000，且不大于 20mm，高层框架，高层大模为 H/1000，且不大于 30mm，用经纬仪、吊线和尺量检查。 3. 砖混结构全高 ≤ 10m，垂直度允许偏差为 10mm，砖混结构全高 >10m，垂直度允许偏差为 20mm。用经纬仪或吊线和尺量检查。			

46.3.10　注意事项

46.3.10.1　对于填充墙的墙面抹灰空鼓、开裂和烂根分拆及处理：

1 主要原因是抹灰前基层底部清理不干净或不彻底，抹灰前不浇水或用水冲刷湿润不够，每层灰抹得太厚，跟得太紧。由于砂浆在强度增长、硬化过程，自身产生不均匀的收缩应力，形成干缩裂缝；预制混凝土，光滑表面不剔毛，也不甩毛，甚至混凝土表面的酥皮也不剔除就抹灰；混凝土表面没清扫、拉毛就抹灰，抹灰后不养护。

2 为解决空鼓、开裂的质量问题，应从四方面下手解决：

1）施工前的基体清理和浇水；

2）可采用喷洒防裂剂或涂刷掺 108 胶的素水泥浆，增加粘结作用，减少砂浆的收缩应力，提高砂浆早期抗拉强度；

3）施工操作时分层分遍压实应认真，不马虎；

4）施工后及时浇水养护，并注意操作地点的洁净，抹灰层一次抹到底，克服烂根。

46.3.10.2　抹灰面层起泡，有抹纹、爆灰、开花，主要原因有以下几点：

1 抹完罩面灰后，压光跟得太紧，灰浆没有收水，故压光后多余的水汽化后产生起泡现象。

2 底灰过分干燥，因此要浇透水。不然抹罩面灰后，水分很快被底灰吸收，故压光时容易出现漏压或压光困难；若浇浮水过多，抹罩面灰后，水浮在灰层表面，压光后易出现抹纹。

3 使用磨细生石灰粉时，对欠火灰、过火灰颗粒及杂质没彻底过滤，灰粉熟化时间不够，灰膏中存有未熟化的颗粒，抹灰后遇水或潮湿空气就继续熟化、体积膨胀，造成抹灰层的爆裂，出现开花。

46.4　主要引用标准

《工程建筑标准强制性条文》房屋建筑部分建标（2002）219 号、《建设工程施工质量验收统一标准》（GB50300-2001）、《建筑装饰装修工程质量验收规范》（GB50210-2001）、《住宅装饰装修工程施工规范》（GB20327-2001）、《建筑施工高处作业安全技术规范》（JGJ80-91）、《建筑施工手册》第四版。

47 乳胶漆涂饰施工工艺

47.1 本工程墙面采用乳胶漆涂饰的施工工艺如下：

47.1.1 材料要求

47.1.1.1 涂料：丙烯酸合成树脂乳液涂料，应有产品合格证及使用说明。

47.1.1.2 底漆：抗碱封闭底漆。

47.1.1.3 腻子：成品腻子，应有产品合格证及使用说明。厕所、浴室、阳台必须使用耐水腻子。

47.1.1.4 所选用的材料的有害物质含量必须满足《民用建筑工程室内环境污染控制规范》（GB50325-2001）的规定。

47.1.2 主要机具

主要机具包括：高凳、脚手板、小铁锹、擦布、开刀、胶皮刮板、钢片刮板、钢片刮板、腻子托板、扫帚、小桶、大桶、排笔、刷子、80目铜丝箩等。

47.1.3 作业条件

47.1.3.1 墙面应基本干燥，基层含水率不大于10%。

47.1.3.2 抹灰作业全部完成，过墙管道、洞口、阴阳角等处应提前抹灰找平修整，并充分干燥。

47.1.3.3 门窗玻璃安装完毕，湿作业的地面施工完毕，管道设备试压完毕。

47.1.3.4 施工环境温度应在5℃~35℃之间，相对湿度小于60%。

47.1.3.5 做好样板间并经鉴定合格。

47.2 操作工艺

47.2.1 工艺流程

基层处理→刷底漆→刮腻子、打磨→刷第一遍乳胶漆→刷第二遍乳胶漆→刷第三遍乳胶漆

47.2.2 操作工艺

47.2.2.1 基层处理：将墙面起皮及松动处清除干净，并用水泥砂浆补抹，将残留灰渣铲干净，然后将墙面扫净。

47.2.2.2 用水石膏将墙面磕碰处及坑洼接缝等处找平，干燥后用砂纸将凸出处磨掉，将浮尘扫净。

47.2.2.3 刷底漆：将抗碱闭底漆用刷子顺序刷涂，不得遗漏，旧墙面在涂饰涂料前应清除疏松的旧装饰层。

47.2.2.4 刮腻子、打磨：刮腻子遍数可由墙面平整程度决定，一般情况为三遍。第一遍用胶皮刮板横向满刮，一刮板紧接着一刮板，接头不得留槎，每刮一刮板最后收头要干净利落。干燥后用磨砂纸将浮腻子及斑迹磨光，再将墙面清扫干净。第二遍找补阴阳

角及坑凹处，令阴阳角顺直，用胶皮刮板横向满刮，所用材料及方法同第一遍腻子，干燥后砂纸磨平并清扫干净。第三遍用胶皮刮板找补腻子或用钢片刮板满刮腻子，将墙面刮平刮光，干燥后用细砂纸磨平磨光，不得遗漏或将腻子磨穿。

47.2.2.5 刷第一遍乳胶漆：涂刷顺序是先刷顶板后刷墙面，墙面是先上后下。先将墙面清扫干净，用布将墙面粉尘擦掉。乳胶漆用排笔涂刷，使用新排笔时，将排笔上的浮毛和不牢固的毛理掉。乳胶漆使用前应搅拌均匀，适当加稀释剂稀释，防止头遍漆刷不开。干燥后复补腻子，再干燥后用砂纸磨光，清扫干净。

47.2.2.6 刷第二遍乳胶漆：操作要求同第一遍，使用前充分搅拌，如果不是很稠，不宜加稀释剂，以防透底。漆膜干燥后，用细砂纸将墙面小疙瘩和排笔毛打磨掉，磨光滑后清扫干净。

47.2.2.7 刷第三遍乳胶漆：做法同第二遍乳胶漆。由于乳胶漆膜干燥较快，应连续迅速操作，涂刷时从一头开始，逐渐刷向另一头，要上下顺刷互相衔接，后一排笔紧接前一排笔，避免出现干燥后接头。

47.3 质量标准

47.3.1 主控项目

47.3.1.1 所用材料品种、型号、颜色、性能等应符合设计要求。所选用乳胶漆有害物质含量必须满足《民用建筑工程室内环境污染控制规范》（GB50325-2001）的规定。

47.3.1.2 乳胶漆涂饰工程的颜色、光泽和图案应符合设计要求。

47.3.1.3 乳胶漆涂饰工程应涂饰均匀，粘结牢固，无漏涂、透底、脱皮、反锈和斑迹。

47.3.1.4 乳胶漆涂饰工程的基层处理应符合下列规定：

1 新建筑物的混凝土或抹灰基层在涂饰涂料前应涂刷抗碱封闭底漆。

2 旧墙面在涂饰涂料前应清除疏松的旧装修层，并涂刷界面剂。

3 混凝土或抹灰基层含水率不得大于 10%。

4 基层腻子应平整、坚实、牢固，无粉化、起皮和裂缝。

47.3.2 一般项目

47.3.2.1 混凝土及抹灰面刷乳胶漆的质量和检验方法应符合表 8-3 的规定。

表 8-3 混凝土及抹灰面刷乳胶漆的质量和检验方法

项次	项目	普通涂饰	高级涂饰	检验方法
1	颜色	均匀一致	均匀一致	观察
2	泛碱、咬色	允许少量轻微	不允许	
3	流坠、疙瘩	允许少量轻微	不允许	
4	砂眼、刷纹	允许少量轻微砂眼，刷纹通顺	无砂眼、无刷纹	

项次	项目	普通涂饰	高级涂饰	检验方法
5	装饰线、分色线直线度允许偏差（mm）	2	1	拉5m线，不足5m拉通线，用钢直尺检查
6	门窗、五金、玻璃等	洁净	洁净	观察

47.3.2.2 涂层与其他装修材料和设备斜接处应吻合，界面应清晰。

47.4 成品保护

47.4.1 涂料墙面未干前，室内不得清扫地面，以免粉尘玷污墙面，漆面干燥后不得挨近墙面泼水，以免泥水玷污。

47.4.2 涂料墙面完工后要妥善保护，不得磕碰损坏。

47.4.3 涂刷墙面时，不得污染地面、门窗、玻璃等已完工程。

47.5 应注意的问题

47.5.1 透底：产生原因是漆膜薄或基层不干，因此刷涂料时除应注意不漏刷外，还应保持涂料乳胶漆的稠度，不可加过多稀释剂。

47.5.2 接槎明显：涂刷时要上下刷顺，后一排笔紧接前一排笔，若间隔时间稍长，就容易看出明显接头，因此大面积涂刷时，应配足人员，互相衔接。

47.5.3 刷纹明显：涂料（乳胶漆）稠度要适中，排笔蘸涂料量要适当，多理多顺，防止刷纹过大。

47.5.4 分色线不齐：施工前应认真画好粉线，刷分色线时要靠方直尺，用力均匀，起落要轻，排笔蘸量要适当，从左向右刷。

47.5.5 涂刷带颜色的涂料时，保证独立面每遍用同一批涂料，并宜一次用完，保证颜色一致。

47.6 细部控制

47.6.1 基层要求

47.6.1.1 基层必须平整坚固，不得有粉脂、起砂、空鼓、脱落等现象。基层不平整处和麻面应用腻子刮平方可进行涂料施工。建议刷涂、辊涂、喷涂，最好采用无气喷涂（或一般喷吐）效果更佳。

47.6.1.2 待腻子完全干透后（时间至少一天），用280目以上的水磨砂纸打磨表面，把少量的刀痕及凹凸不平处打磨平整。打磨后的表面用湿抹布抹去表面浮灰。

47.6.2 酸洗

用稀草酸液刷、滚、喷均可，中和墙面碱性。若墙面出现泛碱起霜时，也可用硫酸锌或稀盐酸溶液刷洗，最后用清水冲洗干净。

47.6.3 涂布抗碱底用于基层封闭

47.6.4 涂布底漆、面漆

47.6.4.1 将涂料充分搅拌均匀即可直接涂施。如太稠，可用少量清水稀释（一般不得超过 10%）。墙面含水率＜ 8%，PH 值＜ 10。施工环境温度不应低于 5℃，相对湿度不大于 85%。阴雨天不宜施工。在中国南方夏天的一般气候条件下，两道漆间的间隔为 4~6小时。表干 2 小时，实干 24 小时，完全固化需 7 天。

1 刷涂：一般使用排笔进行刷涂。横、纵向交叉施工。如施工中常用的"横三竖四手法"。刷涂时，每一道涂料刷完后，待干燥（至少两小时）再刷第二道涂料。由于乳胶涂料干燥较快，每个刷涂面应尽量一次完成，否则易产生接痕。通常底漆涂刷一遍，面漆涂刷两遍，俗称"一底两面"。

2 辊涂：可用羊毛或人造毛辊。辊涂时，不宜蘸料过多，最好配有蘸料槽以免产生流淌。在辊涂过程中，要向上用力、向下时轻轻回带，否则也容易造成流淌弊病。辊涂时，为避免辊涂痕迹，搭接宽度为毛辊长度的 1/4。

3 喷涂：首先将门窗及不喷涂部位进行遮挡，检查并调整好喷枪的喷嘴，将压力控制在所需要的压力。喷涂时手握喷斗要平稳，走速均匀，喷嘴距墙面距离 30~50cm，不宜过近或过远。喷枪有规律地移动，横、纵向呈 S 形喷涂墙面。要注意接痕部位颜色一致、厚薄均匀，且要防止漏喷、流淌。

4 施工程序：墙面乳胶漆涂刷的规范程序同顶面乳胶漆涂刷一样。它与顶面涂刷的主要区别在于基层处理与施工方法存在差别。请参照顶面乳胶漆规范程序执行。

5 技术要领：墙面乳胶漆涂刷是家庭装修中油漆施工最常使用的方法，其施工中应特别注意如下问题：

1）基层处理是保证施工质量的关键环节，其中保证墙体完全干透是最基本条件，因为水泥做粘结材料的砂浆，未硬化前呈强碱性，此时涂刷乳胶漆必然反碱。当水泥砂浆硬化后，碱性值大幅度下降，此时方可进行乳胶漆涂刷。干透时间因气候条件而异，一般应放置 10 天以上。墙面必须平整，最少应满刮两遍腻子，如仍达不到标准，应加刮至满足标准要求。乳胶漆涂刷的施工方法可以采用手刷、滚涂和喷涂。其中手刷材料的损耗较少，质量也比较有保证，是家庭装修中使用较多的方法。但手刷的工期较长，所以可与滚涂相结合。

具体方法是：大面积时使用滚涂，边角部分使用手刷，这样既提高涂刷效率，又保证了涂刷质量。施工时乳胶漆必须充分搅拌后方能使用，自己配色时，要选择耐碱、耐晒的色浆掺入漆液，禁止用干的颜色粉掺入漆液。配完色浆的乳胶漆，至少要搅拌 5 分钟以上，使颜色均匀后方可施工。手刷乳胶漆使用排笔，排笔应先用清水泡湿，清理脱落的笔毛后再使用。第一遍乳胶漆应加水稀释后涂刷，涂刷是先上后下，一排笔一排笔地顺刷，后一排笔必须紧接前一排笔，不得漏刷。涂刷时排笔蘸的涂料不能太多。第二遍涂刷时，应比第一遍少加水，以增加涂料的稠度，提高漆膜的遮盖力，具体加水量应根据不同品牌乳胶漆的稠度确定。漆膜未干时，不要用手清理墙面上的排笔掉毛，应等干燥后用细砂纸打磨掉。无论涂刷几遍，最后一遍应上下顺刷，从墙的一端开始向另一端涂刷，接头部分要接槎涂刷，相互衔接，排笔要理顺，刷纹不能太大。涂刷时应连续迅速操作，一次刷完，中间不得间歇。滚涂是使用涂料辊进行涂饰。技术要领为：将涂料搅拌均匀，黏稠度调至适合施工后，倒入平漆盘中一部分，将辊筒在盘中蘸取涂料，滚动辊筒使涂料均匀适量地附于辊筒上。墙面涂饰时，先使毛辊按W式上下移动，将涂料大致涂抹在墙上，然后按住辊筒，使之贴紧墙面，上下左右平稳地来回滚动，使涂料均匀展开，最后用辊筒按一个方向满滚涂一次。滚涂至接槎部位时，应使用不沾涂料的空辊子滚压一遍，以免接槎部位不匀而露出明显痕迹。喷涂是利用压力或压缩空气，通过喷枪将涂料喷在墙上。

操作技术要领为：首先应调整好空气压缩机的喷涂压力，一般在0.4~0.8兆帕范围之内，具体施工时应按涂料产品使用说明书调整。喷涂作业时，手握喷枪要稳，涂料出口应与被涂饰面垂直，喷枪移动时应与涂饰面保持平行，喷枪运动速度适当并且应保持一致，一般每分钟应在400~600 mm间匀速运动。喷涂时，喷枪嘴距被涂饰面的距离应控制在400~600 mm之间，喷枪应直线平行或垂直于地面运动，移动范围不能太大，一般直线喷涂700~800 mm后，拐弯180°反向喷涂下一行，两行重叠宽度应控制在喷涂宽度的1/3左右。

2）乳胶漆涂刷的验收、乳胶漆涂刷使用的材料品种、颜色符合设计要求，涂刷面颜色一致，不允许有透地、漏刷、掉粉、皮碱、起皮、咬色等质量缺陷。使用喷枪喷涂时，喷点疏密均匀，不允许有连皮现象，不允许有流坠，手触摸漆膜光滑、不掉粉，门窗及灯具、家具等洁净，无涂料痕迹。

3）乳胶漆涂刷常见质量问题及处理方法：乳胶漆涂刷常见的质量缺陷有起泡、反碱掉粉、流坠、透底及涂层不平滑等。

47.7　乳胶漆面常见问题

47.7.1　起泡：主要原因有基层处理不当，涂层过厚，特别是大芯板做基层时容易出现起泡。防止起泡的方法除涂料在使用前要搅拌均匀，掌握好漆液的稠度外，还可在涂刷前在底腻子层上刷一遍107胶水。返工修复时，应将起泡脱皮处清理干净，先刷107胶水后再进行修补。

47.7.2　反碱掉粉：主要原因是基层未干燥就潮湿施工，未刷封固底漆及涂料过稀也是重要原因。如发现反碱掉粉，应返工重涂，将已涂刷的材料清除，待基层干透后再施工。施工中必须用封固底漆先刷一遍，特别是对新墙，面漆的稠度要合适，白色墙面应稍稠些。

47.7.3　流坠：主要原因是涂料黏度过低，涂层太厚。施工中必须调好涂料的稠度，不能加水过多，操作时排笔一定要勤蘸、少蘸、勤顺，避免出现流挂、流淌。如发生流坠，需等漆膜干燥后用细砂纸打磨，清理饰面后再涂刷一遍面漆。

47.7.4　透底：主要是涂刷时涂料过稀、次数不够或材料质量差。在施工中应选择含固量高、遮盖力强的产品，如发现透底，应增加面漆的涂刷次数，以达到墙面要求的涂刷标准。

47.7.5　涂层不平滑：主要原因是漆液有杂质、漆液过稠、乳胶漆质量差。在施工中要使用流平性好的品牌，最后一遍面漆涂刷前，漆液应过滤后使用。漆液不能过稠，发生涂层不平滑时，可用细砂纸打磨光滑后，再涂刷一遍面漆。

47.7.6　乳胶漆涂刷的工期概算：乳胶漆涂刷的技术复杂程度低，耗费工时较少，施工中顶面的工时耗费大于墙面。以三室两厅顶、墙面乳胶漆涂刷为例，大约需要 6 天时间，其中基层处理 3 天，涂刷面漆 2 天，工艺等待时间 1 天。乳胶漆涂刷工期依吊顶、墙面装修的复杂程度、使用的操作方法及乳胶漆的质量不同会有变化。乳胶漆施工基层处理时，可与门窗安装等同时作业，面层涂刷时，可与木器饰面油漆同时作业。

48　外墙乳胶漆的施工方案

48.1　基层要求

48.1.1　基层粉刷质量，对外墙涂装质量及涂装表层装饰性效果有着十分重要的作用。在此，提醒业主要注意：

48.1.1.1　基层必须牢固，无裂缝或起壳、空鼓及大面积缺损。外墙粉刷做细拉毛粉刷，拉毛纹路均匀一致，无接搓，无波纹状。

48.1.1.2　所有预留洞口必须在涂装前 15 天修补完毕，并与先期完工的墙面粉刷保持一致。

48.1.1.3　大面积外墙面宜作分格线处理，以免大面积砂浆基层因温差或其他因素引起的裂缝。

48.1.1.4　基层面施工前必须保持干燥，基层的含水率不得大于 8%~10%，PH 值为 7~10。墙面如发现起白霜，严禁进行涂装施工，须经处理验收合格后方可涂装。

48.1.1.5　抹灰和混凝土基层的质量要求符合《建筑装饰工程施工及验收规范》（JGJ73-91）。

48.2　基层处理

48.2.1　施工前应对土建粉层进行全面检查，如发现粉层有大块缺损，及时通知有关部门加以修复。

48.2.2　对砂眼、阴阳角破损处进行修复，对涂装工作面的尘土、油污、悬浮颗粒、残渣、溅浆等应进行清理，确保作业面清洁。

48.2.3　对外墙沿线的门窗等处采取有效遮挡处理。涂装的同时，采用湿布巾抹除门窗等污染部位，达到保洁。

48.2.4　对墙面装饰塑料凹线条，如需描漆，凹槽必须清理干净；反之，先于凹槽作涂抹薄油层处理，涂装结束后，将油层抹除，充分还原凹槽本色。

48.3 涂装施工

48.3.1 施工流程

一底（封底漆）二面（中、面涂漆）。

基层验收→基层清理→基层处理→涂刷 V–302 型封底漆→涂刷中涂 V–140 型中涂乳胶漆→涂刷面涂 V–140 型面涂乳胶漆→清理保洁→自检、共检→交付成品→退场

48.3.2 施工顺序

自上而下，先细部，后大面。

48.3.3 工序搭接

每一次涂刷以分格线与墙面阴、阳角交接处雨水管中心处为界。

48.3.4 施工要求

48.3.4.1 施工前墙体必须保持干燥，涂装前应将包装桶内的涂料搅拌均匀，分色正确。

48.3.4.2 成品必须做到不透底、不流挂、涂层厚薄均匀。

48.3.4.3 每道涂装完毕后，必须干燥后进行下一道涂装。

48.3.4.4 雨天停止施工，如施工后 2 小时内遇雨淋，再次施工前对已涂墙面作检查，并根据情况进行点补。

48.3.4.5 气温低于 2℃严禁施工，四级以上风力应停止施工。

48.3.4.6 当天涂刷施工完毕后应及时将工具清洗或浸泡清水中。

48.4 其他

48.4.1 涂装施工前构筑物屋面防水应先行完成。有关部门应安装临时落水管，以免下雨冲淋污染墙面。

48.4.2 中涂结束后雨水管、空调水管应安装完毕。

48.4.3 其他外墙作业应在涂装基层处理前结束。

48.4.4 土建、水电等施工队所产生的建筑垃圾、内墙涂料及其他污染物不得从门窗等洞口向外倾倒，以防污染外墙。

49 壁纸裱糊施工工艺

壁纸和墙布是近年来装饰材料发展较快之一，它主要用于墙面、顶棚的饰面层装饰材料。壁纸以其彩色丰富、图案变化多样、装饰效果高档广泛用于建筑装饰工程中，按材质可以分为塑料壁纸、织物壁纸、金属壁纸、装饰墙布等，面层色感众多。

49.1 材料准备和要求

壁纸：按照设计要求和业主确定的材料样品备用齐全，并且按照壁纸的存放要求分类进行保管。在壁纸进场前对使用的壁纸进行检查，各项指标达到设计要求，并具有环保检测报告。

粘结剂：一般采用与壁纸材料相配套的专用壁纸胶或者在没有指定时采用 8407 建筑胶。要求使用的粘结材料具有合格证和粘结力检验报告。

49.2 施工工具

活动裁纸刀、钢板抹子、塑料刮板、毛胶棍、不锈钢长钢尺、裁纸操作平台、钢卷尺、注射器及针头粉线包、软毛巾、板刷、大小塑料桶等。

49.3 施工的相关条件

49.3.1 墙面、顶面壁纸施工前门窗油漆、电器的设备安装完成，影响裱糊的灯具等要拆除，待作完壁纸后再进行安装。

49.3.2 墙面抹灰提前完成干燥，基层墙面要干燥、平整，阴阳角应顺直，基层坚实牢固，不得有疏松、掉粉、飞刺、麻点砂粒和裂缝，含水率应符合相关规定。

49.3.3 地面工程要求施工完毕，不得有较大的灰尘和其他交叉作业。

49.4 施工工艺

49.4.1 工艺流程

基层处理→基层弹线→裁纸→封底漆→刷胶→裱糊→饰面清理→成品保护→分项验收

49.4.2 技术措施

49.4.2.1 基层处理：壁纸基层是决定壁纸粘结质量的重要因素，对于老墙面必须将原装饰层铲除后重新刮腻子找平。对于新墙面基层同样采用腻子将墙面找平。特别注意墙面的阴阳角顺直、方正，不能有掉角，墙面应保证平整不能有凸出麻点，基层坚实牢固，无疏松、起皮、掉粉现象。同时基层的含水率不能大于 8%，表面用砂纸打毛。

49.4.2.2 基层弹线：根据壁纸的规格在墙面上弹出控制线作为壁纸裱糊的依据，并且可以控制壁纸的拼花接槎部位，花纹、图案、线条纵横贯通。要求每一面墙都要进行弹线，在有窗口的墙面弹出中线在窗台近 5 cm 处弹出垂直线，以保证窗间墙壁纸的对称，弹线至踢脚线上口边缘处；在墙面的上面应以挂镜线为准，无挂镜线时应弹出水平线。

49.4.2.3 裁纸：裁纸前要对所需用的壁纸进行统筹规划和编号，以便保证按顺序粘贴。裁纸要派专人负责，大面积做时应设专用架子放置壁纸达到方便施工的目的。根据壁纸裱糊的高度，预留出 10 mm~30 mm 的余量，如果壁纸、墙布带花纹图案，应按照墙体长度裁割出需要的壁纸数量并且注意编号、对花。裁纸应特别注意切割刀应紧贴尺边，尺子压紧壁纸，用力均匀、一气呵成，不能停顿或变换持刀角度。壁纸边应整齐，不能有毛刺，平放保存。

49.4.2.4 封底漆：贴壁纸前在墙面基层上刷一遍清油；或者采用专用底漆封刷一道，可以保证墙面基层不干不返潮，或壁纸吸收胶液中的水分水而产生变形。

49.4.2.5 刷胶：壁纸背面和墙面都应涂刷粘接剂，刷胶应薄厚均匀，墙面刷胶宽度应比壁纸宽 50mm，墙面阴角处应增刷 1~2 遍胶粘剂。一般采用专用胶粘剂；若现场调制粘接剂，需要通过 400 孔 /cm³ 筛子过滤，除去胶中的疙瘩和杂质，调制出的胶液应在当日用完。

1 带背胶壁纸：可将裁好后的壁纸浸泡在水槽中，然后由底部开始，图案面向外，卷成一卷即可上墙裱糊，无须刷胶粘剂。

2 塑料壁纸、纺织纤维壁纸、化纤贴布等壁纸、墙布：为了增加粘结效果，其背面和基层都应刷胶粘剂，基层表面刷胶宽度比壁纸宽约大 50 mm。

注意：涂刷要均匀，不裹边、不起堆，以防溢出弄脏壁纸，保证涂刷到位，防止漏刷。

3 玻璃纤维墙布、无纺贴墙布：无须在背面刷胶，可以直接将粘结剂涂在基层上。因为这种墙布本身有细小空隙，吸水很少，如在背面刷胶会浸透到表面影响美观效果。

4 金属壁纸：此壁纸刷胶时，可以准备卷筒，一边裁剪好并浸过水的金属壁纸背面刷胶，一边将刷胶的部分，向上卷在发泡壁纸卷上。

49.4.2.6 裱糊：裱糊壁纸时，首先要垂直，后对花纹拼缝，再用刮板用力抹压平整。原则是先垂直面后水平面，先细部后大面。贴垂直面时先上后下，贴水平面时先高后低。

1 一般从墙面所弹垂直线开始至阴角处收口。选择近窗台角落背光处依次裱糊，可以避免接缝处出现阴影。

2 无花纹、图案的壁纸：可采用搭接法裱糊，相邻两幅间可拼缝重叠 30 mm 左右，并用直钢尺和活动剪刀自上而下，在重叠部分切断，撕下小条壁纸，用刮板从上而下均匀地赶胶，排出气泡，并及时用湿布擦掉多余胶，保证壁纸面干净。较厚的壁纸须用胶滚进行滚压赶平。注意：发泡壁纸、复合壁纸严禁使用刮板赶压，可采用毛巾、海绵或毛刷赶压，以避免赶压花型出现死褶。

3 图案、花纹壁纸：为了保证图案的完整性和连续性，裱贴时采用拼接法，拼贴先对图案，后拼缝。用同上方法粘贴和切除多余部分，多余部分切除一般是在胶粘剂到一定程度（约 0.5 h），用钢尺在重叠处拍实后切除。

4 壁纸裱糊时，在阴角处接缝搭接，阳角不能出现拼缝，应包角压实。保证直视 1.5 米处不显缝。对壁纸有色差的事先挑选调整后施工。

5 顶棚裱糊：宜沿房间的长度方向，先裱糊靠近主窗处部位沿着画好的控制线铺贴。

49.4.2.7 饰面清理：表面的胶水、斑污要及时擦干净，各种翘角翘边应进行补胶，并用木棍或橡胶辊压实，有气泡处可先用注射针头排气，同时注入胶液，再用辊子压实。如表面有皱折时，可趁胶液不干时用湿毛巾轻拭纸面，使之湿润，舒展后壁纸轻刮，滚压赶平。

49.5 质量标准

49.5.1 保证项目

49.5.1.1 壁纸的品种、规格、图案等必须符合设计和材料样品的规定和要求。

49.5.1.2 裱糊使用粘结材料必须具有足够的粘结力和耐久性。

49.5.2 基本项目

49.5.2.1 裱糊表面：色泽一致，无斑污、无胶痕。

49.5.2.2　各幅拼接：横平竖直，图案端正，拼接处图案、花纹吻合，距墙 1.5m 处正视，不显拼缝。阴角处搭接顺光，阳角处无接缝。

49.5.2.3　裱糊与挂镜线、贴脸板、踢脚板、电气槽盒等交接处：交接处紧密，无缝隙，无漏贴和补贴，不糊盖需拆卸的活动件。

49.6　成品保护措施

49.6.1　壁纸施工前应妥善保存，防止污染。

49.6.2　壁纸施工后注意不要碰撞墙面、污染墙面，施工作业时应戴手套，防止污染壁纸。

49.6.3　施工使用的粘结材料要及时清理干净，在过程中应用湿毛巾把壁纸表面的胶擦净。在墙上标注成品保护标志。

49.7　施工时应注意的质量问题

49.7.1　裱糊表面弊病（裱贴不垂直）

预防措施：

裱贴前，对每一墙面都应先吊垂直，裱贴第一张后吊垂直，确定准确后每一张均需无偏差。

检查壁纸花纹、图案对齐后方可裱糊。

检查基层的阴阳角是否垂直，墙面是否平整、无凹凸，若达不到要求重新处理。

49.7.2　表面不平整

预防措施：

墙面基层腻子找平应严格使用靠尺逐一进行检查，不符合要求重新修补。

49.7.3　表面不干净

预防措施：

擦拭多余胶液时，应用干净毛巾，随擦随用，清水洗干净。

操作者的手和工具及室内环境保持干净。

对于接缝处的胶痕应用清洁剂反复擦净。

49.7.4　死褶

预防措施：

选择材质较好的壁纸、墙布。

裱贴时，用手将壁纸舒展平后，再用刮板均匀赶压，出现皱折时轻轻揭起慢慢推平。

发现有死褶揭下重新裱糊。

49.7.5　翘边

预防措施：

基层灰尘、油污等必须清除干净，控制含水率。

不同的壁纸选择相应的胶粘剂。

阴角搭缝时先裱贴压在表面的壁纸，再用粘性较大的胶粘剂贴面层，搭接宽度

≤ 3 mm，纸边搭在阴角处，并保持垂直无毛边，严禁在阳角甩缝，壁纸在阳角 ≥ 2 cm，包角须用粘结性强的粘结剂并压实，不得有气泡。

将翘边翻起，基层有污物的待清理后，补刷胶粘剂粘牢。

49.7.6　壁纸脱落

预防措施：

做好卫生间墙面的处理，防止局部渗水影响墙面。

将室内的积灰用湿毛巾擦拭干净。

不用变质的粘结材料。

49.7.7　表面空鼓（气泡）

预防措施：

基层处理必须严格要求，石膏板基面出现气泡、脱落问题应重新修补好。

基层必须干燥后施工，保证一定的含水率。

裱糊时应严格按照施工工艺操作，刮板由里向外将气泡全部赶出。刮胶要薄而均匀，不能漏刷。

由基层含有潮气或空气造成的空鼓，应用刀子开后放出气体，再用注射器灌胶处理，有多余胶部分用吸管吸出。

49.7.8　颜色不一致

预防措施：

选用不易褪色且较厚的优质壁纸。

基层含水率 < 8% 才能裱糊。

49.7.9　壁纸爆花

预防措施：

检查抹灰层有无爆花现象。

基层若爆花必须逐片处理。

49.7.10　壁纸离缝或亏纸

预防措施：

壁纸裁剪应复查墙面的实际尺寸，不得停顿或变换持刀角度。按照要求长 1~3 cm，确定准确后裁出。

在赶压胶液时，由拼缝处横向往外赶压，不得斜向或两侧向中间赶压。

49.7.11　壁纸搭缝

预防措施：

壁纸裁割时，特别是对于较厚的壁纸，应保证纸边直而光洁，不出现凸出和毛边。

裱贴无收缩性的壁纸时不许搭缝；裱贴收缩性较大的壁纸时可适当多搭接一些，以便收缩后正好合缝。

出现搭缝问题后，可用钢尺在搭缝处压紧，用刀沿边裁割搭接部分，并处理平整。

50　墙砖铺贴工艺

50.1　施工准备

50.1.1　技术准备

编制室内贴面砖工程施工方案，绘制贴砖排版图，并对工人进行详细的技术交底。

50.1.2　材料准备

50.1.2.1　水泥：PO32.5 或 PS32.5 水泥，勾缝剂。

50.1.2.2　界面剂、十字卡。

50.1.2.3　砂子：中、粗砂。

50.1.2.4　墙砖：花色、品种、规格按图纸设计要求，并应有产品合格证。砖表面平整方正，厚度一致，不得有缺棱、掉角和断裂等缺陷。如遇规格复杂、色差悬殊时，应逐块量度挑选，分类存放使用。

50.1.3　作业条件

50.1.3.1　墙柱面暗装管线、电制盒安装完毕，并经检验合格。

50.1.3.2　墙柱面必须坚实、清洁（无油污、浮浆、残灰等），影响面砖铺贴凸出墙柱面部分应凿平，过于凹陷墙柱面应用 1∶3 水泥砂浆分层抹压找平。（先浇水湿润后再抹灰）

50.2　施工工艺

50.2.1　工艺流程

基层处理→选砖→吊垂直、套方、找规矩→贴灰饼→抹底层砂浆→浸砖→排砖→弹线分格→镶贴面砖→面砖勾缝与擦缝

50.2.2　施工方法

50.2.2.1　基层处理

1 光面：凿毛，对油污进行清洗，并用清水洗涤。

2 毛面：清洗，并用清水洗涤。

3 再用 1∶1 水泥砂浆加界面剂拌和，甩成小拉毛。

50.2.2.2　选砖

施工前对进场的面砖开箱检查，对规格、颜色严加检查，选砖要求方正、平整，棱角完好。同一规格的面砖，力求颜色均匀。不同规格进行分类堆放，并分层、分间使用。允许几何尺寸公差：长度：±0.5 mm；厚度：±0.3 mm~0.5 mm；圆弧：±0.5 mm。

50.2.2.3　找平

按照欲做的方正灰饼进行方正抹灰，首先墙面必须提前湿水，在原底灰上抹 1∶1.5 水泥砂浆结合层。局部如有 7~12 mm 厚，必须抹 1∶3 水泥砂浆，表面搓平。注意：使用水泥标号为 32.5 级，存放过久（界定时间 3 个月）或有结块的水泥不能使用。

50.2.2.4 吊垂直、套方、找规矩

吊垂直、找规矩时，应对窗台、腰线、阳角立边等部位面砖贴面排列方法对称性以及室内地台块料铺贴方正等综合考虑，力求整体完美。

50.2.2.5 贴灰饼

贴灰饼（打墩）、冲筋（打栏），确定基准。

50.2.2.6 抹底层砂浆

底层砂浆无需抹光，预留粘贴层厚度要均匀。

50.2.2.7 浸砖

所选用的砖浸泡 2~4 小时（具体情况具体对待），取出阴干，待表面手摸无水汽。

50.2.2.8 排砖

预排砖块应按照设计色样要求。在同一墙面，最后只能留一行（排）非整块面砖，非整块面砖应排在靠近地面或不显眼的阴角等位置；砖块排列一般自阳角开始，至阴角停止（收口）。

50.2.2.9 弹线分格

找出 +50 基准线，合理排布起砖标高，顾及五金件、台面的水平通贯处理。阴阳角处理合理，最小尺寸 ≥ 50 mm。弹好花色变异分界线及垂直与水平控制线。

50.2.2.10 贴砖

1 用 10：0.5：2.5（水泥：胶：水）胶水泥砂浆粘贴，大砖张贴应掺入适量的细砂，以增加强度，排缝在 1.5~2 mm 之间，垂直、平整不得超过 2 mm。用 2 m 靠尺或拉直线检查。

2 铺贴应从最低一排开始，并按基准点接线，逐排由下向上铺贴。面砖背面应满涂水泥膏，贴上墙面后用铁抹子木把手着力敲击，使面砖粘牢，同时用木杠（压尺）校平砖面及上皮。

3 砖缝必须横平竖直，间隔距控制在 1~1.5 mm 范围之内。

4 突出物、管线穿过的部位支撑处，不宜用碎砖粘贴，应用整砖中整割吻合。

5 施工中每铺完一排应重新检查每块面砖，发现空鼓、粘贴不密实，必须及时取下填灰重贴，不得在砖口处塞灰，以免产生空鼓。

50.2.3 勾缝与擦缝

铺贴完毕，待粘贴水泥终凝后，用清水将砖面洗干净，用勾缝剂将缝填平，完工用棉纱、布片将表面试擦干净至不留残灰迹为止。

50.3 质量检验评定标准与质量控制

50.3.1 主控项目

50.3.1.1 饰面砖的品种、规格、颜色、图案和性能必须符合设计要求。

50.3.1.2 饰面砖粘贴工程的找平、粘结和勾缝材料及施工方法应符合设计要求、国家现行产品标准、工程技术标准及国家环保污染控制等的规定。

50.3.1.3 饰面砖镶贴必须牢固。

50.3.1.4 满粘法施工的饰面砖工程应无空鼓、裂缝。

50.3.2 一般项目

50.3.2.1 饰面砖表面应平整、洁净、色泽一致，无裂痕和缺陷。

50.3.2.2 阴阳角处搭接方式、非整砖使用部位应符合设计要求。

50.3.2.3 墙面突出物周围的饰面砖应整砖套割吻合，边缘应整齐。

50.3.2.4 饰面砖接缝应平直、光滑，填嵌应连续、密实；宽度和深度应符合设计要求。

50.3.2.5 饰面砖粘贴的允许偏差项目和检查方法应符合表 8-4 的规定。

表 8-4　室内贴面砖允许偏差

序号	项目	允许偏差（mm） 内墙面砖	检查方法
1	立面垂直	2	用 2 m 垂直检测尺检查
2	表面平整度	2	用 2 m 直尺和塞尺检查
3	阴阳角方正	2	用直角检测尺检查
4	接缝直线度	1	拉 5 m 线，不足 5 m 拉通线，用钢直尺检查
5	接缝高低差	0.5	用钢直尺塞尺检查
6	接缝宽度	1	用钢直尺检查

50.4 应注意的质量问题及解决方法

50.4.1 粘贴前必须先弹线定位，确定第一块砖的标高。

50.4.2 瓷砖必须提前浸泡，并保证砖在水中浸泡 2 小时，取出晒干。

50.4.3 墙面要提前半天到一天湿润，以避免吸走砂浆中的水分。

50.4.4 粘贴瓷砖，采用水泥浆，也可掺入少量沙子。

50.4.5 面砖的接缝宽度为 1~1.5 mm，横竖缝要一致。

50.4.6 粘结灰浆厚度为 5 mm 左右，瓷砖背面必须满抹灰浆，注意边角满浆。

50.4.7 面砖就位后用灰勺木柄轻击砖面。使之与邻面平，粘贴 5~10 块，用靠尺板检查表面平整，并用灰勺将缝拨直，阳角处用切割机将砖边缘切成 45° 斜角，保持接缝平直、密实。

50.4.8 地面粘贴应注意下水坡度，一般要求为 1.5%，并做到坡度统一，避免倒返水。

50.4.9 当班竣工前，必须扫光表面灰，用竹签划缝，并用棉丝拭净。

50.4.10 待各项工作结束后进行白水泥浆勾缝，待嵌缝材料硬化后再清洗表面。

50.4.11 饰面砖镶贴前应选砖预排，以便拼缝均匀，在同一墙面上的横竖排列不宜有一行以上的非整砖，非整砖行应排在次要部位或阴角处。

50.4.12 釉面砖的镶贴形式和接缝宽度应符合设计要求，无设计要求时，可做样板，以决定镶贴形式和接缝的宽度。

50.4.13 镶贴饰面砖基层的表面，如有凸出的管线、灯具、设备的支撑等，应用整砖套割吻合，不得用非整砖拼凑镶贴。

50.5 成品保护

50.5.1 墙柱阳角处应做好木护角避免碰损。

50.5.2 认真贯彻合理的施工顺序，少数工种（水、电、通风、设备安装等）的活应做在前面，防止损坏面砖。

50.5.3 油漆粉刷不得将油漆喷滴在已完的饰面砖上，如果面砖上部为涂料，宜先做涂料，然后贴面砖，以免污染墙面。若需先做面砖时，完工后必须采取贴纸或塑料薄膜等措施，防止污染。

50.5.4 各抹灰层在凝结前应防止风干、水冲和振动，以保护各层有足够的强度。

50.5.5 搬、拆架子时注意不要碰撞墙面。

50.5.6 装饰材料和饰件以及饰面的构件，在运输、保管和施工过程中，必须采取措施防止损坏。

附录L 蜜蜂新居验房标准依据——墙面工程

墙面工程				
1		抹灰层应密实，应无脱层、空鼓，面层应无起砂、爆灰和裂缝。	6.4.3	
2		抹灰表面应光滑、平整、洁净、接槎平整、颜色均匀，分格缝应清晰。	6.4.4	
3	抹灰	护角、孔洞、槽、盒周围的抹灰表面应整齐、光滑；管道后面的抹灰表面应平整。	6.4.5	JG/T 223《预拌砂浆应用技术规程》
4		地面找平层和面层砂浆的厚度应符合设计要求，且不应小于20 mm。	7.1.3	
5		地面砂浆的强度等级不应小于M15，面层砂浆的稠度宜为50 mm±10 mm。	7.1.2	
6		基层应平整、坚固，表面应洁净。上道工序留下的沟槽、孔洞等应进行填实修整。	7.2.1	
7		基层表面宜提前洒水湿润，施工时表面不得有明水。	7.2.2	

8		光滑基面宜采用相匹配的界面砂浆进行界面处理。	7.2.3	
9		有防水要求的地面，施工前应对立管、套管和地漏与楼板节点之间进行密封处理。	7.2.4	
10		砂浆层应平整、密实，上一层与下一层应结合牢固，应无空鼓、裂缝。当空鼓面积不大于 400 cm²，且每自然间（标准间）不多于 2 处时，可不计。	7.4.3	
11		砂浆层表面应洁净，并应无起砂、脱皮、麻面等缺陷。	7.4.4	
12		砂浆面层的允许偏差和检验方法应符合表 7.4.6 的规定。 表 7.4.6 | 项目	允许偏差（mm）	检验方法
---	---	---
表面平整度	4	用 2m 靠尺和楔形塞尺检查
踢脚线上口平直	4	拉 5m 线和用钢尺检查
缝格平直	3	拉 5m 线和用钢尺检查		7.4.6	JG/T 223《预拌砂浆应用技术规程》
13	抹灰	防水砂浆施工完成后，严禁在防水层上凿孔打洞。	8.1.4	
14		防水砂浆施工时，当管道、地漏等穿越楼板、墙体时，应在管道、地漏根部做出一定坡度的环形凹槽，并嵌填适宜的防水密封材料。	8.2.4	
15		砂浆防水层各层之间应结合牢固、无空鼓。	8.4.3	
16		砂浆防水层表面应平整、密实，不得有裂纹、起砂、麻面等缺陷。	8.4.4	
17		抹灰砂浆强度不宜比基体材料强度高出两个及以上强度等级，并应符合下列规定： 1 对于无粘贴饰面砖的外墙，底层抹灰砂浆宜比基体材料高一个强度等级或等于基体材料强度。 2 对于无粘贴饰面砖的内墙，底层抹灰砂浆宜比基体材料低一个强度等级。 3 对于有粘贴饰面砖的内墙和外墙，中层抹灰砂浆宜比基体材料高一个强度等级且不宜低于 M15，并宜选用水泥抹灰砂浆。 4 孔洞填补和窗台、阳台抹面等宜采用 M15 或 M20 水泥抹灰砂浆。	3.0.4	JGJ/T 220-2010《抹灰砂浆技术规程》
18		配制强度等级不大于 M20 的抹灰砂浆，宜用 32.5 级通用硅酸盐水泥或砌筑水泥； 配制强度等级大于 M20 的抹灰砂浆，宜用强度等级不低于 42.5 级的通用硅酸盐水泥。通用硅酸盐水泥宜采用散装的。	3.0.5	

19	抹灰	抹灰砂浆的品种宜根据使用部位或基体种类按表 3.0.8 选用。 表 3.0.8　抹灰砂浆的品种选用	3.0.8	JGJ/T 220–2010 《抹灰砂浆技术规程》

抹灰砂浆的品种宜根据使用部位或基体种类按表 3.0.8 选用。

表 3.0.8　抹灰砂浆的品种选用

使用部位或基体种类	抹灰砂浆品种
内墙	水泥抹灰砂浆、水泥石灰抹灰砂浆、水泥粉煤灰抹灰砂浆、掺塑化剂水泥抹灰砂浆、聚合物水泥抹灰砂浆、石膏抹灰砂浆
外墙、门窗洞口外侧壁	水泥抹灰砂浆、水泥粉煤灰抹灰砂浆
温（湿）度较高的车间和房屋、地下室、屋檐、勒脚等	水泥抹灰砂浆、水泥粉煤灰抹灰砂浆
混凝土板和墙	水泥抹灰砂浆、水泥石灰抹灰砂浆、聚合物水泥抹灰砂浆、石膏抹灰砂浆
混凝土顶棚、条板	聚合物水泥抹灰砂浆、石膏抹灰砂浆
加气混凝土砌块（板）	水泥石灰抹灰砂浆、水泥粉煤灰抹灰砂浆、掺塑化剂水泥抹灰砂浆、聚合物水泥抹灰砂浆、石膏抹灰砂浆

20	抹灰层的平均厚度宜符合下列规定： 1 内墙：普通抹灰的平均厚度不宜大于 20 mm，高级抹灰的平均厚度不宜大于 25 mm。 2 外墙：墙面抹灰的平均厚度不宜大于 20 mm，勒脚抹灰的平均厚度不宜大于 25 mm。 3 顶棚：现浇混凝土抹灰的平均厚度不宜大于 5 mm，条板、预制混凝土抹灰的平均厚度不宜大于 10 mm。 4 蒸压加气混凝土砌块基层抹灰平均厚度宜控制在 15 mm 以内，当采用聚合物水泥砂浆抹灰时，平均厚度宜控制在 5 mm 以内，采用石膏砂浆抹灰时，平均厚度宜控制在 10 mm 以内。	3.0.14
21	抹灰应分层进行，水泥抹灰砂浆每层厚度宜为 5 mm~7 mm，水泥石灰抹灰砂浆每层宜为 7 mm~9 mm，并应待前一层达到六七成干后再涂抹后一层。	3.0.15
22	当抹灰层厚度大于 35 mm 时，应采取与基体粘结的加强措施。不同材料的基体交接处应设加强网，加强网与各基体的搭接宽度不应小于 100 mm。	3.0.17

23		细部抹灰应符合下列规定： 1 墙、柱间的阳角应在墙、柱抹灰前，用 M20 以上的水泥砂浆做护角。自地面开始，护角高度不宜小于 1.8 m，每侧宽度宜为 50 mm。 2 窗台抹灰时，应先将窗台基层清理干净，并应将松动的砖或砌块重新补砌好，再将砖或砌块灰缝划深 10 mm，并浇水润湿，然后用 C15 细石混凝土铺实，且厚度应大于 25 mm。24 h 后，应先采用界面砂浆抹一遍，厚度应为 2 mm，然后再抹 M20 水泥砂浆面层。 3 抹灰前应对预留孔洞和配电箱、槽、盒的位置、安装进行检查，箱、槽、盒外口应与抹灰面齐平或略低于抹灰面。应先抹底灰，抹平后，应把洞、箱、槽、盒周边杂物清除干净，用水将周边润湿，并用砂浆把洞口、箱、槽、盒周边压抹平整、光滑。再分层抹灰，抹灰后，应把洞、箱、槽、盒周边杂物清除干净，再用砂浆抹压平整、光滑。 4 水泥踢脚（墙裙）、梁、柱等应用 M20 以上的水泥砂浆分层抹灰。当抹灰层需具有防水、防潮功能时，应采用防水砂浆。	6.1.5	
24		不同材质的基体交接处，应采取防止开裂的加强措施；当采用加强网时，每侧铺设宽度不应小于 100 mm。	6.1.6	
25	抹灰	抹灰层与基层之间及各抹灰层之间应粘结牢固，抹灰层应无脱层，空鼓面积不应大于 400 cm²，面层应无爆灰和裂缝。	7.0.9	JGJ/T 220–2010《抹灰砂浆技术规程》
26		同一验收批的抹灰层拉伸粘结强度平均值应大于或等于表 7.0.10 中的规定值，且最小值应大于或等于表 7.0.10 中规定值的 75%。当同一验收批抹灰层拉伸粘结强度试验少于 3 组时，每组试件拉伸粘结强度均应大于或等于本规程表 7.0.10 中的规定值。 表 7.0.10　抹灰层拉伸粘结强度的规定值 	抹灰砂浆品种	拉伸粘结强度（MPa）
水泥抹灰砂浆	0.20
水泥粉煤灰抹灰砂浆、水泥石灰抹灰砂浆、掺塑化剂水泥抹灰砂浆	0.15
聚合物水泥抹灰砂浆	0.30
预拌抹灰砂浆	0.25		7.0.10	
27		抹灰工程的表面质量应符合下列规定： 1 普通抹灰表面应光滑、洁净、接槎平整、阴阳角顺直，设分格缝时，分格缝应清晰。 2 高级抹灰表面应光滑、洁净、无接槎痕、阴阳角挺直，颜色均匀，设分格缝时，分格缝的边界线应清晰美观。	7.0.13	

28		护角、孔洞、槽盒周围及与各构件交接处的墙面抹灰表面应整齐、光滑，管道后面的抹灰表面应平整。	7.0.14	
29		有排水要求的部位应做滴水线（槽），屋面女儿墙压顶应做水流向内的排水坡。滴水线（槽）应整齐顺直、内高外低，滴水槽的宽度和深度均不应小于 10 mm。	7.0.15	JGJ/T 220-2010《抹灰砂浆技术规程》
30		不同材料的基体交接处加强网与各基体的搭接宽度不应小于 100 mm。	7.0.17	
31	抹灰	抹灰工程质量的允许偏差和检验方法应符合表 7.0.18 的规定。	7.0.18	

表 7.0.18　抹灰工程质量的允许偏差和检验方法

序号	项目	允许偏差（mm）		检验方法
		普通抹灰	高级抹灰	
1	立面垂直度	+4 / 0	+3 / 0	用 2 m 垂直检测尺检查
2	表面平整度	+4 / 0	+3 / 0	用 2 m 靠尺和塞尺检查
3	阴阳角方正	+4 / 0	+3 / 0	用直角检测尺检查
4	分格条（缝）直线度	+4 / 0	+3 / 0	拉 5 m 线，不足 5 m 拉通线，用钢尺检查
5	墙裙、勒脚上口直线度	+4 / 0	+3 / 0	拉 5 m 线，不足 5 m 拉通线，用钢尺检查

注：1 普通抹灰，上表第三项阴阳角方正可不检查。
　　2 顶棚抹灰，上表第二项表面平整度可不检查，但应平顺。

32		不同品种、不同标号的水泥不得混合使用。	7.2.2	
33		抹灰用砂子宜选用中砂，砂子使用前应过筛，不得含有杂物。	7.2.4	
34		抹灰用石灰膏的熟化期不应少于 15 d。罩面用磨细石灰粉的熟化期不应少于 3 d。	7.2.5	GB 50327-2001《住宅装饰装修工程施工规范》
35		基层处理应符合下列规定： 1 砖砌体，应清除表面杂物、尘土，抹灰前应洒水湿润。 2 混凝土，表面应凿毛或在表面洒水润湿后涂刷 1:1 水泥砂浆（加适量胶粘剂）。 3 加气混凝土，应在湿润后边刷界面剂，边抹强度不大于 M5 的水泥混合砂浆。	7.3.1	
36		大面积抹灰前应设置标筋。抹灰应分层进行，每遍厚度宜为 5~7 mm。抹石灰砂浆和水泥混合砂浆每遍厚度宜为 7~9 mm。当抹灰总厚度超出 35 mm 时，应采取加强措施。	7.3.3	

37		水泥砂浆拌好后，应在初凝前用完，凡结硬砂浆不得继续使用。	7.3.6	GB 50327-2001《住宅装饰装修工程施工规范》
38		外墙抹灰工程施工前应先安装钢木门窗框、护栏等，应将墙上的施工孔洞堵塞密实，并对基层进行处理。	4.1.7	
39	抹灰	一般抹灰工程质量的允许偏差和检验方法应符合表 4.2.10 的规定。 表 4.2.10　一般抹灰的允许偏差和检验方法	4.2.10	GB 50210-2018《建筑装饰装修工程质量验收标准》

表 4.2.10　一般抹灰的允许偏差和检验方法

项次	项目	允许偏差（mm）		检验方法
		普通抹灰	高级抹灰	
1	立面垂直度	4	3	用 2 m 垂直检测尺检查
2	表面平整度	4	3	用 2 m 靠尺和塞尺检查
3	阴阳角方正	4	3	用 200 mm 直角检测尺检查
4	分格条（缝）直线度	4	3	拉 5 m 线，不足 5 m 拉通线，用钢直尺检查
5	墙裙、勒脚上口直线度	4	3	拉 5 m 线，不足 5 m 拉通线，用钢直尺检查

注：1 普通抹灰，本表第 3 项阴角方正可不检查；
　　2 顶棚抹灰，本表第 2 项表面平整度可不检查，但应平顺。

40		保温层薄抹灰工程质量的允许偏差和检验方法应符合表 4.3.10 的规定。	4.3.10	

表 4.3.10　保温层薄抹灰的允许偏差和检验方法

项次	项目	允许偏差（mm）	检验方法
1	立面垂直度	3	用 2 m 垂直检测尺检查
2	表面平整度	3	用 2 m 靠尺和塞尺检查
3	阴阳角方正	3	用 200 mm 直角检测尺检查
4	分格条（缝）直线度	3	拉 5 m 线，不足 5 m 拉通线，用钢直尺检查

41	抹灰	装饰抹灰工程的表面质量应符合下列规定： 1 水刷石表面应石粒清晰、分布均匀、紧密平整、色泽一致，应无掉粒和接槎痕迹； 2 斩假石表面剁纹应均匀顺直、深浅一致，应无漏剁处；阳角处应横剁并留出宽窄一致的不剁边条，棱角应无损坏； 3 干粘石表面应色泽一致、不露浆、不漏粘，石粒应粘结牢固、分布均匀，阳角处应无明显黑边； 4 假面砖表面应平整、沟纹清晰、留缝整齐、色泽一致，应无掉角、脱皮和起砂等缺陷。	4.4.5	GB 50210–2018《建筑装饰装修工程质量验收标准》
42		装饰抹灰工程质量的允许偏差和检验方法应符合表4.4.8的规定。 表 4.4.8 装饰抹灰的允许偏差和检验方法（见下表）	4.4.8	

表 4.4.8 装饰抹灰的允许偏差和检验方法

项次	项目	允许偏差（mm）				检验方法
		水刷石	斩假石	干粘石	假面砖	
1	立面垂直度	5	4	5	5	用2m垂直检测尺检查
2	表面平整度	3	3	5	4	用2m靠尺和塞尺检查
3	阳角方正	3	3	4	4	用200mm直角检测尺检查
4	分格条（缝）直线度	3	3	3	3	拉5m线，不足5m拉通线，用钢直尺检查
5	墙裙、勒脚上口直线度	3	3	–	–	拉5m线，不足5m拉通线，用钢直尺检查

43	水泥砂浆地面层	有排水要求的水泥砂浆地面，坡向应正确、排水通畅；防水水泥砂浆面层不应渗漏。 检验方法：观察检查和蓄水、泼水检验或坡度尺检查及检查检验记录。	5.3.5	GB50209–2010《建筑地面工程施工质量验收规范》
44		面层与下一层应结合牢固，且应无空鼓和开裂。当出现空鼓时，空鼓面积不应大于400 cm²，且每自然间或标准间不应多于2处。	5.3.6	
45		面层表面的坡度应符合设计要求，不应有倒泛水和积水现象。	5.3.7	
46		踢脚线与柱、墙面应紧密结合，踢脚线高度及出柱、墙厚度应符合设计要求且均匀一致。当出现空鼓时，局部空鼓长度不应大于300 mm，且每自然间或标准间不应多于2处。	5.3.9	
47		楼梯、台阶踏步的宽度、高度应符合设计要求。楼层梯段相邻踏步高度差不应大于10 mm；每踏步两端宽度差不应大于10 mm，旋转楼梯梯段的每踏步两端宽度的允许偏差不应大于5 mm。踏步面层应做防滑处理，齿角应整齐，防滑条应顺直、牢固。	5.3.10	

48	水泥砂浆地面层	水泥砂浆面层的允许偏差应符合本规范表 5.1.7 的规定。 表 5.1.7　整体面层的允许偏差和检验方法	5.3.11	GB50209-2010 《建筑地面工程施工质量验收规范》

表 5.1.7　整体面层的允许偏差和检验方法

项次	项目	允许偏差（mm）									检验方法
		水泥混凝土面层	水泥砂浆面层	普通水磨石面层	高级水磨石面层	硬化耐磨面层	防油渗混凝土和不发火（防爆）面层	自流平面层	涂料面层	塑胶面层	
1	表面平整度	5	4	3	2	4	5	2	2	2	用 2m 靠尺和楔形塞尺检查
2	踢脚线上口平直	4	4	3	4	4	3				拉 5m 线和用钢尺检查
3	缝格顺直	3	3	3	2	3	3	2	2	2	

49		注：内外墙面砂浆层掉灰脱砂： 1. 严重掉灰脱砂、强度极低的。简易辨别标准：用手掌即可将抹灰砂浆大量擦掉，手能够捏碎，用硬物划过可出现深 6 毫米以上沟槽。 2. 中度掉灰脱砂、强度较低的。简易辨别标准：棱角用手难掰动，用手指或稍硬物体划过可出现 3~6 毫米深沟槽。 3. 轻度掉灰脱砂、强度略低的。简易辨别标准：手指划一下不超过 3 毫米、当借助铲子或铁钉划时能将抹灰层剔掉。 传统解决办法通常有 2 种： 一是铲除旧砂浆层，再重新抹砂浆；二是涂刷界面剂或 108 胶水。这 2 种方法的缺陷分别是： 第一种，需要耗费大量人力、物力、金钱和时间，适合于起砂掉砂特别严重或已经风化的老旧墙面、空鼓等无法用化学方法修复的墙面； 第二种，只能对脱灰掉砂墙面的表面密封，起到暂时粘接效果，不能从根本上解决问题。		

50	涂料	本章适用于水性涂料涂饰、溶剂型涂料涂饰、美术涂饰等分项工程的质量验收。水性涂料包括乳液型涂料、无机涂料、水溶性涂料等；溶剂型涂料包括丙烯酸酯涂料、聚氨酯丙烯酸涂料、有机硅丙烯酸涂料、交联型氟树脂涂料等；美术涂饰包括套色涂饰、滚花涂饰、仿花纹涂饰等。	12.1.1	GB50210-2018 《建筑装饰工程质量验收标准》
51		涂饰工程施工时应对与涂层衔接的其他装修材料、邻近的设备等采取有效的保护措施，以避免由涂料造成的沾污。	12.1.7	
52		水性涂料涂饰工程应涂饰均匀、粘结牢固，不得漏涂、透底、开裂、起皮和掉粉。	12.2.3	

| 53 | | 涂饰工程的基层处理应符合下列规定：
1 新建筑物的混凝土或抹灰基层在用腻子找平或直接涂饰涂料前应涂刷抗碱封闭底漆；
2 既有建筑墙面在用腻子找平或直接涂饰涂料前应清除疏松的旧装修层，并涂刷界面剂；
3 混凝土或抹灰基层在用溶剂型腻子找平或直接涂刷溶剂型涂料时，含水率不得大于8%；在用乳液型腻子找平或直接涂刷乳液型涂料时，含水率不得大于10%，木材基层的含水率不得大于12%；
4 找平层应平整、坚实、牢固，无粉化、起皮和裂缝；内墙找平层的粘结强度应符合现行行业标准《建筑室内用腻子》JG／T298的规定；
5 厨房、卫生间墙面的找平层应使用耐水腻子。 | 12.1.5 | |
54	涂料	薄涂料的涂饰质量和检验方法应符合表12.2.5的规定。 表12.2.5　薄涂料的涂饰质量和检验方法 	项次	项目	普通涂饰	高级涂饰	检验方法
1	颜色	均匀一致	均匀一致	观察
2	光泽、光滑	光泽基本均匀，光滑无挡手感	光泽均匀一致，光滑	
3	泛碱、咬色	允许少量轻微	不允许	
4	流坠、疙瘩	允许少量轻微	不允许	
5	砂眼、刷纹	允许少量轻微砂眼、刷纹通顺	无砂眼，无刷纹			12.2.5	GB50210-2018《建筑装饰工程质量验收标准》
55		厚涂料的涂饰质量和检验方法应符合表12.2.6的规定。 表12.2.6　厚涂料的涂饰质量和检验方法 	项次	项目	普通涂饰	高级涂饰	检验方法
1	颜色	均匀一致	均匀一致	观察
2	光泽、光滑	光泽基本均匀，光滑无挡手感	光泽均匀一致，光滑	
3	泛碱、咬色	允许少量轻微	不允许	
4	流坠、疙瘩	允许少量轻微	不允许	
5	砂眼、刷纹	允许少量轻微砂眼、刷纹通顺	无砂眼，无刷纹			12.2.6	

56	复层涂料的涂饰质量和检验方法应符合表 12.2.7 的规定。 表 12.2.7 复层涂料的涂饰质量和检验方法 	项次	项目	质量要求	检验方法
1	颜色	均匀一致	观察
2	光泽	光泽基本均匀	
3	泛碱、咬色	不允许	
4	喷点疏密程度	均匀，不允许连片			12.2.7	
57	涂层与其他装修材料和设备衔接处应吻合，界面应清晰。	12.2.8	

表 58 涂料部分：

墙面水性涂料涂饰工程的允许偏差和检验方法应符合表 12.2.9 的规定。

表 12.2.9 墙面水性涂料涂饰工程的允许偏差和检验方法

项次	项目	允许偏差（mm）					检验方法
		薄涂料		厚涂料		复层涂料	
		普通涂饰	高级涂饰	普通涂饰	高级涂饰		
1	立面垂直度	3	2	4	3	5	用 2 m 垂直检测尺检查
2	表面平整度	3	2	4	3	5	用 2 m 靠尺和塞尺检查
3	阴阳角方正	3	2	4	3	4	用 200mm 直角检测尺检查
4	装饰线、分色线直线度	2	1	2	1	3	拉 5 m 线，不足 5 m 拉通线，用钢直尺检查
5	墙裙、勒脚上口直线度	2	1	2	1	3	拉 5 m 线，不足 5 m 拉通线，用钢直尺检查

项次 58，左栏标注"涂料"，右栏标注 12.2.9，标准栏：GB50210-2018《建筑装饰工程质量验收标准》

59	溶剂型涂料涂饰工程应涂饰均匀、粘结牢固，不得漏涂、透底、开裂、起皮和反锈。	12.3.3	GB50210–2018《建筑装饰工程质量验收标准》

| 60 涂料 | 墙面溶剂型涂料涂饰工程的允许偏差和检验方法应符合表12.3.8的规定。 | 12.3.8 | |

表 12.3.8 墙面溶剂型涂料涂饰工程的允许偏差和检验方法

项次	项目	允许偏差（mm）				检验方法
		色漆		清漆		
		普通涂饰	高级涂饰	普通涂饰	高级涂饰	
1	立面垂直度	4	3	3	2	用 2 m 垂直检测尺检查
2	表面平整度	4	3	3	2	用 2 m 靠尺和塞尺检查
3	阴阳角方正	4	3	3	2	用 200 mm 直角检测尺检查
4	装饰线、分色线直线度	2	1	2	1	拉 5 m 线，不足 5 m 拉通线，用钢直尺检查
5	墙裙、勒脚上口直线度	2	1	2	1	拉 5 m 线，不足 5 m 拉通线，用钢直尺检查

| 61 | 清漆的涂饰质量和检验方法应符合表12.3.6的规定。 | 12.3.6 | |

表 12.3.6 清漆的涂饰质量和检验方法

项次	项目	普通涂饰	高级涂饰	检验方法
1	颜色	基本一致	均匀一致	观察
2	木纹	棕眼刮平，木纹清楚	棕眼刮平，木纹清楚	观察
3	光泽、光滑	光泽基本均匀，光滑无挡手感	光泽均匀一致，光滑	观察、手摸检查
4	刷纹	无刷纹	无刷纹	观察
5	裹棱、流坠、皱皮	明显处不允许	不允许	观察

		色漆的涂饰质量和检验方法应符合表12.3.5 的规定。 表 12.3.5　色漆的涂饰质量和检验方法	12.3.5	
62		<table><tr><th>项次</th><th>项目</th><th>普通涂饰</th><th>高级涂饰</th><th>检验方法</th></tr><tr><td>1</td><td>颜色</td><td>均匀一致</td><td>均匀一致</td><td>观察</td></tr><tr><td>2</td><td>光泽、光滑</td><td>光泽基本均匀，光滑无挡手感</td><td>光泽均匀一致，光滑</td><td>观察、手摸检查</td></tr><tr><td>3</td><td>刷纹</td><td>刷纹通顺</td><td>无刷纹</td><td>观察</td></tr><tr><td>4</td><td>裹棱、流坠、皱皮</td><td>明显处不允许</td><td>不允许</td><td>观察</td></tr></table>	12.3.5	
63		美术涂饰工程应涂饰均匀、粘结牢固，不得漏涂、透底、开裂、起皮、掉粉和反锈。	12.4.2	
64	涂料	美术涂饰工程的套色、花纹和图案应符合设计要求。	12.4.4	GB50210-2018《建筑装饰工程质量验收标准》
65		美术涂饰表面应洁净，不得有流坠现象。	12.4.5	
66		仿花纹涂饰的饰面应具有被模仿材料的纹理。	12.4.6	
67		套色涂饰的图案不得移位，纹理和轮廓应清晰。	12.4.7	
68		墙面美术涂饰工程的允许偏差和检验方法应符合表 12.4.8 的规定。 表 12.4.8　墙面美术涂饰工程的允许偏差和检验方法 <table><tr><th>项次</th><th>项目</th><th>允许偏差（mm）</th><th>检验方法</th></tr><tr><td>1</td><td>立面垂直度</td><td>4</td><td>用 2 m 垂直检测尺检查</td></tr><tr><td>2</td><td>表面平整度</td><td>4</td><td>用 2 m 靠尺和塞尺检查</td></tr><tr><td>3</td><td>阴阳角方正</td><td>4</td><td>用 200 mm 直角检测尺检查</td></tr><tr><td>4</td><td>装饰线、分色线直线度</td><td>2</td><td>拉 5 m 线，不足 5 m 拉通线，用钢直尺检查</td></tr><tr><td>5</td><td>墙裙、勒脚上口直线度</td><td>2</td><td>拉 5 m 线，不足 5 m 拉通线，用钢直尺检查</td></tr></table>	12.4.8	

| 69 | 涂料 | 合成树脂乳液内墙涂饰材料的涂饰工程按质量应分为普通涂饰工程和高级涂饰工程，并应符合表8.0.5规定。

表8.0.5 合成树脂乳液内墙涂料的涂饰工程质量要求

（见下表） | 8.0.5 | JGJ/T 29–2015《建筑涂饰工程施工及验收规程》 |

表8.0.5 合成树脂乳液内墙涂料的涂饰工程质量要求

项次	项目	普通涂饰工程	高级涂饰工程
1	掉粉、起皮	不允许	不允许
2	漏刷、透底	不允许	不允许
3	泛碱、咬色	不允许	不允许
4	流坠、疙瘩	允许少量	不允许
5	光泽和质感	光泽较均匀	质感细腻，光泽均匀
6	颜色、刷纹	颜色一致	颜色一致，无刷纹
7	分色线平直（拉5 m线检查，不足5 m拉通线检查）	偏差≤3 mm	偏差≤2 mm
8	门窗、灯具等	洁净	洁净

| 70 | | 合成树脂乳液外墙涂料、弹性建筑涂料、溶剂型外墙涂料等外墙平涂涂饰工程的质量应符合表8.0.6规定。

表8.0.6 外墙平涂涂饰工程质量要求

（见下表） | 8.0.6 | |

表8.0.6 外墙平涂涂饰工程质量要求

项次	项目	普通涂饰工程	高级涂饰工程
1	反锈、掉粉、起皮	不允许	不允许
2	漏刷、透底	不允许	不允许
3	泛碱、咬色	不允许	不允许
4	流坠、疙瘩		不允许
5	颜色、刷纹	颜色一致	颜色一致，无刷纹
6	光泽		均匀一致
7	开裂	不允许	不允许
8	针孔、砂眼		不允许
9	分色线平直（拉5 m线检查、不足5 m拉通线检查）	偏差≤4 mm	偏差≤3 mm
10	五金、玻璃等	洁净	洁净

续表 L

71		合成树脂乳液砂壁状涂料、水性多彩涂料和质感涂料涂饰工程的质量应符合表 8.0.7 规定。 表 8.0.7 合成树脂乳液砂壁状涂料等涂饰工程质量要求 	项次	项 目	普通涂饰工程	高级涂饰工程
1	漏涂、透底	不允许	不允许
2	反锈、掉粉、起皮	不允许	不允许
3	反白	不允许	不允许
4	开裂	不允许	不允许
5	分格线(拉 5 m 线检查,不足 5 m 拉通线检查)	偏差 ≤ 4 mm	偏差 ≤ 3 mm
6	颜色	一致	一致
7	质感	一致	一致
8	五金、玻璃等	洁净	洁净	 注:开裂是指涂层开裂,不包括因结构开裂引起的涂层开裂。	8.0.7	
72	涂料	复层建筑涂料涂饰工程的质量应符合表 8.0.8 规定。 表 8.0.8 复层建筑涂料涂饰工程质量要求 | 项次	项目	聚合物水泥系复层涂料	硅酸盐系复层涂料	合成树脂乳液系复层涂料	反应固化型合成树脂乳液系复层涂料
---	---	---	---	---	---
1	漏涂、透底	不允许			
2	反锈、掉粉、起皮	不允许			
3	泛碱、咬色	不允许			
4	喷点疏密程度、厚度	疏密均匀厚度一致	疏密均匀,不允许有连片现象,厚度一致		
5	针孔、砂眼	允许轻微少量			
6	光泽	均匀			
7	开裂	不允许			
8	颜色	颜色一致			
9	五金、玻璃等	洁净			| 注:开裂是指涂层开裂,不包括因结构开裂引起的涂层开裂。	8.0.8	JGJ/T 29–2015《建筑涂饰工程施工及验收规程》

仿金属板涂饰工程的质量应符合表8.0.9规定。

表8.0.9 仿金属板涂饰工程质量要求

项次	项目	质量要求
1	漏涂、透底	不允许
2	掉粉、起皮	不允许
3	泛碱、咬色	不允许
4	喷点疏密程度、厚度	疏密均匀，厚度一致
5	光泽	均匀一致
6	开裂	不允许
7	针孔、砂眼	允许极轻微
8	颜色	颜色一致
9	分格线拉5m线（不足5m拉通线）用尺量检查	偏差≤2mm
10	五金、玻璃等	洁净

（第73项，8.0.9）

内外墙平涂涂料的施工工序应符合表7.0.8的规定。

表7.0.8 内外墙平涂涂料的施工工序

次序	工序名称
1	清理基层
2	基层处理
3	涂饰底层涂料
4	涂饰第一遍面层涂料
5	涂饰第二遍面层涂料

注：面层可根据需要增加涂刷遍数。

（第74项，涂料，7.0.8）

JGJ/T 29-2015《建筑涂饰工程施工及验收规程》

合成树脂乳液砂壁状涂料和质感涂料的施工工序应符合表7.0.9的规定。

表7.0.9 合成树脂乳液砂壁状涂料和质感涂料的施工工序

次序	工序名称
1	清理基层
2	基层处理
3	涂饰底层涂料
4	根据设计进行分格
5	涂饰主层涂料
6	涂饰面层涂料

（第75项，7.0.9）

76	涂料	复层涂料施工工序应符合表 7.0.10 的规定。 表 7.0.10　复层涂料的施工工序 	次序	工序名称
1	清理基层
2	基层处理
3	涂饰底层涂料
4	涂饰中层涂料
5	压花
6	涂饰第一遍面层涂料
7	涂饰第二遍面层涂料		7.0.10	JGJ/T 29–2015 《建筑涂饰工程施工及验收规程》
77		仿金属板装饰效果涂料的施工工序应符合表 7.0.11 的规定。 表 7.0.11　仿金属板装饰效果涂料的施工工序 	次序	工序名称
1	清理基层
2	多道基层处理
3	根据设计进行分格
4	涂饰底层涂料
5	涂饰第一遍面层涂料
6	涂饰第二遍面层涂料		7.0.11	
78		水性多彩涂料的施工工序应符合表 7.0.12 的规定。 表 7.0.12 水性多彩涂料的施工工序 	次序	工序名称
1	清理基层
2	基层处理
3	涂饰底层涂料
4	根据设计进行分格
5	涂饰中层底色涂料（一至二遍）
6	喷涂水包水多彩涂料
7	涂饰罩光涂料		7.0.12	

79	裱糊	墙面裱糊应符合下列规定： 1 基层表面应平整、不得有粉化、起皮、裂缝和凸出物，色泽应一致。有防潮要求的应进行防潮处理。 2 裱糊前应按壁纸、墙布的品种、花色、规格进行选配、拼花、裁切、编号，裱糊时应按编号顺序粘贴。 3 墙面应采用整幅裱糊，先垂直面后水平面，先细部后大面，先保证垂直后对花拼缝，垂直面是先上后下，先长墙面后短墙面，水平面是先高后低。阴角处接缝应搭接，阳角处应包角不得有接缝。 4 聚氯乙烯塑料壁纸裱糊前应先将壁纸用水润湿数分钟，墙面裱糊时应在基层表面涂刷胶粘剂，顶棚裱糊时，基层和壁纸背面均应涂刷胶粘剂。 5 复合壁纸不得浸水，裱糊前应先在壁纸背面涂刷胶粘剂，放置数分钟，裱糊时，基层表面应涂刷胶粘剂。 6 纺织纤维壁纸不宜在水中浸泡，裱糊前宜用湿布清洁背面。 7 带背胶的壁纸裱糊前应在水中浸泡数分钟。裱糊顶棚时应涂刷一层稀释的胶粘剂。 8 金属壁纸裱糊前应浸水 1~2 min，阴干 5~8 min 后在其背面刷胶。刷胶应使用专用的壁纸粉胶，一边刷胶，一边将刷过胶的部分，向上卷在发泡壁纸卷上。 9 玻璃纤维基材壁纸、无纺墙布无需进行浸润。应选用粘接强度较高的胶粘剂，裱糊前应在基层表面涂胶，墙布背面不涂胶。玻璃纤维墙布裱糊对花时不得横拉斜扯避免变形脱落。 10 开关、插座等凸出墙面的电气盒，裱糊前应先卸去盒盖。	12.3.5	GB50327-2001 《住宅装饰装修工程施工规范》
80		壁纸、墙布与装饰线、饰面板、踢脚板等交接处应严密、吻合，不应压盖电气盒面板。	9.4.3	JGJ/T 304-2013 《住宅室内装饰装修工程质量验收规范》
81		壁纸、墙布与不同材质间搭接应棱角分明，接缝平直。	9.4.4	
82		本章适用于聚氯乙烯塑料壁纸、纸质壁纸、墙布等裱糊工程和织物、皮革、人造革等软包工程的质量验收。	13.1.1	GB50210-2018 《建筑装饰工程质量验收标准》
83		裱糊与软包工程验收时应检查下列资料： 1 裱糊与软包工程的施工图、设计说明及其他设计文件； 2 饰面材料的样板及确认文件； 3 材料的产品合格证书、性能检验报告、进场验收记录和复验报告； 4 饰面材料及封闭底漆、胶粘剂、涂料的有害物质限量检验报告； 5 隐蔽工程验收记录； 6 施工记录。	13.1.2	

84		裱糊工程应对基层封闭底漆、腻子、封闭底胶及软包内衬材料进行隐蔽工程验收。裱糊前，基层处理应达到下列规定： 1 新建筑物的混凝土抹灰基层墙面在刮腻子前应涂刷抗碱封闭底漆； 2 粉化的旧墙面应先除去粉化层，并在刮涂腻子前涂刷一层界面处理剂； 3 混凝土或抹灰基层含水率不得大于 8％；木材基层的含水率不得大于 12％； 4 石膏板基层，接缝及裂缝处应贴加强网布后再刮腻子； 5 基层腻子应平整、坚实、牢固，无粉化、起皮、空鼓、酥松、裂缝和泛碱；腻子的粘结强度不得小于 0.3 MPa； 6 基层表面平整度、立面垂直度及阴阳角方正应达到本标准第4.2.10 条高级抹灰的要求； 7 基层表面颜色应一致； 8 裱糊前应用封闭底胶涂刷基层。	13.1.4	
85		裱糊后各幅拼接应横平竖直，拼接处花纹、图案应吻合，应不离缝、不搭接、不显拼缝。 检验方法：距离墙面 1.5 m 处观察。	13.2.3	
86	裱糊	壁纸、墙布应粘贴牢固，不得有漏贴、补贴、脱层、空鼓和翘边。	13.2.4	GB50210-2018《建筑装饰工程质量验收标准》
87		裱糊后的壁纸、墙布表面应平整，不得有波纹起伏、气泡、裂缝、皱折；表面色泽应一致，不得有斑污，斜视时应无胶痕。	13.2.5	
88		复合压花壁纸和发泡壁纸的压痕或发泡层应无损坏。	13.2.6	
89		壁纸、墙布与装饰线、踢脚板、门窗框的交接处应吻合、严密、顺直。与墙面上电气槽、盒的交接处套割应吻合，不得有缝隙。	13.2.7	
90		壁纸、墙布边缘应平直整齐，不得有纸毛、飞刺。	13.2.8	
91		壁纸、墙布阴角处应顺光搭接，阳角处应无接缝。	13.2.9	
92		裱糊工程的允许偏差和检验方法应符合表 13.2.10 的规定。	13.2.10	

表 13.2.10　裱糊工程的允许偏差和检验方法

项次	项目	允许偏差（mm）	检验方法
1	表面平整度	3	用 2 m 靠尺和塞尺检查
2	立面垂直度	3	用 2 m 垂直检测尺检查
3	阴阳角方正	3	用 200 mm 直角检测尺检查

93		软包工程的龙骨、边框应安装牢固。	13.3.4	
94		软包衬板与基层应连接牢固，无翘曲、变形，拼缝应平直，相邻板面接缝应符合设计要求，横向无错位拼接的分格应保持通缝。	13.3.5	
95		单块软包面料不应有接缝，四周应绷压严密。需要拼花的，拼接处花纹、图案应吻合。软包饰面上电气槽、盒的开口位置、尺寸应正确，套割应吻合，槽、盒四周应镶硬边。	13.3.6	
96		软包工程的表面应平整、洁净、无污染、无凹凸不平及皱折；图案应清晰、无色差，整体应协调美观、符合设计要求。	13.3.7	
97		软包工程的边框表面应平整、光滑、顺直，无色差、无钉眼；对缝、拼角应均匀对称、接缝吻合。清漆制品木纹、色泽应协调一致。其表面涂饰质量应符合本标准第12章的有关规定。	13.3.8	
98		软包内衬应饱满，边缘应平齐。	13.3.9	
99	软包	软包墙面与装饰线、踢脚板、门窗框的交接处应吻合、严密、顺直。交接（留缝）方式应符合设计要求。（9.5.6 软包饰面与装饰线、踢脚板、电气盒盖等交接处应吻合、严密、顺直、无缝隙。JGJ／T 304-2013《住宅室内装饰装修工程质量验收规范》）	13.3.10	GB50210-2018《建筑装饰工程质量验收标准》
100		软包工程安装的允许偏差和检验方法应符合表13.3.11的规定。	13.3.11	

表13.3.11 软包工程安装的允许偏差和检验方法

项次	项目	允许偏差（mm）	检验方法
1	单块软包边框水平度	3	用1m水平尺和塞尺检查
2	单块软包边框垂直度	3	用1m垂直检测尺检查
3	单块软包对角线长度差	3	从框的裁口里角用钢尺检查
4	单块软包宽度、高度	0~2	从框的裁口里角用钢尺检查
5	分格条（缝）直线度	3	拉5m线，不足5m拉通线，用钢直尺检查
6	裁口线条结合处高度差	1	用直尺和塞尺检查

续表L

101	软包	木装饰装修墙制作安装应符合下列规定： 1 制作安装前应检查基层的垂直度和平整度，有防潮要求的应进行防潮处理。 2 按设计要求弹出标高、竖向控制线、分格线。打孔安装木砖或木楔，深度应不小于40 mm，木砖或木楔应做防腐处理。 3 龙骨间距应符合设计要求。当设计无要求时，横向间距宜为300 mm，竖向间距宜为400 mm。龙骨与木砖或木楔连接应牢固。龙骨、木质基层板应进行防火处理。 4 饰面板安装前应进行选配，颜色、木纹对接应自然协调。 5 饰面板固定应采用射钉或胶粘接，接缝应在龙骨上，接缝应平整。 6 镶接式木装饰墙可用射钉从凹榫边倾斜射入。安装第一块时必须校对竖向控制线。 7 安装封边收口线条时应用射钉固定，钉的位置应在线条的凹槽处或背视线的一侧。	12.3.3	GB50327-2001《住宅装饰装修工程施工规范》
102		软包墙面制作安装应符合下列规定： 1 软包墙面所用填充材料、纺织面料和龙骨、木基层板等均应进行防火处理。 2 墙面防潮处理应均匀涂刷一层清油或满铺油纸。不得用沥青油毡做防潮层。 3 木龙骨宜采用凹槽榫工艺预制，可整体或分片安装，与墙体连接应紧密、牢固。 4 填充材料制作尺寸应正确，棱角应方正，应与木基层板粘接紧密。 5 织物面料裁剪时经纬应顺直。安装应紧贴墙面，接缝应严密，花纹应吻合，无波纹起伏、翘边和褶皱，表面应清洁。 6 软包布面与压线条、贴脸线、踢脚板、电气盒等交接处应严密，顺直，无毛边。电气盒盖等开洞处，套割尺寸应准确。	12.3.4	
103	玻璃板饰面	玻璃板外边框或压条的安装位置应正确，安装应牢固。	9.6.4	JGJ/T 304-2013《住宅室内装饰装修工程质量验收规范》
104		玻璃板结构胶和密封胶的打注应饱满、密实、平顺、连续、均匀、无气泡。	9.6.5	
105		玻璃板表面应平整、洁净，整幅玻璃应色泽一致，不得有污染和镀膜损坏。玻璃应进行磨边处理，拼缝应横平竖直、均匀一致。	9.6.6	
106		镜面玻璃表面应平整、光洁无瑕，镜面玻璃背面不应咬色，成像应清晰、保真、无变形。	9.6.7	
107		玻璃安装密封胶缝应横平竖直、深浅一致、宽窄均匀、光滑顺直、美观。	9.6.8	

| 108 | | 玻璃外框或压条应平整、顺直、无翘曲、线型挺秀、美观。 | | | 9.6.9 | |

玻璃板安装的允许偏差和检验方法应符合表 9.6.10 的规定。

表 9.6.10 玻璃板安装的允许偏差和检验方法

项次	项目		允许偏差（mm）		检验方法
			明框玻璃	隐框玻璃	
1	立面垂直度		1.0	1.0	用 2 m 垂直检测尺检查
2	构件直线度		1.0	1.0	拉 5 m 线，不足 5 m 拉通线，用钢直尺检查
3	表面平整度		1.0	1.0	用 2 m 靠尺和塞尺检查
4	阳角方正		1.0	1.0	用直角检测尺检查
5	接缝直线度		2.0	2.0	拉 5 m 线，不足 5 m 拉通线，用钢直尺检查
6	接缝高低差		1.0	1.0	用钢直尺和塞尺检查
7	接缝宽度		–	1.0	用钢直尺检查
8	相邻板角错位		–	1.0	用钢直尺检查
9	分格框对角线长度差	对角线长度≤ 2 m	2.0	–	用钢直尺检查
		对角线长度 >2 m	3.0	–	

项次 109，玻璃板饰面，9.6.10，JGJ/T 304–2013《住宅室内装饰装修工程质量验收规范》

附录 M 泥瓦工注意事项

M1 检查阴阳角是否有崩角现象，阳角做 45° 碰角美缝处理，好看美观。

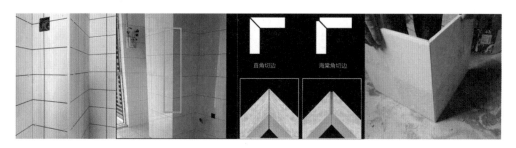

图 M-1 阳角做 45° 碰角美缝处理

M2 墙面工程注意事项

M2.1 粘贴砖后不得有整体空鼓现象，墙体边缘空鼓率控制在 5% 之内。

墙面工程注意事项：

M2.1.1 空鼓范围可能会扩大，影响其他瓷砖。

M2.1.2 空鼓不受力，外力大时易裂。

M2.1.3 时间长了，可能片面性脱落。

M2.1.4 空鼓钻孔困难，瓷砖一击就容易碎。

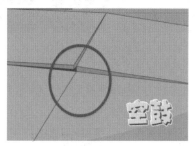

图 M-2 空鼓

M2.2 美缝砖缝留 1.5 mm~2 mm，建议采用防霉美缝剂（不然后期很容易发霉）。

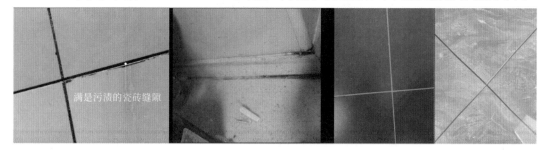

图 M-3 美缝砖缝留

M2.3 厨房烟道最好用红砖包裹以后挂钢丝网再贴砖，并绷紧牢固，金属网与各基体的搭接宽度不小于 100mm（烟道壁薄温度高，热胀冷缩后瓷砖容易脱落）。

图 M-4　厨房烟道

M2.4　墙地瓷砖要选择瓷砖对缝铺贴（更美观一点）。

图 M-5　墙地瓷砖

M2.5　卫生间在包落水管的地方建议做壁龛。做壁龛有两种方法：一种是瓷砖壁龛，一种是定制金属壁龛。

图 M-6　壁龛

M2.6　阳台墙面需要做打毛处理，可以增加瓷砖与墙体的粘接性（不然后期贴砖有脱落的风险）。

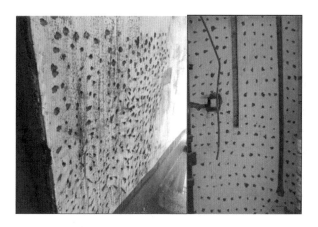

图 M-7　打毛处理

M3　砌砖注意事项

M3.1　砌墙之前红砖一定要洒水，避免砖块从水泥砂浆中吸收水分。

图 M-8　红砖洒水

M3.2　卫生间新砌墙体下面要现浇 15 cm~20 cm 地梁，防止后期地面渗水。

图 M-9　卫生间新砌墙体

M3.3　灰缝应横平竖直，厚度一般控制在 8 mm~10 mm 之间。

图 M-10　灰缝

M3.4　新砌墙体与原有墙体连接处必须有拉结措施，拉结筋采用 $\phi6$ 或 $\phi8$。拉接筋伸入原墙体不少于 20cm，防止连接处开裂。

图 M-11　拉结措施

M3.5　新旧墙体之间需要挂钢网，金属网与各基体的搭接宽度不小于 10cm（防止后期墙体开裂）。

图 M-12　挂钢网

M3.6　顶面需要斜砌处理（保证屋顶和墙体连接处更加牢固）。

图 M-13　顶面斜砌

M3.7　厨房、阳台、卫生间的墙面瓷片一定要泡水，泡水时间在 2 小时以上。砖一定要竖放，防止变形。待砖不出气泡的时候取出，阴干后再去贴，防止空鼓脱落。

图 M-14　墙面瓷片泡水

M3.8　如果墙面贴瓷砖或加工砖，一定要刷背胶，不然容易脱落。

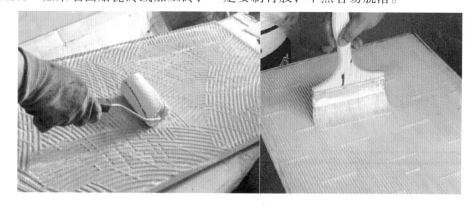

图 M-15　瓷砖刷背胶

M3.9　贴砖时最好是墙砖压地砖，缝隙小且美观，而且不容易渗入瓷砖沙灰层。铺设时，墙面最下面一排先空着，等地面贴完再铺。

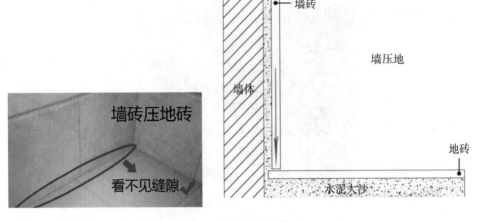

图 M-16　墙砖压地砖

M3.10　砖与砖之间需要用十字卡（找平器）进行留缝，方便后期做美缝（这样保证缝的尺寸更加精准）。

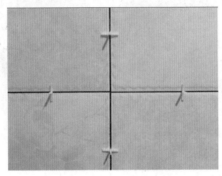

图 M-17　十字卡固定

M4 贴砖完工验收

M4.1　验收是否有空鼓，5% 以内为合格，瓷砖四周有少许空鼓可以接受，中间有空鼓的砖一定要换掉。

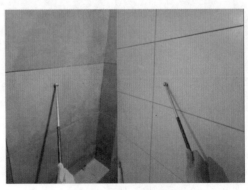

图 M-18　验收空鼓

M4.2　验收平整度，检查四块砖的角是否凹凸不平，接缝处高低差应低于 0.05 mm。

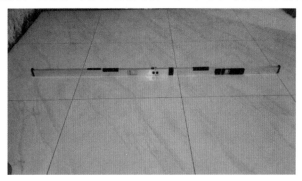

图 M-19　验收平整度

M4.3　卫生间门口的瓷砖一定要高 1 cm 左右（防止卫生间的水外流）。

图 M-20　门槛石

M4.4　检查烟道是否瓷砖上顶（不然后期安装的止逆阀密封性不好）。

图 M-21　烟道检查

M4.5　在工地拿砖验收一下阴阳角是否呈 90°，避免后期安装成品卫浴和墙体的缝隙差距过大。

图 M-22　阴阳角检查

M5 材料检查

M5.1　检查外包装是否有破损，标识是否清晰，包括瓷砖的生产地址、品牌、商标、信号、色号、规格和你买的是否一致。

图 M-23　瓷砖标识

M5.2　箱子上的产地是否和商家承诺的产地一样。一般瓷砖包装上有两个地址：一个是营销地，一个是生产地址。要看生产地址。

M5.3　看瓷砖的釉面有无针孔、斑点、裂釉，还要看釉面的质感、有无外伤，有无色差。图案要细腻，无明显的漏色、错位、断线或者深浅不一的情况。

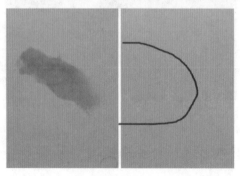

图 M-24　瓷砖釉面

M5.4　看外包装上的色号、编号。色号、编号都要一一查看，确定是不是自己所定的产品，是不是同一批号。不是同一批号的瓷砖会有色差。

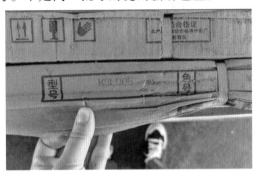

图 M-25　瓷砖色号、编号

M5.5　检查瓷砖品种是否有遗漏，包括客厅、厨房、阳台、卫生间等空间使用的不同瓷砖。不是一个空间用的砖的大小、型号都是不一样的，检查后确定无误。

M5.6　检查砖的平整度，最简单直接的方法就是两块砖贴合在一起，看看有没有太大空隙，如果差距太大，要求退货，不然后期贴出来的效果肯定凹凸不平。

M5.7　检查有没有送十字卡，一般是 2 mm 的规格，贴瓷砖的时候需要，方便后期做美缝。

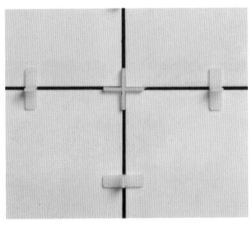

图 M-26　瓷砖十字卡

M5.8　看瓷砖背面胚体上有没有品牌标志，是否有贴砖的箭头指示标。箭头是用来指明贴砖方向的。有纹路的、需要连纹的瓷砖更要特别注意，要按箭头指示方向贴，避免纹理错误不连纹。

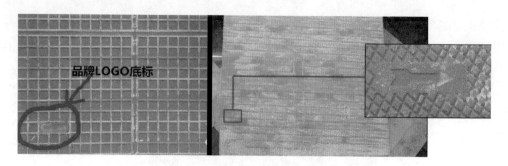

图 M-27　瓷砖标志

M5.9　查看加工砖的倒角是否复合标准，边缘切割得是否光滑。

第9篇 防火门窗工程理论知识

51 钢制设计概念

表 9-1 钢制设计概念

级别	名称	使用部位	耐火极限（小时）
甲级	钢制防火门	机房、地下室	1.5
乙级	钢制防火门	楼梯间及前室门	1.0
丙级	钢制防火门	管道井	0.5

52 编制依据

《防火门通用技术条件》（GB12955-2008）；

《施工现场临时用电安全技术规范》（JGJ46-2005）；

《建筑工程施工质量验收统一标准》（GB50300-2011）；

《建筑装饰装修工程施工及验收规范》（GB50210-2011）；

《建筑设计防火规范》（GBJ16-87）；

《建筑节能工程施工质量验收规范》（GB50411-2007）；

《建筑施工高处作业安全技术规范》（JGJ80-2012）；

《建筑施工手册》第四版；

施工图纸、图纸审查意见、设计变更、图纸会审记录。

53 钢制防火门施工准备

53.1 技术准备

53.1.1 熟悉图纸和相关变更，掌握各楼号、各部位不同工程做法。

53.1.2 协同土建及安装班组，对工序交接、施工相冲突的地方进行协调。

53.1.3 认真仔细熟悉安装位置及现场施工情况，向班组讲解施工注意事项和工程验收标准。

53.1.4 大面积施工前，必须先做样板，经验收合格，再大面积施工。

53.2 材料准备

53.2.1 钢门框及扇必须用冷轧薄钢板作门框、门板骨架，在门扇内部填充不燃材料，并配以五金件所组成的能满足耐火稳定性、完整性和隔热性要求的门。

53.2.2 门框、门扇面板及加固件应用冷轧薄钢板。钢质材料的厚度采用千分尺测量，在防火门同一部件上任意测定三点，计算其平均值，结果应符合下列规定：门框应采用 ≥ 1.2mm 厚钢板，扇面板采用 ≥ 0.8mm 厚钢板，不带螺孔加固件采用 ≥ 1.2mm 厚钢板，加固件如设有螺孔，钢板厚度应不低于 3.0mm。门扇和门框内应用对人体无毒无害的防火隔热材料填实。

53.2.3 安装在防火门上的合页不得使用双向弹簧，安全通道防火门应设闭门器。

53.2.4 对于进入现场的材料，必须有出厂合格证、检验报告、说明书，经检验合格后方可使用。材料进场后要严防日晒雨淋，按要求整齐地堆放在相应位置，并派专人负责看管。

53.2.5 防火门的运输：应有防雨措施，底盘平整、清洁。门框、门扇应分开装。防火门装车时应绑扎牢固可靠，有垫板，不能直接接触门框和门扇的表面，以免运输中划伤表面涂层。装卸门框、门扇时应轻拿、轻放。

53.2.6 现场堆放：门扇、门框不应直接接触地面，应垫有枕木，立放。门框和门扇应正立放置。码放角度不小于 70°，单排码放数量不能多于 50 个。

53.2.7 门扇与门框组装后，在常闭状态下，门扇与门框贴合，门扇与门框之间的侧缝隙不得大于 4 mm，上侧缝隙不得大于 3 mm，双扇门中间缝隙不得大于 4 mm，测量部位均在门扇两侧或上侧或双扇门的中点处，读数准确至 1 mm。

53.2.8 防火合页（铰链）：防火合页（铰链）板厚采用游标卡尺检验，任意测定三点，计算其平均值，防火用合页（铰链）板厚应不少于 3 mm，其耐火时间应不小于其安装使用的防火门耐火时间。

53.2.9 防火闭门装置：防火门用闭门器应按 GA93 的规定进行检验；或提供国家可授权检测机构出具有效的相应检验报告。

53.2.10 防火插销：采用目测及手感相结合的方法检查防火门上安装防火插销的情况，防火插销的耐火时间不小于其安装使用的防火门耐火时间，或提供国家认可授权检测机构出具有效的相应检验报告。

53.2.11 防火锁：防火门安装的门锁应是防火锁，在门扇的有锁芯机构处，防火锁均应有执手或推杠机构，不允许以圆形或球形旋钮代替执手（特殊部位使用除外，如管道井门等），防火锁应经国家认可授权检测机构检验合格。

53.2.12　同一品种、同一类型、同一规格的防火门每 50 樘划为一个检验批，不足 5 樘也应划为一个检验批。

53.3　机具准备

木楔、冲击钻、膨胀螺栓、磁性线坠、卷尺、垫木、扳手、钻头、手电钻、圆平锉刀、螺丝刀、平板推车、铁抹子、2m 刮杠、墨斗、直尺（不小于 5 米）、喷壶、抄平仪、水平尺、直角尺、灭火器材等。

53.4　作业条件

53.4.1　安装基准线（建筑 1m 线）应明确、清晰。

53.4.2　明确开启方向（朝疏散方向）和安装形式（100 墙：前室居中、其余外齐）、（200mm 厚墙居中），管井全部外齐。

53.4.3　门洞尺寸准确无误，门洞必须水平、垂直，门洞墙体平整。

53.4.4　办理好施工交接验收记录表并经各方会签完成。

54　钢制防火门施工工艺

54.1　工艺流程

弹控制线、定位→门洞口基层处理→门框内灌浆→门框就位和临时固定→门框固定→门框与墙体间隙处理→成品保护

54.2　施工工艺

54.2.1　弹控制线、定位：按设计要求尺寸、标高和方向，弹出门框框口位置控制线。

54.2.2　门洞口处理：防火门采用净口安装，安装前检查门洞口尺寸，偏位、不垂直、不方正的要进行剔凿或抹灰处理。

54.2.3　门框内灌浆：对于钢质防火门，需在门框内填充 1∶3 水泥砂浆（或 C20 细石砼）。填充前应先把门关好，将门扇开启面的门框与门扇之间的防漏孔塞上塑料盖后，方可进行填充。填充水泥不能过量，防止门框变形影响开启。

54.2.4　门框就位和临时固定：先拆掉门框下部的固定板，将门框用木楔临时固定在洞口内，经校正合格后，用膨胀螺栓固定牢固。须保证框口上下尺寸相同，允许误差 ＜ 1.5 mm，对角线允许误差 ＜ 2 mm。

54.2.5　门框固定：采用 1.2 mm 厚烤漆钢板连接件固定。连接件与墙体采用 10×100 膨胀螺栓固定安装。门框每边均不应少于 3 个连接点。

54.2.6　门框与墙体间隙间的处理：门框周边缝隙，小于 15 mm 的缝隙直接采用建筑密封胶嵌缝牢固，大于 15 mm 用 1∶2 水泥砂浆嵌缝牢固，应保证与墙体结成整体，经养护凝固后打一道建筑密封胶。

54.2.7　成品保护：已安装好门框，要保证保护膜完好并做好验收合格记录，防火门安

装完毕后采用封闭保护方式，不同工种作业时，须办理交接检，并在完成会签后申领钥匙并做好备案，交接后的成品保护由钥匙申领人负责，防火门安装单位须做好日常巡检。

54.3 与墙体的连接方式

54.3.1 与钢结构墙体的连接方式

门框与钢结构墙体间每边预留 5~10 mm，门框水平位置超出墙面 10~15 mm（或按设计要求），并与墙体直接焊接，墙体收边处打发泡剂，然后用防火硅胶收边。（要求外观保持美观）

54.3.2 与石膏板墙体的连接方式

门框为加宽形式，并设计成双槽口，框内设置加强筋，门框与墙体间双面各超出墙体水平面 8~10 mm（或按设计要求），门框上预留工艺孔，用膨胀螺栓与栓钉连接，用断热材料填充。在墙面连接强度不够的情况下，及时与总包联络，达到要求再施工。

54.3.3 与混凝土墙体的连接方式

墙体间隔 500 mm 设置连接件，门框与墙体每边预留 15 mm，水平面超出墙面 10 mm（或按设计要求），并用电焊将门框与墙体连接件焊接，门框周边用灌浆填充。

54.3.4 与砌块墙体的连接方式

墙休间隔 500 mm 处设置加强体，并预设连接件，门框与墙体每边预留 15 mm，水平面超出墙面 10 mm（或按设计要求），并用电焊将门框与墙体连接件焊接，门框周边用灌浆填充。

55 钢制防火门质量标准与检验标准

55.1 主控项目

55.1.1 防火门的质量和各种性能应符合设计要求。

55.1.2 防火门的品种、类型、规格、尺寸、开启方向、安装位置及防腐处理应符合设计要求。

55.1.3 防火门的安装必须牢固，并应开关灵活，关闭严密。

55.1.4 带有机械装置、自动装置或智能装置的防火门，其机械装置、自动装置或智能装置的功能应符合实际要求和有关标准的规定。

55.2 一般项目

55.2.1 防火门的表面装饰应符合设计要求。

55.2.2 防火门的外观质量：外观应平整、光洁、无明显凹痕或机械损伤；涂层、镀层应均匀、平整、光滑，不应有堆漆、麻点、气泡、漏涂以及流淌等现象；焊接应牢固、焊点分布均匀，不允许有假焊烧穿、漏焊、夹渣或疏松等现象，外表面焊接应打磨平整。

55.2.3 门扇与门框的搭接尺寸：门扇与门框的搭接尺寸不应小于 12 mm。

55.2.4 门扇与门框的配合活动间隙：

55.2.4.1　门扇与上框的配合活动间隙不应大于 3 mm。

55.2.4.2　双扇、多扇门的门扇之间缝隙不应大于 3 mm。

55.2.4.3　门扇与下框或地面的活动间隙不应大于 9 mm。

55.2.4.4　门扇与门框贴合面间隙，门扇与门框有合页一侧、有锁一侧及上框的贴合面间隙均不应大于 3 mm。

55.2.5　门扇与门框的平面高低差：防火门开面上门框与门扇的平面高低差不应大于 1 mm。

55.2.6　启闭灵活性：防火门应启闭灵活、无卡阻现象。

55.2.7　门扇开启力：防火门门扇开启力不应大于 80N。（注：在特殊场合使用的防火门除外）；可靠性：在进行 500 次启闭试验后，防火门不应有松动、脱落、严重变形和启闭卡阻现象。

55.2.8　钢制防火门尺寸公差与形位公差表，见表 9-2 和表 9-3。

表 9-2　钢制防火门尺寸公差表

部位名称	极限偏差（mm）	部位名称	极限偏差（mm）
门扇高度	±2	门扇内裁口高度	±3
门扇宽度	±2	门框内裁口宽度	±2
门扇厚度	+2,−1	门框侧壁宽度	±2

表 9-3　钢制防火门形位公差表

名称	测量项目	公差（mm）
门扇	两对角线长度差	≤ 3
	扭曲度	≤ 5
	宽度方向弯曲度	<2‰
	高度方向弯曲度	<2‰
门框	内裁口两对角线长度差	≤ 3

56　钢制防火门安装注意事项

56.1　采用样板引路，选定各楼号适当位置进行楼地面样板施工，应会同各专业、监理、甲方等单位共同验收通过后方可大面积施工。

56.2 不设门槛的钢质门，若门框内口高度比门扇高度大 30 mm 者，则门框下端应埋入地面 ±0.00 标高以下，不小于 20 mm。

56.3 堵缝抹口的水泥砂浆在凝固以前，不允许在门框上进行任何作业，以免砂浆松动裂纹，降低密封质量。

56.4 门框塞缝打胶必须严实。

56.5 钢质门安装必须保证焊接质量，钢质门安装必须开关轻便，不能过松，也不可过紧。

56.6 安装好的钢质门，门框扇表面应平整，无明显凹凸现象。门体表面无刷纹、流坠或喷花、斑点等漆病。

57 钢制防火门成品保护

57.1 装修施工阶段，工种交叉繁多，对成品和半成品的保护易出现二次污染、损坏和丢失，因此必须加强对成品和半成品的保护，加强交叉施工的成品保护制度。在各工种交接时（包括各指定分包），双方对上道工序的成品需进行检查并办理书面移交手续。

57.2 入场存放应垫起、垫平，码放整齐。

57.3 门框安装前先检查有无窜角、翘扭、弯曲、劈裂。如有以上情况首先修复再进入施工现场。

57.4 门扇安装完毕后，如有保护膜破裂，用透明胶带与透明保护膜表面粘接，避免出现表面划伤、磕碰。门扇保护膜修复后，用 PVC 保护膜把面板、把手分别粘贴，避免表面划伤、磕碰。

57.5 需搭设脚手架时，拆搭过程中，注意不得碰撞。

58 防火窗流程

弹控制线、定位→窗洞口基层处理→窗框内灌浆→窗框就位和临时固定→窗框固定→窗框与墙体间隙处理→成品保护

59 防火窗施工准备工作

59.1 机具准备

木楔、冲击钻、膨胀螺栓、磁性线坠、卷尺、垫木、扳手、钻头、手电钻、圆平锉

刀、螺丝刀、平板推车、铁抹子、2 m 刮杠、墨斗、直尺（不小于 5 m）、喷壶、抄平仪、水平尺、直角尺、灭火器材等。

59.2 作业条件

59.2.1 安装基准线（建筑 1m 线）应明确、清晰。

59.2.2 明确开启方向（朝疏散方向）和安装形式（100 墙：前室居中、其余外齐）、（200 mm 厚墙居中），管井全部外齐。

59.2.3 门洞尺寸准确无误，门洞必须水平、垂直，门洞墙体平整。

59.2.4 办理好施工交接检验收记录表，并经各方会签完成。

60 防火窗安装步骤及方法

60.1 安装前，必须对防火窗进行检查。如果因为运输贮存不慎而导致窗框、窗扇翘曲、变形、玻璃破损，要先修复才能进行安装。

60.2 防火窗安装时，须用水平尺校平或用挂线法校正其前后左右的垂直度，做到横平、竖直、高低一样。

60.3 窗框必须与建筑物成一整体，采用木件或铁件与墙连接。钢质窗框安装后窗框与墙体之间必须浇灌水泥砂浆，并养护 24 小时以上方可正常使用。

60.4 五金配件安装孔的位置应准确，使五金配件能安装平整、牢固，达到使用要求。

60.5 防火玻璃安装时，四边留缝一定均匀，定位后将四边缝隙用防火棉填实填平，然后封好封边条。

60.6 五金配件安装孔的位置应准确，使五金配件能安装平整、牢固，达到使用要求。

60.7 钢制防火窗其窗框内需灌注水泥砂浆。

61 木质防火门施工准备

61.1 施工工具

61.1.1 检测工具：3m 钢卷尺、5m 钢卷尺、线坠、检测尺等。

61.1.2 安装工具：木工斧子、钉锤、木工锯、扁铲、钢钎、冲击钻等。

61.2 安装前的准备工作

61.2.1 门框在施工现场安装前对洞口尺寸和门框尺寸进行复核，使门框的尺寸、编号、安装位置与相应洞口的尺寸、编号位置相一致。特别是规定了耐火等级的门洞，严格按照《建筑平面图》规定的木质防火门位置进行复核，并进行配套安装。

61.2.2　防火门安装前，按设计图纸要求检查待安装防火门数量、规格、开启方向等。

61.2.3　固定点距门框两端 ≤ 200 mm 设固定点，根据洞口高度中间固定点间距 ≤ 600 mm 且门洞两侧墙壁上每边的固定点不得少于 2 个。

61.2.4　连接铁片用 M3.7 × 37 的木螺丝与门框固定，连接铁片的厚度 ≥ 5mm，宽度 ≥ 50 mm，长度 150 mm。

61.3　安装工艺

61.3.1　安装工艺流程

确定基准线、中心线→框进洞口→调整定位→木楔固定→打孔→与墙体固定→土建洞口抹灰→清理砂浆→装门扇→打磨、刮灰、油漆各二遍→装五金配件

61.3.2　门框安装

（1）管道井门框与外墙平齐安装，其他门框在洞口中居中安装，将门框放入洞口调整好进出位置后，用木楔临时固定，用吊坠找正正面和侧面垂直度，以 +50 cm 线为基准，调整好水平标高。门框下端 30 mm 埋入地面，门扇离地面 5 mm。

（2）门框垂直度、水平高度确认无误后，先将侧框上端固定一个点，再次调整垂直度，水平度及直角度，其允许偏差均符合规范要求后，再将其余各点固定。

（3）门框固定时，根据洞口墙体不同材质，固定方法如下：对混凝土洞口采用 $\phi 4 \times 50$ 射钉固定；对加气混凝土砌块墙体中按间距预埋了红砖的洞口，用 $\phi 10$ mm 冲击钻头钻孔，孔深 110 mm，放入 M10 × 100 膨胀管，最后拧入 M8 × 85 镀锌自攻丝，固定点距门框端头 ≤ 200 mm，其间距 ≤ 600 mm，每一固定边不少于 2 个。在砖砌门洞上固定门框严禁用射钉固定。

（4）框与洞口调整缝用水泥砂浆堵塞。

（5）待水泥砂浆硬化后再安装门扇，其装配间隙：框扇搭接量 ≥ 10 mm，扇与地面间隙 5 mm。上下防火铰链两端安装的距离各取门扇高度的 1/10。安装防火铰链时木螺丝先用钉锤打进 1/3，然后再用螺丝刀上紧，严禁用钉锤全部打进。

（6）管道井门扇外开，其他门扇顺疏散方向开启。最后安五金配件，门拉手距地 1000 mm 安装。

61.4　木质防火门安装质量允许偏差见表 9-4。

表 9-4　木质防火门安装质量允许偏差

项目	允许偏差（mm）	检验方法
门框的正、侧面垂直度	±3	用线坠、检测尺
框的对角线长度差	±3	钢卷尺
框与扇、扇与扇接触外高低差	±2	钢板尺
门扇对口缝、扇与框间立缝框上留缝宽度	1.5~2.5	钢板尺、塞尺
	1.0~1.5	

续　表

项目	允许偏差（mm）	检验方法
门扇与地面间留缝高度	外门 4~6 mm	钢板尺
	内门 6~8 mm	钢板尺

61.5　防火门安装质量要求及检验方法见表9-5。

表9-5　防火门安装质量要求及检验方法

项目	质量要求	检验方法
表面	油漆无脱皮、漏刷和反锈，表面平整、洁净，大面无划痕、碰伤	观察
五金件	齐全，位置正确，安装牢固，使用灵活，达到各自功能	观察、尺量
门框	门窗位置正确，固定牢固，固定点数量，位置及固定方法正确，开启方向正确	手板、尺量
门	开关灵活，关闭严密，无倒翘，开关力合适（≤ 80 N），搭接均匀，阻燃密封条不得脱槽	手板、观察、测力计

61.7　木质防火门安装施工安全及安全措施

61.7.1　进入施工现场，应熟悉通道及安装环境，强化安全自我保护意识。

61.7.2　施工现场成品及辅助材料应堆放整齐，门框、扇堆放时应设垫木以保证通风，避免受潮及倾斜。

61.7.3　施工人员应穿戴防护用品，服从现场安全管理，做到文明安全施工。

61.7.4　安装时配设专用开关箱，开关箱中的插座为三孔插座，应经常检查电动工具有无漏电现象，电源线严禁乱搭乱接。

附录 N　蜜蜂新居验房标准依据——防盗防火门窗

防盗门				
序号	项目	内容	条例	标准
1	外观	门框、门扇构件表面应平整光洁，无明显凹痕和机械损伤；铭牌标志应端正，牢固，清晰。	5.2	GB17565-2007《防盗安全门通用技术条件》
2	钢制板材厚度	门框的钢质板材厚度，乙、丙、丁级分别应选用 2 mm、1.8 mm 和 1.5 mm。	5.4.2（a）	
3		门框的钢质板材厚度，乙、丙、丁级分别应选用 2 mm、1.8 mm 和 1.5 mm。	5.4.2（b）	

| 4 | 门框与门扇间隙 | 门框与门扇配合间隙：
表 3 间隙（mm）
锁孔与锁舌 ≤ 3.0／门框与门扇 ≤ 4.0／门扇与铰链 ≤ 2.0／开启边与门框贴合边 ≤ 3.0 | 5.5.2 | |

门框与门扇配合间隙：

表 3 间隙（mm）

锁孔与锁舌	门框与门扇	门扇与铰链	开启边与门框贴合边
≤ 3.0	≤ 4.0	≤ 2.0	≤ 3.0

序号	项目	内容	依据	标准
4	门框与门扇间隙	（见表 3）	5.5.2	
5		门框与门扇搭接宽度不小于 8mm。	5.5.3	
6	防盗安全级别	（见表 4）	5.6.1	GB17565-2007《防盗安全门通用技术条件》
7	防破坏性能	选择非钢制板材的门扇，应能阻止在门扇上打开一个不小于 615 cm² 穿透门扇的开口，防破坏时间符合表 4 的相关规定。	5.6.2.1	
8		锁具应在表 4 防盗安全级别规定的防破坏时间内，承受以下破坏破坏试验，门扇不应被打开： 1）钻掉锁芯，撬断锁体连接件从而拆卸锁具； 2）通过上下间隙伸进撬扒工具，试图松开锁舌； 3）用套筒或类似扳动工具对门把手实施扭动，试图震开，冲断锁体内的锁定挡块或铆钉。	5.6.2.2	
9	锁具要求	防盗安全门宜采用三方位多锁舌锁具，门框与门扇间的锁闭点数，按防盗安全级别甲、乙、丙、丁应分别不少于 12 个、10 个、8 个、6 个。	5.10.4	
10		主锁舌伸出有效长度应不小于 16 mm，并应有锁舌止动装置。	5.10.5	

表 4 防盗门安全级别

项目	级别			
	甲级	乙级	丙级	丁级
门扇钢板厚度 /mm	符合设计要求	外面板 ≥ 1 mm，内面板 ≥ 1 mm	外面板 ≥ 0.8 mm，内面板 ≥ 0.8 mm	外面板 ≥ 0.8 mm，内面板 ≥ 0.6 mm
防破坏时间 /min	≥ 30	≥ 15	≥ 10	≥ 5
机械防盗锁防盗级别	A	B		
机械防盗锁防盗级别	A	B		

注：防盗门灌浆无国家明确标准，打发泡胶也可以，本身防盗门用爆炸螺丝安装固定即可。但是，防盗门不灌浆，关门声音会变脆，螺栓会松动，门框会倾斜变形，门框承受力降低，防盗性能降低。防盗门灌浆能使门框同门体有效结合，提高防盗性能。	行业建议

续表N

序号	项目	内容	条例	标准
		防火门		
1	填充材料	防火门的门扇内若填充材料，则应填充对人体无毒无害的防火隔热材料。	5.2.1.1	GB12955-2008《防火门》
2	钢材	材料厚度：防火门所用钢质材料厚度应符合表3的规定。 表3 	部件名称	材料厚度（mm）
---	---
门扇面板	≥ 0.8
门框板	≥ 1.2
铰链板	≥ 3.0
不带孔的加固件	≥ 1.2
带螺孔的加固件	≥ 3.0		5.2.4.2	
3		防火门安装的门锁应是防火锁。	5.3.1.1	
4	防火锁	在门扇的有锁芯机构处，防火锁均应有执手或推杠机构，不允许以圆形或球形旋钮代替执手（特殊部位使用除外，如管道井门等）。	5.3.1.2	GB12955-2008《防火门》
5	防火合页	防火门用合页（铰链）板厚应不少于3 mm。	5.3.2	
6	防火闭门器	防火门应安装防火门闭门器，或设置让常开防火门在火灾发生时能自动关闭门扇的闭门装置（特殊部位使用除外，如管道井门等）。	5.3.3.1	
7	盖缝板	平口或止口结构的双扇防火门宜设盖缝板。	5.3.6.1	
8		盖缝板与门扇连接应牢固。	5.3.6.2	
9		盖缝板不应妨碍门扇的正常启闭。	5.3.6.3	
10	防火密封件	防火门框与门扇、门扇与门扇的缝隙处应嵌装防火密封件。有密封要求的防火窗，其窗框密封槽内镶嵌的防火密封件应牢固完好。 （5.4.1；GB50877-2014-2019《防火卷帘防火门防火窗施工及验收规范》）	5.3.7.1	

11	防火玻璃	防火门上镶嵌防火玻璃。	5.3.8.1	
12	外观质量	采用不同材质材料制造的防火门，其外观质量应分别符合以下相应规定： （1）木质防火门：割角、拼缝应严实平整；胶合板不允许刨透表层单板和戗槎；表面应净光或砂磨，并不得有刨痕、毛刺和锤印；涂层应均匀、平整、光滑，不应有堆漆、气泡、漏涂以及流淌等现象； （2）钢质防火门：外观应平整、光洁、无明显凹痕或机械损伤；涂层、镀层应均匀、平整、光滑，不应有堆漆、麻点、气泡、漏涂以及流淌等现象；焊接应牢固、焊点分布均匀，不允许有假焊、烧穿、漏焊、夹渣或疏松等现象，外表面焊接应打磨平整； （3）钢木质防火门：外观质量应满足a）、b）项的相关要求。 （4）其他材质防火门：外观应平整、光洁，无明显凹痕、裂痕等现象，带有木质或钢质部件的部分应分别满足a）、b）项的相关要求。	5.4.2	
13	尺寸极限偏差	防火门门扇、门框的尺寸极限偏差应符合表4的规定。 表4　极限偏差 表格见下	5.6	GB12955-2008《防火门》
14	形位公差	门扇、门框形位公差应符合表5的规定。 表5　形位公差 表格见下	5.7	

表4　极限偏差

名称	项目	极限偏差（mm）
门扇	高度 H	±2
	宽度 W	±2
	厚度 T	+2，−1
门框	内裁口高度 H'	±3
	内裁口宽度 W'	±2
	侧壁宽度 T'	±2

表5　形位公差

名称	项目	公差
门扇	两对角线长度差丨 L1–L2 丨	≤ 3 mm
	扭曲度 D	≤ 5 mm
	宽度方向弯曲度 B1	< 2%
	高度方向弯曲度 B2	< 2%
门框	内裁口两对角线长度差丨 L1'–L2' 丨	≤ 3 mm

续表N

15	配合公差	门扇与门框的搭接尺寸、门扇与门框的搭接尺寸不应小于12 mm。	5.8.1	GB12955-2008《防火门》
16		门扇与上框的配合活动间隙不应大于3 mm。	5.8.2.3	
17		双扇、多扇门的门扇之间缝隙不应大于3 mm。	5.8.2.4	
18		门扇与下框或地面的活动间隙不应大于9 mm。	5.8.2.5	
19		门扇与门框贴合面间隙，门扇与门框有合页一侧、有锁一侧及上框的贴合面间隙均不应大于3 mm。	5.8.2.6	
20		门扇与门框的平面高低差、防火门开面上门框与门扇的平面高低差不应大于1 mm。	5.8.3	
21	灵活性	防火门应启闭灵活、无卡阻现象。	5.9.1	
22		防火门门扇开启力不应大于80 N。	5.9.2	
23	可靠性	在进行500次启闭试验后，防火门不应有松动、脱落、严重变形和启闭卡阻现象。	5.10	
24	防火门关闭要求	防火门的设置应符合下列规定： 1 设置在建筑内经常有人通行处的防火门宜采用常开防火门。常开防火门应能在火灾时自行关闭，并应具有信号反馈的功能。 2 除允许设置常开防火门的位置外，其他位置的防火门均应采用常闭防火门。常闭防火门应在其明显位置设置"保持防火门关闭"等提示标识。 3 除管井检修门和住宅的户门外，防火门应具有自行关闭功能。双扇防火门应具有按顺序自行关闭的功能。 4 除本规范第6.4.11条第4款的规定外，防火门应能在其内外两侧手动开启。	6.5.1	GB50016-2014《建筑设计防火规范》
25	防烟要求	防火门关闭后应具有防烟性能。	6.5.1（6）	
26		设置在防火墙、防火隔墙上的防火窗，应采用不可开启的窗扇或具有火灾时能自行关闭的功能。	6.5.2	
27	防火窗启闭要求	活动式防火窗窗扇启闭控制装置的安装应符合设计和产品说明书要求，并应位置明显，便于操作。	5.4.3	GB50877-2014-2019《防火卷帘防火门防火窗施工及验收规范》
28		活动式防火窗应装配火灾时能控制窗扇自动关闭的温控释放装置。温控释放装置的安装应符合设计和产品说明书要求。	5.4.4	

29	防火窗启闭要求	安装在活动式防火窗上的温控释放装置动作后,活动式防火窗应在60s内自动关闭。	6.4.4	GB50877-2014-2019《防火卷帘防火门防火窗施工及验收规范》
30	防火窗框门框	钢制防火窗窗框内应填充水泥砂浆。窗框与墙体应用预埋钢件或膨胀螺栓等连接牢固,其固定点间距离不应大于600 mm。	5.4.2	
31		钢制防火门门框内应填充水泥砂浆。门框与墙体应用预埋刚件或膨胀螺栓等连接牢固,其固定点间距离不应大于600 mm。	5.3.8	
32	防火窗外表	每樘防火窗均应在其明显部位设置永久性标牌,并应标明产品名称、型号、规格、生产单位(制造商)名称和地址、产品生产日期或生产编号、出厂日期、执行标准等。	4.4.2	
33		防火窗表面应平整、光洁,并应无明显凹痕或机械损伤。	4.4.3	
34	防火门开启方向	除特殊情况外,防火门应向疏散方向开启,防火门在关闭后应从任何一侧手动开启。	5.3.1	
35	防火门搭接尺寸	防火门门扇与门框的搭接尺寸不应小于12 mm。	5.3.9	

第 10 篇　地面工程理论知识

62　木地板铺贴工程

62.1　木搁栅法木地板铺贴工程

木基层包括毛地板、搁栅、垫木、地垄墙（或砖墩）等。木基层根据支撑形式，可分为架空式木基层和实铺式木基层两种。

62.1.1　架空式木基层

施工工艺：

62.1.1.1　地垄墙（或砖墩）

1 首层地垄墙（或墩）一般采用红砖、水泥砂浆或混合砂浆砌筑。地垄墙（或墩）的厚度应根据架空的高度及使用的条件，通过计算后确定。垄墙与垄墙之间的距离，一般不宜大于 2 m，否则会造成木搁栅（木龙骨）断面尺寸加大，不利于降低工程造价。地垄墙与砖墩的差别，主要在于砖墩的布置要同搁栅的布置一致，如搁栅一般间距 40cm，那么砖墩间距也应 40 cm。有时考虑到砖墩尺寸偏大，间距又较密，墩与墩之间距离较小，为了施工方便，将砖墩连成一体变成垄墙。

2 地垄墙（或墩）标高应符合设计要求，必要时可在其顶面抹水泥砂浆或豆石混凝土找平。

3 为使木基层的架空层获得良好的通风条件，架空层同外部及每道架空层间的隔墙、地垄墙、暖气沟墙，均要设通风孔洞。在砌筑时将通风孔洞留出，尺寸一般为 120 × 120 mm。外墙每隔 3~5 m 预留不小于 180 × 180 mm 的通风孔洞，外侧安风篦子，下皮标高距室外地墙不宜小于 200 mm。如果空间较大，要在地垄墙内穿插通行，在地垄墙还需设 750 × 750mm 的过人孔洞。

62.1.1.2　垫木

1 在地垄墙（或砖墩）与搁栅之间，一般用垫木连接。加设垫木的作用，主要是将搁栅传来的荷载，通过垫木传到地垄墙（或砖墩）上，免得砖墙表面由于受力不均而使上层砌体松动，或者由于局部受力过大，超过砖的抗压强度而被破坏。所以，用地垄墙（或砖墩）支撑整个木地面荷载的构造体系，加设垫木是从安全使用角度考虑的。之所以使用木材，主要是因为木材质轻而抗压强度较高，如一般木材顺纹抗压强度为 24.5~73.5 MPa，远远大于红砖的抗压强度。

2 垫木使用前应浸防腐剂，进行木材防腐处理。防腐处理通常用对致腐菌有毒杀作用的物质涂刷在木构件与潮湿来源的接触部位。目前工程中采用煤焦油 2 道，或刷 2 道氟化钠水溶剂，往往在溶液中加入氧化铁红，所以，在刷过的表面呈淡红色。

3 垫木与地垄墙（或砖墩）连接，常用 8 号铅丝绑扎。铅丝预先固定在砖砌体中，待垫木放稳、放平、符合标高后，再用 8 号铅丝拧紧。

4 垫木的厚度一般为 50 mm，可以锯成一段，直接铺于搁栅底下，也可沿地垄墙通长布置。如若通长布置，绑扎固定的间距应不超过 300 mm，接头采用平接。在两根接头处，绑扎的铅丝应分别在接头处的两端 150 mm 以内进行绑扎，以防接头处松动。

62.1.1.3 木搁栅（龙骨）

1 木搁栅的作用主要是固定与承托面层。如果从受力状态分析，它也可以说是一根小梁。所以，木搁栅断面的选择，应根据地垄墙（或砖墩）的间距大小而有所区别。间距大，木搁栅的跨度大，断面尺寸相应地也要大一些。

2 木搁栅一般与地垄墙面垂直，摆放间距一般 400 mm，并应根据设计要求，结合房间的具体尺寸均匀布置。木搁栅与墙间应留出不少于 30 mm 缝隙。木搁栅的标高要准确，可以用水平仪进行抄平，也可根据房间"50"标准线进行检查。特别要注意木搁栅表面标高与门扇下沿及其他地面标高的关系，用 2 m 靠尺检查，尺与搁栅的空隙不应超过 3 mm。如若表面不平，可用垫板垫平，也可刨平，或者在底部砍削找平，但砍削深度不宜超过 10 mm，砍削处用防腐剂处理。采用垫板找平时，垫板要与搁栅钉牢。

3 木搁栅找平后，用铁钉以搁栅两侧中部斜向（45°）与垫木钉牢，搁栅安装要牢固，并保持平直。搁栅表面要作防腐处理。

62.1.1.4 剪刀撑

1 设置剪刀撑主要是增加木搁栅的侧向稳定，将一根根单独的搁栅连成一个整体，增加了整个楼面的刚度。另外，设置剪刀撑，对木搁栅本身的翘曲变形也起到了一定的约束作用。所以，在架空木基层中，搁栅与搁栅之间设置剪刀撑，是保证质量的构造措施。

2 剪刀撑布置于木搁栅两侧面，用铁钉固定于木搁栅上，间距应按设计要求布置。

62.1.1.5 毛地板

1 毛地板是用较窄折松、杉木板条，在木搁栅上部满钉一层。毛板条用铁钉与搁栅钉紧，表面要平，缝不必太严密，可以有 2~3 mm 的缝隙。相邻板条的接缝要错开。

2 当面层采用条形或硬木拼花席纹地面时，毛地板一般采用斜向铺设，斜向角度为 30° 或 45°。当采用硬木拼花人字纹时，一般与木搁栅垂直铺设。

3 毛地板固定的钉，宜用板厚 2.5 倍的圆钉，每端 2 个。铺设木地板前，必须将架空层内部的杂物清理干净，否则一旦铺满，则较难清理。

62.1.2 实铺式木基层

62.1.2.1　施工程序：设埋件、做防潮层→弹线→设木垫块和木搁栅→填保温、隔声材料→钉毛板→做面层板→刨平、刨光→油漆、打蜡

62.1.2.2　施工要点：为保证地板的质量，实铺式木基层必须按下述要求铺设施工。

1 对于现浇钢筋混凝土楼板，可用预埋镀锌铅丝或"形铁件"的办法，将木搁栅固定于楼板上，预埋件中距为 800 mm。

2 对于预制圆孔板或首层基底，可以通过垫层混凝土或豆石混凝土找平层中预埋镀锌铅丝或"形铁丝"。

3 防潮层一般用冷底子油，热沥青一道或一毡二油做法。它的作用是防止潮气侵入地面层，引起木材变形、腐蚀等。

4 在安放垫木和木搁栅前，应根据设计标高在墙面四周弹线，以便找平木搁栅的顶面高度。

5 木搁栅使用前要进行防腐处理。铅丝绑扎 800 mm 间距。固定时将搁栅上皮削成 10×10 mm 凹槽内，使搁栅表面平整。木搁栅通常加工成梯形（俗称燕尾龙骨），这样不仅可以节省木材，同时也有利于稳固。

6 搁栅与搁栅之间的空隙内，填充一些轻质材料，如干焦渣、蛭石、矿棉毡、石灰炉渣等，厚度 40 mm。这样可以减少人在地板上行走时所产生的空鼓音。填充材料不得高出木搁栅上皮。

7 搁栅与搁栅之间，还要设置横撑，固距 150 mm 左右，与搁栅垂直相交，用铁钉固定。设置横撑的目的主要是加强搁栅的整体性，避免日久松动。

8 在双层铺钉做法时，要先铺一层毛板，钉毛板要在保温和隔声材料干燥后进行。

62.1.3　面层铺设施工

面层施工主要是包括面层板条的固定及表面的饰面处理。固定方式以钉接固定为主。即用圆钉将面层板条固定在毛地板或木搁栅上。条形板的拼缝一般采用平口、企口或错口形式。

62.1.3.1　固定方法

面层板的固定有单层条式钉接固定和双层条式钉接固定两种方法。

1 单层条式钉固法：单层条形板与木搁栅垂直铺设，并用圆钉将其固定在搁栅上。

2 双层条式钉固法：用于毛板基层，将面层条板直接固在毛地板上。

62.1.3.2　施工要点

1 条形木地板的铺设方向应考虑铺钉方便、固定牢固、使用美观的要求。对于走廊、过道等部位，应顺着行走的方向铺设，而室内房间，宜顺着光线铺钉。对于大多数房间来说，顺着光线铺钉，同行走方向是一致的。

2 以墙面一侧开始，将条心木板材心向上逐块排紧铺钉，缝隙不超过 1 mm，板的接口应在木搁栅上，圆钉的长度为板厚的 2.0~2.5 倍。硬木板铺钉前应先钻孔，一般孔径为钉径的 0.7~0.8 倍。

3 用钉固定，在钉法上有明钉和暗钉两种钉法。明钉法，先将钉帽砸扁，将圆钉斜向

钉入板内，同一行的钉帽应在同一条直线上，并须将钉帽冲入板内 3~5 mm。暗钉法，将钉帽砸扁，从板边的凹角处，斜向钉入。在铺钉时，钉子要与表面呈一定角度，一般常用 45° 或 60° 斜钉入内。

4 双层木板面层下层的毛地板，可采用钝棱料，其宽度不大于 120 mm。如果在毛地板上铺钉长条木板或拼花木板，为防止使用中发生音响和潮气侵蚀，应先铺设一层沥青油毡。

62.1.4 施工注意事项

62.1.4.1 一定要按设计要求施工，选择材料应符合质量标准。

62.1.4.2 所有木垫块、木搁栅均要做防腐处理，条形木地板底面全做防腐处理。

62.1.4.3 木地板靠墙处要留出 15mm 空隙，以利通风。在地板和踢脚板相交处，如安装封闭木压条，则应在木踢脚板上留通风孔。

62.1.4.4 实铺式木板所铺设的油毡防潮层必须与墙身防潮层连接。

62.1.4.5 在常温条件下，细石混凝土垫层浇灌后至少 7d，方可铺装木搁栅。

62.1.5 塑胶地板铺贴工程

62.1.5.1 施工程序

弹线分格→裁切试铺→刮胶→铺贴→清理→养护

62.1.5.2 施工要点

1 弹线分格：按塑料地板的尺寸、颜色、图案弹线分格。塑料板铺贴一般有两种方式：一种是接缝与墙面成 45° 角，称为对角定位法；另一种是接缝与墙面平行，称为直角定位法。

1）对角定位法：弹线时，以房间中心点为中心，弹出相互垂直的两条定位线。同时，要考虑板块尺寸和房间尺寸的关系，尽量少出现小于 1/2 板宽的窄条，相邻房间之间出现交叉和改变面层颜色，均应设在门的裁口线处，而不是在门框边缘。分格时，应距墙边留出 200~300 mm 以作镶边。

2）直角定位法：铺贴时，以弹线为依据，从房间的一侧向另一侧铺贴，也可采用十字形、丁字形、交叉形铺贴方式。

2 裁切试铺：塑料板在裁切试铺前，应进行脱脂除蜡处理。

1）将每张塑料板放进 75℃ 左右的热水中浸泡 10~20 min，然后取出晾干，用棉丝蘸溶剂（丙酮：汽油 =1：8 的混合溶剂）进行涂刷脱脂除蜡，以保证塑料板在铺贴时表面平整，不变形和粘贴牢固。

2）塑料板试铺前，对于靠墙外不是整块的塑料板，可在已铺好的塑料板上放一块塑料板，再用一块塑料板的一边与墙紧贴，沿另一边在塑料板上画线，按线裁下的部分即为所需尺寸的边框。

3 刮胶：塑料板铺贴刮胶前，应将基层清扫洁净，并先涂刷一层薄而匀的底子胶。底子胶应根据使用的非水溶性胶粘剂加汽油和醋酸乙酯（或乙酸乙酯），经充分搅拌至完全均匀即可。涂刷要均匀一致，越薄越好，且不得漏刷。底子胶待干燥后，方可涂胶铺贴。

4 铺贴：铺贴是塑料地板施工操作的关键工序。铺贴塑料地板主要控制 3 个问题：一是塑料板要贴牢固，不得有脱胶、空鼓现象；二是缝格顺直，避免错缝发生；三是表面平整、干净，不得有凹凸不平、破损与污染。（1）对于接缝处理，粘接坡口做成同向顺坡，搭接宽度不小于 300 mm。

2）铺贴时，切忌整张一次贴上，应先将边角对齐粘合，轻轻地用橡胶滚筒将地板平伏地粘贴在地面上，准确就位后，用橡胶滚筒压实赶气，或用橡皮锤子敲实。用橡皮锤子敲打要从一边到另一边，或从中心移向四边。

3）在铺贴到墙边时，可能会出现非整块地板，应在准确量出尺寸后，现场裁割。裁剪后再按上述方法一并铺贴。

5 清理：铺贴完毕后，应及时清理塑料地板表面，特别是施工过程中因手触摸留下的胶印。对溶剂胶只需用湿布纱蘸少量松节油或 200 号溶剂汽油擦去从缝中挤出来的多余胶，对水乳型胶粘剂只需用湿布擦去，最后上地板蜡。

6 塑料地板铺贴完毕，要有一定的养护时间（1~3 天）。养护内容主要有两方面：一是禁止行人在刚铺过的地面大量行走；二是养护期间避免玷污或用水清洗表面。

62.1.5.3　施工注意事项

1 水泥基层要求表面平整，坚硬结实，不起砂、不起鼓裂缝。旧水泥基层要进行修补清洗，有缝和小凹面要用腻子刮平，用砂纸打磨。新水泥地面一定要在含水率小于 6% 时，方可施工。基层一定要清洗干净，特别不能残留白灰。

2 对于所有材料要进行检查，确认合格后方可使用，如果是塑料板块，要求尺寸准确、颜色一致、表面平整、无卷曲翘角；胶粘剂种类是否合适，有无失效变质。

3 塑料地板在粘贴前应作脱蜡处理，并在粘贴前 24 h，将塑料地板放置施工地点，使其保持与施工地点相同的温度。

4 涂胶时要使胶液满涂基层，厚度 2 mm 并超过分格弹线 10 mm，若在板背面涂胶，最好在距板边缘 5~10 m 不涂胶，以防粘贴时胶挤出弄脏板面。粘贴时应从一角一边开始，一边粘贴一边抹压，将胶粘层中的空气全部挤出。当粘贴好一块后，还应用橡皮锤敲打，增加粘结效果，切忌用力拉扯塑料板。

5 表面出现起鼓、露缝、严重不平整的板块，多因基层处理不好，胶粘剂质量有问题以及刷胶的温度和方法不妥等所致。若出现这种情况，要查明原因，除去不合格板块，铲平磨光基层后重新粘贴。在一般情况下，每一种板块都应留出一些，以备更换之用。

6 注意合理使用和随时调整工具，如在刮涂胶粘剂时使用钢皮刮板或塑料刮板，不能用刷子涂刷胶粘剂。刮涂中发现厚薄不当，除应考虑温度因素外，应看刮板的齿形、硬度是否合适，应根据经验和试验调换。

62.2　悬浮法木地板铺贴

62.2.1　铺设施工工艺流程

基层处理→铺塑料薄膜垫层→刮胶粘剂→拼接铺设→铺踢脚板（配套踢脚板）→整理完工

强化复合木地板与地面基层之间不需要胶粘或钉子固定，而是地板块之间用胶粘结成整体。

62.2.2 基层处理

地面必须干净、干燥、稳定、平整，达不到要求应在安装前修补好。复合木地板一般采取长条铺设，在铺设前应将地面四周弹出垂直线，作为铺板的基准线，基准线距墙边 8~10 mm。泡沫底垫是复合木地板的配套材料，按铺设长度裁切成块，比地面略短 l~2 cm，留作伸缩缝。底垫平铺在地面上，不与地面粘结，铺设宽度应与面板相配合。底垫拼缝采用对接（不能搭接），留出 2 mm 伸缩缝。

62.2.3 复合木地板安装

为了达到更好的效果，一般将地板条铺成与窗外光线平行的方向，在走廊或较小的房间，应将地板块与较长的墙壁平行铺设。先试铺三排不要涂胶。排与排之间的长边接缝必须保持一条直线，所以第一排一定要对准墙边弹好的垂直基准线。地板块间的短接头相互错开至少 20 cm，第一排最后一块板裁下的部分（小于 30 cm 的不能用）作为第二排的第一块板使用，这样铺好的地板会更强劲、稳定，有更好的整体效果，并减少浪费。

复合木地板不与地面基层及泡沫底垫粘，只是地板块之间用胶粘结成整体。所以第一排地板只需在短头结尾处的凸榫上部涂足量的胶，轻轻使地板块榫槽到位，结合严密即可，第二排地板块需在短边和长边的凹榫内涂胶，与第一排地板块的凸榫粘结，用小锤隔着垫木向里轻轻敲打，使两块板结合严密、平整，不留缝隙。板面余胶，用湿布及时清擦干净，保证板面没有胶痕。

每铺完一排板，应拉线和用方尺进行检查，以保证铺板平直。地板与墙面相接处，留出 8~10 mm 缝隙，用木楔子卡紧，地板块粘结后，24 小时内不要上人，待胶干透后把木楔子取出。

62.2.4 安装踢脚板

安装前，先在墙面上弹出踢脚板上口水平线，在地板上弹出踢脚板厚度的铺钉边线。

在墙内安装 60 mm × 120 mm × 120 mm 防腐木砖，间距 750 mm，在防腐木砖外面钉防腐木块，再把踢脚板用圆钉钉牢在防腐木块上。

圆钉长度为板厚的 2.5 倍，钉帽砸扁进入木板内。踢脚板的阴阳角交角处应切割成 45° 拼装。

踢脚板板面要垂直，上口呈水平线，在木踢脚板与地板交角处，可钉三角木条，以盖住缝隙。配套的踢脚板贴盖装饰，也是目前复合木地板安装中常用的，通常流行的踢脚板的尺寸有 60 mm 的高腰形与 40 mm 的低腰形。

62.2.5 复合地板铺设时的注意事项

62.2.5.1 地面基层要求平整，无高低凹凸现象，无粉尘，干燥。

62.2.5.2 铺设前要根据房间的尺寸结构进行试铺。

62.2.5.3 铺防潮膜时要实铺，接口搭接要大于 50 mm。

62.2.5.4 铺设方向应从房间的里面向外赶铺，接缝处涂胶要均匀，不外泄。

62.2.5.5　要用专用工具（木锯、连系钩等）或木楔夹紧板缝。

62.2.5.6　周边用踢脚板压紧收口或压条，门口用铜压条打胶固定或用螺钉固定。

62.2.5.7　铺设完工后 24h 内不得上人，以免引起脱胶开裂。

62.2.5.8　当地面为水泥砂浆、混凝土、地砖、硬 PVC 基层时，要铺设一层松软材料，如聚乙烯泡沫薄膜、波纹纸等，起防潮、减振、隔声作用，并改善脚感。

62.2.6　复合地板铺设的质量通病及防治措施

62.2.6.1　起拱

1 主要原因：

1）离墙四周未留伸缩缝。

2）超大面积未用 T 形过桥。

2 防治措施：

1）离墙四周应有 8~10 mm 伸缩缝。

2）房间的长超过 10 m，宽超过 8 m 时，中间应设 T 形过桥。

62.2.6.2　表面不平

1 主要原因：

1）板厚不一致。

2）地面找平层不平。

2 防治措施：

1）同一房间的板，其厚度应一致。

2）找平层应严格控制标准，不平度控制在 ±2 mm。

3）使用自动找平液。

62.2.6.3　接缝超 0.5 mm

1 主要原因：

1）拼接时没敲紧。

2）拼接时专用胶没施好。

2 防治措施：

1）铺贴要使用橡皮锤敲击至严密。

2）专用胶应注满 1/3 企口。

62.2.6.4　表面有胶迹

1 主要原因：铺设时滴有胶水或有挤出的胶液。

2 防治措施：不管是滴落或挤压出的胶液在未干前要抹干净。

63 地砖铺贴施工工艺

63.1 施工准备

63.1.1 材料准备

63.1.1.1 水泥：PO32.5 或 PS32.5 水泥，强度等级 32.5 以上白水泥（擦缝用）。

63.1.1.2 界面剂、分缝卡。

63.1.1.3 砂子：中、粗砂。

63.1.1.4 地砖：花色、品种、规格按图纸设计要求。

63.1.2 作业条件

63.1.2.1 墙柱面、天棚（天花）吊顶批腻子施工完毕。

63.1.2.2 各种管线、埋件安装完毕，如有防水层，管根已做防水处理并经检验合格。

63.1.2.3 楼地面各种孔洞缝隙应事先用细石土灌填密实（细小缝隙可用水泥砂灌填），并经检查无渗漏现象。

63.1.2.4 弹好水平标高控制线，各开间十字线控制及花样品种分隔线。

63.2 施工工艺

63.2.1 工艺流程

选砖→排砖→基层处理→找标高→铺抹结合层砂浆→铺砖→养护→勾缝

63.2.2 施工方法

63.2.2.1 选砖

施工前对进场的面砖开箱检查，对规格、颜色严加检查，不同规格进行分类堆放，并分层、分间使用。

63.2.2.2 排砖

将房间依照砖的尺寸留缝大小，排出砖的放置位置，并在基层地面弹出十字控制线和分格线。排砖应避免出现板面小于 1/4 边长的边角料。

63.2.2.3 基层处理

把粘在基层上的浮浆、落地灰等用錾子或钢丝刷清理掉，再用扫帚将浮土清扫干净。

63.2.2.4 找标高

根据水平标准线和设计厚度，在四周墙、柱上弹出面层上的上平标高控制线。

63.2.2.5 抹结合层

1 据水平控制线，打灰饼（打墩）及用刮尺（靠尺）推好冲筋（打栏）。

2 浇水湿润基层，再刷水灰比为 0.5 素水泥浆或界面剂。

3 根据冲筋厚度，用 1 : 3 干硬性水泥砂浆（以手握成团，不泌水为准）抹铺结合层20 mm。结合层应用刮尺（靠尺）及木抹子（磨板）压平打实（抹铺结合层时，基层应保持湿润，已刷素水泥浆不得有风干现象，结合层抹好后，以人站上面只有轻微脚印而无凹陷为准）。

4 干铺砂浆搅拌：要使用两种砂浆，一种是 1 : 4 的半干砂浆，用作垫层使用，另一种是 1 : 3 的砂浆，作粘合使用，砂采用水洗后的中砂，细砂主要用于墙面抹灰，中砂主要用于地面找平。

5 干铺打砂浆基层：一般采用干铺法，来源于早期的大理石铺装，虽然成本较高，但是铺出的地砖平整美观、经久耐用，砂浆要干湿适度，标准是"手握成团，落地开花"，在铺干砂浆前最好涂刷水灰比为 1 : 0.4~0.5 的水泥浆一道。对照中心线（十字线）在结合层面上弹上面块料控制线（靠墙一行面块料与墙边距离应保持一致，一般纵横每五块面料设置一度控制线）。

6 地砖铺贴

1）试铺，基层找平、夯实：地砖是否出现空鼓，这一步很重要，一定要夯实，同时这一步工人应检查该地砖与相邻的地砖边角是否有误差。

2）根据控制线先铺贴好左右靠边基准行（封路）的地砖块，以后根据基准行由内向外接线逐行铺贴。

3）用水泥膏（2~3 mm 厚）满涂块料背面，对准接线及缝子，将地砖块铺贴上。

4）要用橡皮锤均匀敲击，调整与水平线及其他地砖的水平度及缝隙的大小，如果有条件用水平尺检查瓷砖是否水平，用橡皮锤敲打直到完全水平。

5）挤出的水泥膏及时清干净（缝子比砖面凹 1 mm 为宜）。

灌缝：待粘贴水泥膏凝固后，用白水泥、颜料（色泽根据面料颜色调配）填平缝子（过大缝子要拌细砂直灌），用锯末（木糠）、棉丝将表面擦干净至不留残灰为止。

63.3　主控项目

63.3.1　面层与下一层应结合牢固，无空鼓、裂纹。

63.3.2　检验方法：同 GB50209。

63.3.3　面层表面的坡度应符合设计要求，不倒泛水、无积水；与地漏、管道结合处应严密牢固，无渗透。

63.4　一般项目

63.4.1　砖面层表面应洁净、图案清晰，色泽一致，接缝平整，深浅一致，周边顺直。板块无裂纹、缺棱、掉角等缺陷。

63.4.2　面层邻接处的镶边用料及尺寸应符合设计要求，边角整齐光滑。

63.4.3　踢脚线表面应洁净、高度一致、结合牢固，出墙厚度一致。

63.4.4　砖面层的允许偏差应符合 GB50209 中的规定。

63.4.5　检验方法：同 GB50209 的检验方法及其中的规定相同。

63.4.6　在管根或埋件部位应套裁，砖与管或埋件结合严密。

64 应注意的质量问题及解决方法

64.1 面层空鼓

64.1.1 底层未清理干净，未能洒水湿润透，夏季暴晒基层失水过快，影响面层与下一层的粘结力，造成空鼓。

64.1.2 刷素水泥浆或界面剂不到位或未能随刷随抹灰，造成砂浆与素水泥浆结合层之间的粘结力不够，形成空鼓。

64.1.3 养护不及时，水泥收缩过大，形成空鼓。

64.2 找坡不合格

地面积水，有泛水的房间未找好坡度，水不能排入地漏。

64.3 凡检验不合格的部位，均应返工纠正，并制定纠正措施，防止再次发生。

65 成品保护

65.1 施工时应注意对定位定高的标准杆、尺、线的保护，不得触动、移位。

65.2 对所覆盖的隐蔽工程要有可靠保护措施，不得因浇筑砂浆造成漏水、堵塞、破坏或降低等级。

65.3 砖面层完工后在养护过程中应进行遮盖和拦挡，保持湿润，避免受侵害。当水泥砂浆结合层强度达到设计要求后，方可正常使用。

65.4 后续工程在砖面上施工时，必须进行遮盖、支垫，严禁直接在砖面上动火、焊接、和灰、调漆、支铁梯、搭脚手架等；进行上述工作时，必须采取可靠保护措施。

65.5 调整、擦缝的操作人员，要穿软底鞋，踩踏面料时计平整木板。

65.6 运料具时，不要碰坏墙柱饰面、栏杆及门框，门框在适当高度位置要设置铁皮夹保护，以防手推车轴头碰坏门框。

65.7 施工时不得碰坏各种水电管线及埋件，施工时如有污染墙柱面、门窗、立线管及设备等，应及时清理干净。

66　地面石材铺贴施工工艺

66.1　施工准备

66.1.1　技术准备

66.1.1.1　大理石和花岗岩面层下的各层做法应按设计要求施工并验收合格。

66.1.1.2　样板间或样板块已经得到认可。

66.1.2　材料要求

66.1.2.1　水泥：宜采用硅酸盐水泥或普通硅酸盐水泥，其强度等级应在 32.5 级以上；不同品种、不同强度等级的水泥严禁混用。

66.1.2.2　砂：应选用中砂或粗砂，含泥量不得大于 3%。

66.1.2.3　大理石和花岗岩：规格品种均符合设计要求，外观颜色一致、表面平整，形状尺寸、图案花纹正确，厚度一致并符合设计要求，边角齐整，无翘曲、裂纹等缺陷。

66.2　主要机具

66.2.1　根据施工条件，应合理选用适当的机具设备和辅助用具，以能达到设计要求为基本原则，兼顾进度、经济要求。

66.2.2　常用机具设备有：云石机、手推车、计量器、筛子、木耙、铁锹、大桶、小桶、钢尺、水平尺、小线、胶皮锤、木抹子、铁抹子等。

66.3　作业条件

66.3.1　材料检验已经完毕并符合要求。

66.3.2　应对所覆盖的隐蔽工程进行验收且合格，并进行隐检会签。

66.3.3　施工前，应做好水平标志，以控制铺设的高度和厚度，可采用竖尺、挂线、弹线等方法。

66.3.4　对所有作业人员已进行技术交底，特殊工种必须持证上岗。

66.3.5　作业时的环境如天气、温度、湿度等状况应满足施工质量可达到标准的要求。

66.3.6　竖向穿过地面的立管安装完，并装有套管。如有防水层，基层和构造层已找坡，管根已做防水处理。

66.3.7　门框安装到位，并通过验收。

66.3.8　基层洁净，缺陷已处理完，并作隐蔽验收。

66.4　施工工艺

66.4.1　工艺流程

检验水泥、砂、大理石和花岗岩质量→试验→技术交底→试拼编号→准备机具设备→找标高→基底处理→铺抹结合层砂浆→铺大理石和花岗岩→养护→勾缝→检查验收

66.4.2　操作工艺

66.4.2.1　试拼编号：在正式铺设前，对每一房间的石材板块，应按图案、颜色、纹理

试拼，将非整块板对称排放在房间靠墙部位，试拼后按两个方向编号排列，然后按编号码放整齐。

66.4.2.2 找标高：根据水平标准线和设计厚度，在四周墙、柱上弹出面层的上平标高控制线。

66.4.2.3 基层处理：把沾在基层上的浮浆、落地灰等用篓子或钢丝刷清理掉，再用扫帚将浮土清扫干净。

66.4.2.4 排大理石和花岗岩：将房间依照大理石或花岗岩的尺寸，排出大理石或花岗岩的放置位置，并在地面弹出十字控制线和分格线。

66.4.2.5 铺设结合层砂浆：铺设前应将基底湿润，并在基底上刷一道素水泥浆或界面结合剂，随刷随铺设搅拌均匀的干硬性水泥砂浆。

66.4.2.6 铺大理石或花岗岩：将大理石或花岗岩放置在干拌料上，用橡皮锤找平，之后将大理石或花岗岩拿起，在拌料上浇适量素水泥浆，同时在大理石或花岗岩背面涂厚度约 1 mm 的素水泥膏，再将大理石或花岗岩放置在找过平的干拌料上，用橡皮锤按标高控制线和方正控制线坐平坐正。

66.4.2.7 铺大理石或花岗岩时应先在房间中间按照十字线铺设十字控制板块，之后按照十字控制板块向四周铺设，并随时用 2 m 靠尺和水平尺检查平整度。大面积铺贴时应分段、分部位铺贴。

66.4.2.8 如设计有图案要求时，应按照设计图案弹出准确分格线，并做好标记，防止差错。

66.4.2.9 养护：当大理石或花岗岩面层铺贴完应养护，养护时间不得小于 7 d。

66.4.2.10 勾缝：当大理石或花岗岩面层的强度达到可上人程度的时候（结合层抗压强度达到 1.2MPa），进行勾缝，用同种、同强度等级、同色的掺色水泥膏或专用勾缝膏。颜料应使用矿物颜料，严禁使用酸性颜料。缝要求清晰、顺直、平整、光滑、深浅一致，缝色与石材颜色一致。

66.5 质量标准

66.5.1 主控项目

66.5.1.1 材料应符合规范及设计要求。

66.5.1.2 面层与下一层应结合牢固，无空鼓。

66.5.1.3 面层表面的坡度应符合设计要求，不倒泛水、无积水；与地漏、管道接合处应严密牢固，无渗漏。

66.5.2 一般项目

66.5.2.1 大理石和花岗岩面层表面应洁净、平整、无磨痕，且应图案清晰、色泽一致，接缝平整，周边顺直，镶嵌正确，板块无裂纹、缺棱、掉角等缺陷。

66.5.2.2 踢脚线表面应洁净、高度一致、结合牢固，出墙厚度一致。

66.5.2.3 楼梯踏步和台阶板块的缝隙宽度应一致、齿角整齐；楼层梯段相邻踏步高度差不应大于 10 mm；防滑条应顺直牢固。

66.6　注意事项

66.6.1　作业环境

应连续进行，尽快完成。夏季防止暴晒，冬季应有保温防冻措施，防止受冻；在雨、雪、低温、强风条件下，在室外或露天不宜进行大理石和花岗岩面层作业。

66.6.2　应注意的质量问题

66.6.2.1　板面空鼓：由于混凝土垫层清理不净或浇水湿润不够，刷素水泥浆不均匀或刷的面积过大、时间过长已风干，干硬性水泥砂浆任意加水，大理石板面有浮土未浸水湿润等等因素，都易引起空鼓。因此必须严格遵守操作工艺要求，基层必须清理干净，结合层砂浆不得加水，随铺随刷一层水泥浆，大理石板块在铺砌前必须浸水湿润。

66.6.2.2　接缝高低不平、缝子宽窄不匀：主要原因是板块本身有厚薄及宽窄不匀、窜角、翘曲等缺陷，铺砌时未严格拉通线进行控制等因素，均易产生接缝高低不平、缝子不匀等缺陷。所以应预先严格挑选板块，凡是翘曲、拱背、宽窄不方正等块材剔除不予使用。铺设标准块后，应向两侧和后退方向顺序铺设，并随时用水平尺和直尺找准，缝子必须拉通线不能有偏差。房间内的标高线要有专人负责引入，且各房间和楼道内的标高必须相通一致。

66.6.2.3　过门口处板块易活动：一般铺砌板块时均应先从门框以内操作，门框以外于楼道相接的空隙（即墙宽范围内）均应后铺砌，如此处过早上人，则易造成此处活动。在进行楼道地面板块放样提货加工时，应考虑过门口处的板块尺寸，并同时加工，以便铺砌楼道地面板块时，可同时操作。

66.6.3　本工程石材铺贴及干挂后锈斑处理方法

66.6.3.1　锈斑的形成

锈斑主要是由石材中的铁质经氧化反应而成。铁质、水、氧是促成锈斑形成的三大要素。通常，我们按锈斑反应层次的不同将其分成两大类：

1 深层锈斑。很多石材品种，特别是花岗石都含有一定的比例的铁质成分，当这些铁质成分与水和氧充分接触后，就会引起氧化反应，生成锈斑。特别容易出现这种锈斑的石材有：山东白麻（小花）、锈石（板岩）等。另外，水泥中的碱质在水的作用下与石材中的铁质发生反应，也会形成锈斑。

2 表面锈斑。石材在开采、加工、运输、安装的过程中，表面与铁质物体接触后留下少量铁质残留物，这些铁质残留物会与空气中的水分、氧气产生氧化反应而生成锈斑。

66.6.3.2　锈斑的处理

锈斑的处理方法主要是采用除锈剂来进行处理。在进行除锈处理时，应注意以下几点：

1 尽量避免采用草酸直接清洗石材锈斑，因为草酸只是简单地把锈斑氧化还原，被氧化还原的铁离子仍具不稳定性，很容易与空气中的水和氧再次发生氧化反应重新生成铁锈，并且会随着草酸水溶液的流动而进一步扩大锈斑的面积。这就是为什么采用草酸除锈时锈斑会越除越多、越除越大的缘故。

2 选用除锈剂时，一定要选用质量好的产品。因为好的除锈剂除了酸的成分以外，另外还加有适量的添加剂以保持氧化还原反应中铁离子的稳定性。采用这种除锈剂处理过的锈斑即使不做防护处理，也能保持很长时间不会复发。相反，有些除锈剂只是一些酸的简单混合液，不能保持氧化还原反应中铁离子的稳定性、复发率高。

3 由于组成大理石和花岗石的成分不同、性质不一样，大理石主要成分为碳酸钙，呈碱性，花岗石的主要成分为二氧化硅，呈酸性，所以使用除锈剂时，一定要分清大理石除锈剂和花岗石除锈剂。花岗石除锈剂绝对不能用于大理石的锈斑处理。

4 表面锈斑处理时，只需用除锈剂在表面刷涂即可。有时，也可采用表面磨抛的方法进行处理；深层锈斑的处理相对要复杂一些，需要保持一定的剂量和反应时间。有时还会需要重复使用才能达到理想的效果。

5 石材在使用除锈剂施工后，建议再用清水清洗一遍，干燥后一定要用优质石材养护剂做好防护处理。目的在于彻底清除氧化反应后的残留物，防止再次发生氧化反应。

66.6.3.3 锈斑的预防

锈斑的预防主要根据是对其形成的三要素——水、氧、铁质的有效控制来进行。结合多年的治理经验，我们将锈斑预防的主要有效方法归纳为以下几点：

1 石材在施工以前，一定要采用优质材料养护剂对石材进行防护处理，阻断石材内铁质与水的接触。

2 尽量避免采用高碱性水泥进行石材的粘接施工，降低水泥中碱质与石材中铁质发生反应的机会。

3 尽量减少施工时水的使用量。

4 避免铁器（质）以及酸碱性物质与石材的直接接触。

5 对含铁质较丰富的石材品种，建议采用干挂法进行施工，尽量避免湿式施工法。

66.6.3.4 防止浅色石材反碱、咬色和翘曲变形措施

在石材铺贴施工中，因石材的结构特性、化学成分不同，某些石材会对水泥的碱性环境产生不良反应，具体表现为反碱、咬色、翘曲变形等情况，而浅色石材尤为突出。根据我们大量的施工实践和经验积累，针对这样一些石材，为保证在使用后不影响装饰效果，需在施工前在其板背涂加不同性质的涂层，形成保护膜，防止这些石材产生反应，我们在长期的施工过程中积累了相关的处理经验，能够避免上述情况的产生。

66.6.4 地面积水，有泛水的房间未找好坡度。

66.7 成品保护

66.7.1 施工时应注意对定位定高的标准杆、尺、线的保护，不得触动、移位。

66.7.2 对所覆盖的隐蔽工程要有可靠保护措施，不得因浇筑砂浆造成漏水、堵塞、破坏或降低等级。

66.7.3 大理石或花岗岩面层完工后在养护过程中应进行遮盖、拦挡和湿润，不应少于7d。当水泥砂浆结合层的抗压强度达到设计要求后方可正常使用。

66.7.4 后续工程在大理石和花岗岩面层上施工时，必须进行遮盖、支垫，严禁直接

在大理石和花岗岩面上动火、焊接、和灰、调漆、支铁梯、搭脚手架等；进行上述工作时，必须采取可靠保护措施。

66.8　安全环保措施

66.8.1　在运输、堆放、施工过程中应注意避免扬尘、遗撒、沾带等现象，应采取遮盖、封闭、洒水、冲洗等必要措施。

66.8.2　运输、施工所用车辆、机械的废气、噪声等应符合环保要求。

66.8.3　电气装置应符合施工用电安全管理规定。

附录 O 蜜蜂新居验房标准依据——地面铺贴工程

地面铺贴工程						
1	铺贴一般要求	建筑装饰装修工程	地面	整体面层	基层：基土、灰土垫层、砂垫层和砂石垫层、碎石垫层和碎砖垫层、三合土及四合土垫层、炉渣垫层、水泥混凝土垫层和陶粒混凝土垫层、找平层、隔离层、填充层、绝热层	3.0.1	GB50209-2010《建筑地面工程施工质量验收规范》
					面层：水泥混凝土面层、水泥砂浆面层、水磨石面层、硬化耐磨面层、防油渗面层、不发火（防爆）面层、自流平面层、涂料面层、塑胶面层、地面辐射供暖的整体面层		
				板块面层	基层：基土、灰土垫层、砂垫层和砂石垫层、碎石垫层和碎砖垫层、三合土及四合土垫层、炉渣垫层、水泥混凝土垫层和陶粒混凝土垫层、找平层、隔离层、填充层、绝热层		
					面层：砖面层（陶瓷锦砖、缸砖、陶瓷地砖和水泥花砖面层）、大理石面层和花岗石面层、预制板块面层（水泥混凝土板块、水磨石板块、人造石板块面层）、料石面层（条石、块石面层）、塑料板面层、活动地板面层、金属板面层、地毯面层、地面辐射供暖的板块面层		
				木、竹面层	基层：基土、灰土垫层、砂垫层和砂石垫层、碎石垫层和碎砖垫层、三合土及四合土垫层、炉流垫层、水泥混凝土垫层和陶粒混凝土垫层、找平层、隔离层、填充层、绝热层		
					面层：实木地板、实木集成地板、竹地板面层（条材、块材面层）、实木复合地板面层（条材、块材面层）、浸渍纸层压木质地板面层（条材、块材面层）、软木类地板面层（条材、块材面层）、地面辐射供暖的木板面层		

表 3.0.1 建筑地面工程子分部工程、分项工程的划分表

建筑地面工程子分部工程、分项工程的划分应按表 3.0.1 的规定执行。

续表O

项次															规范编号	引用标准

2	建筑装饰装修工程	厕浴间、厨房和有排水（或其他液体）要求的建筑地面面层与相连接各类面层的标高差应符合设计要求。	3.0.18	
3		铺设有坡度的地面应采用基土高差达到设计要求的坡度；铺设有坡度的楼面（或架空地面）应采用在结构楼层板上变更填充层（或找平层）铺设的厚度或以结构起坡达到设计要求的坡度。	3.0.12	
4		板块类踢脚线施工时，不得采用混合砂浆打底。	6.1.7	GB50209-2010《建筑地面工程施工质量验收规范》

第5项：建筑装饰装修工程（6.1.8）

项次	项目	陶瓷锦砖、高级水磨石板、陶瓷地砖面层	缸砖面层	水泥花砖面层	水磨石板块面层	大理石、花岗岩、人造石、金属板面层	塑料面层	水泥混凝土块面层	碎拼大理石，花岗岩面层	活动地板面层	条石面层	块石面层	检查方法
1	表面平整度	2.0	4.0	3.0	3.0	1.0	2.0	4.0	3.0	2.0	10	10	2m靠尺和楔形塞尺
2	缝格平直	3.0	3.0	3.0	3.0	2.0	3.0	3.0	—	2.5	8.0	8.0	拉5m线和用钢尺检查
3	接缝高低差	0.5	1.5	0.5	1.0	0.5	0.5	1.5	—	0.4	2.0	—	用钢尺和楔形尺检查

5	板块面层的允许偏差和检验方法应符合表6.1.8的规定。													6.1.8	GB50209–2010《建筑地面工程施工质量验收规范》
建筑装饰装修工程	项次	项目	陶瓷锦砖、高级水磨石板、陶瓷地面层	缸砖面层	水泥花砖面层	水磨石板块面层	大理石、花岗岩、人造石、金属板面层	塑料面层	水泥混凝土板块面层	碎拼大理石、花岗岩面层	活动地板面层	条石面层	块石面层	检查方法	
	4	踢脚线上口平直	3.0	4.0	—	4.0	1.0	2.0	4.0	1.0	—	—	—	拉5m线和用钢尺检查	
	5	板块间隙宽度	2.0	2.0	2.0	2.0	1.0	—	5.0	—	0.3	5.0	—	用钢尺检查	

6	面层铺贴与下一层的结合（粘结）应牢固，无空鼓（单块砖边角允许有局部空鼓，但每自然间或标准间的空鼓砖不应超过总数的5%）。	6.2.7
7	砖面层的表面应洁净、图案清晰，色泽应一致，接缝应平整，深浅应一致，周边应顺直。板块应无裂纹、掉角和缺棱等缺陷。	6.2.8
8	踢脚线表面应洁净，与柱、墙面的结合应牢固。踢脚线高度及出柱、墙厚度应符合设计要求，且均匀一致。	6.2.10
9	楼梯、台阶踏步的宽度、高度应符合设计要求。踏步板块的缝隙宽度应一致；楼层梯段相邻踏步高度差不应大于10mm；每踏步两端宽度差不应大于10mm，旋转楼梯梯段的每踏步两端宽度的允许偏差不应大于5mm。踏步面层应做防滑处理，齿角应整齐，防滑条应顺直、牢固。	6.2.11

续表O

10	建筑装饰装修工程	面层表面的坡度应符合设计要求，不倒泛水、无积水；与地漏、管道结合处应严密牢固，无渗漏。	6.2.12	GB50209-2010《建筑地面工程施工质量验收规范》
11		石材板材有裂缝、掉角、翘曲和表面有缺陷时应予剔除，品种不同的板材不得混杂使用。	6.3.2	
12		地面辐射供暖的板块面层铺设时不得扰动填充层，不得向填充层内楔入任何物件。	6.10.3	
13		地面辐射供暖的板块面层的伸、缩缝及分格缝应符合设计要求；面层与柱、墙之间应留不小于 10 mm 的空隙。	6.10.5	
14	饰面砖	墙面砖铺贴应符合下列规定： 1 墙面砖铺贴前应进行挑选，并应浸水 2 h 以上，晾干表面水分。 2 铺贴前应进行放线定位和排砖，非整砖应排放在次要部位或阴角处。每面墙不宜有两列非整砖，非整砖宽度不宜小于整砖的 1/3。 3 铺贴前应确定水平及竖向标志，垫好底尺，挂线铺贴。墙面砖表面应平整、接缝应平直、缝宽应均匀一致。阴角砖应压向正确，阳角线宜做成 45° 角对接。在墙面突出物处，应整砖套割吻合，不得用非整砖拼凑铺贴。 结合砂浆宜采用 1:2 水泥砂浆，砂浆厚度宜为 6~10 mm。水泥砂浆应满铺在墙砖背面，一面墙不宜一次铺贴到顶，以防塌落。	12.3.1	GB50327-2001《住宅装饰装修工程施工规范》
15		陶瓷砖的粘贴方法及涂层厚度应根据施工要求、陶瓷砖规格和性能、基层等情况确定。陶瓷砖粘结砂浆涂层平均厚度不宜大于 5 mm。 （14.3.1 石材、地面砖铺贴前应浸水湿润。天然石材铺贴前应进行对色、拼花并试拼、编号。铺贴后应及时清理表面，24h 后应用 1:1 水泥浆灌缝，选择与地面颜色一致的颜料与白水泥拌和均匀后嵌缝。GB50327-2001《住宅装饰装修工程施工规范》）	10.1.3	JG/T 223《预拌砂浆应用技术规程》
16		基层应平整、坚固，表面应洁净。当基层平整度超出允许偏差时，宜采用适宜材料补平或剔平。	10.2.1	
17		陶瓷砖应粘贴牢固，不得有空鼓。 （12.6.2 粘贴小型瓷砖，宜使用薄涂法施工，施工时间不应大于晾置时间，瓷砖底部应均匀粘贴不少于 70 % 的接触面积。 12.6.3 粘贴较大的瓷砖，宜使用厚涂法，对墙体有抗渗要求的，按规定做好防水处理，瓷砖底部应均匀的粘贴不少于 70 % 的接触面积。JC/T 2089-2011《干混砂浆生产工艺与应用技术规范》）	10.4.3	
18		满粘法施工的内墙饰面砖应无裂缝，大面和阳角应无空鼓。	10.2.4	
19		饰面砖墙面或地面应平整、洁净、色泽均匀，不得有歪斜、缺棱掉角和裂缝现象。	10.4.4	

| 20 | | 饰面砖砖缝应连续、平直、光滑，嵌填密实，宽度和深度一致，并应符合设计要求。 | 10.4.5 | |

陶瓷砖粘贴的尺寸允许偏差和检验方法应符合表 10.4.6 的要求。

表 10.4.6　陶瓷砖粘贴的尺寸允许偏差和检验方法

检验项目	允许偏差（mm）	检验方法
立面垂直度	3	用 2 m 托线板检查
表面平整度	2	用 2 m 靠尺、楔形塞尺检查
阴阳角方正	2	用方尺、楔形塞尺检查
接缝平直度	3	拉 5 m 线，用尺检查
接缝深度	1	用尺量
接缝宽度	1	用尺量

项次21对应 10.4.6

| 22 | 饰面砖 | 内墙面凸出物周围的饰面砖应整砖套割吻合，边缘应整齐。墙裙、贴脸突出墙面的厚度应一致。 | 10.2.6 | JG/T 223《预拌砂浆应用技术规程》 |

内墙饰面砖粘贴的允许偏差和检验方法应符合表 10.2.8 的规定。

表 10.2.8　内墙饰面砖粘贴的允许偏差和检验方法

项次	项目	允许偏差（mm）	检验方法
1	立面垂直度	2	用 2 m 垂直检测尺检查
2	表面平整度	3	用 2 m 靠尺和塞尺检查
3	阴阳角方正	3	用 200 mm 直角检测尺检查
4	接缝直线度	2	拉 5 m 线，不足 5 m 拉通线，用钢直尺检查
5	接缝高低差	1	用钢直尺和塞尺检查
6	接缝宽度	1	用钢直尺检查

项次23对应 10.2.8

续表O

24	石材铺贴	墙面石材铺装应符合下列规定： 1 墙面砖铺贴前应进行挑选，并应按设计要求进行预拼。 2 强度较低或较薄的石材应在背面粘贴玻璃纤维网布。 3 当采用湿作业法施工时,固定石材的钢筋网应与预埋件连接牢固。每块石材与钢筋网拉接点不得少于 4 个。拉接用金属丝应具有防锈性能。灌注砂浆前应将石材背面及基层湿润,并应用填缝材料临时封闭石材板缝,避免漏浆。灌注砂浆宜用 1:2.5 水泥砂浆,灌注时应分层进行,每层灌注高度宜为 150~200 mm,且不超过板高的 1/3,插捣应密实。待其初凝后方可灌注上层水泥砂浆。 4 当采用粘贴法施工时,基层处理应平整但不应压光。胶粘剂的配合比应符合产品说明书的要求。胶液应均匀、饱满的刷抹在基层和石材背面,石材就位时应准确,并应立即挤紧、找平、找正,进行顶、卡固定。溢出胶液应随时清除。	12.3.2	GB50327-2001《住宅装饰装修工程施工规范》
25		天然石材在铺装前应采取防护措施,防止出现污损、泛碱等现象。	14.1.5	
26		石材、地面砖铺贴应符合下列规定： 1 石材、地面砖铺贴前应浸水湿润。天然石材铺贴前应进行对色、拼花并试拼、编号。 2 铺贴前应根据设计要求确定结合层砂浆厚度,拉十字线控制其厚度和石材、地面砖表面平整度。 3 结合层砂浆宜采用体积比为 1:3 的干硬性水泥砂浆,厚度宜高出实铺厚度 2~3 mm。铺贴前应在水泥砂浆上刷一道水灰比为 1:2 的素水泥浆或干铺水泥 1~2 mm 后洒水。 4 石材、地面砖铺贴时应保持水平就位,用橡皮锤轻击使其与砂浆粘结紧密,同时调整其表面平整度及缝宽。 5 铺贴后应及时清理表面,24 h 后应用 1:1 水泥浆灌缝,选择与地面颜色一致的颜料与白水泥拌和均匀后嵌缝。	14.3.1	
27		石板上的孔洞应套割吻合,边缘应整齐。	9.2.8	

28	石材铺贴	石板安装的允许偏差和检验方法应符合表 9.2.9 的规定。 表 9.2.9					9.2.9	GB50327-2001 《住宅装饰装修工程 施工规范》

石板安装的允许偏差和检验方法应符合表 9.2.9 的规定。

表 9.2.9

项次	项目	允许偏差（mm）			检验方法
		光面	剁斧石	蘑菇石	
1	立面垂直度	2	3	3	用 2 m 垂直检测尺检查
2	表面平整度	2	3		用 2 m 靠尺和塞尺检查
3	阴阳角方正	2	4	4	用 200 mm 直角检测尺检查
4	接缝直线度	2	4	4	拉 5 m 线，不足 5 m 拉通线，用钢直尺检查
5	墙裙、勒脚上口直线度	2	3	3	
6	接缝高低差	1	3		用钢直尺和塞尺检查
7	接缝宽度	1	2	2	用钢直尺检查

序号	分项	内容	条款	规范
29	木板铺贴	木板表面应平整、洁净、色泽一致，应无缺损。	9.4.3	GB50210-2018 《建筑装饰装修工程 质量验收标准》
30		木板接缝应平直，宽度应符合设计要求。	9.4.4	
31		木板上的孔洞应套割吻合，边缘应整齐。	9.4.5	

		木板安装的允许偏差和检验方法应符合表 9.4.6 的规定。 表 9.4.6　木板安装的允许偏差和检验方法				
32	木板铺贴				9.4.6	GB50210-2018《建筑装饰装修工程质量验收标准》

表 9.4.6　木板安装的允许偏差和检验方法

项次	项目	允许偏差（mm）	检验方法
1	立面垂直度	2	用 2 m 垂直检测尺检查
2	表面平整度	1	用 2 m 靠尺和塞尺检查
3	阴阳角方正	2	用 200 mm 直角检测尺检查
4	接缝直线度	2	拉 5 m 线，不足 5 m 拉通线，用钢直尺检查
5	墙裙、勒脚上口直线度	2	拉 5 m 线，不足 5 m 拉通线，用钢直尺检查
6	接缝高低差	1	用钢直尺和塞尺检查
7	接缝宽度	1	用钢直尺检查

项次	项目	内容	条文
33	金属板安装	金属板安装工程的龙骨、连接件的材质、数量、规格、位置、连接方法和防腐处理应符合设计要求。金属板安装应牢固。	9.5.2
34		外墙金属板的防雷装置应与主体结构防雷装置可靠接通。	9.5.3
35		金属板表面应平整、洁净、色泽一致。	9.5.4
36		金属板接缝应平直，宽度应符合设计要求。	9.5.5
37		金属板上的孔洞应套割吻合，边缘应整齐。	9.5.6
38	金属板安装	金属板安装的允许偏差和检验方法应符合表 9.5.7 的规定。	9.5.7

表 9.5.7　金属板安装的允许偏差和检验方法

项次	项目	允许偏差（mm）	检验方法
1	立面垂直度	2	用 2 m 垂直检测尺检查
2	表面平整度	3	用 2 m 靠尺和塞尺检查
3	阴阳角方正	3	用 200 mm 直角检测尺检查
4	接缝直线度	2	拉 5 m 线，不足 5 m 拉通线，用钢直尺检查
5	墙裙、勒脚上口直线度	2	拉 5 m 线，不足 5 m 拉通线，用钢直尺检查
6	接缝高低差	1	用钢直尺和塞尺检查
7	接缝宽度	I	用钢直尺检查

39		塑料板安装工程的龙骨、连接件的材质、数量、规格、位置、连接方法和防腐处理应符合设计要求。塑料板安装应牢固。	9.6.2	
40		塑料板表面应平整、洁净、色泽一致，应无缺损。	9.6.3	
41		塑料板接缝应平直，宽度应符合设计要求。	9.6.4	
42		塑料板上的孔洞应套割吻合，边缘应整齐。	9.6.5	
43	塑料板安装	塑料板安装的允许偏差和检验方法应符合表9.6.6的规定。 **表9.6.6　塑料板安装的允许偏差和检验方法** （见下表）	9.6.6	GB50210-2018《建筑装饰装修工程质量验收标准》
44		自流平面层的各构造层之间应粘结牢固，层与层之间不应出现分离、空鼓现象。	5.8.9	
45	自流平面层	自流平面层的表面不应有开裂、漏涂和倒泛水、积水等现象。	5.8.10	GB50209-2010《建筑地面工程施工质量验收规范》
46		自流平面层应分层施工，面层找平施工时不应留有抹痕。	5.8.11	
47		自流平面层表面应光洁，色泽应均匀、一致，不应有起泡、泛砂等现象。	5.8.12	

表9.6.6　塑料板安装的允许偏差和检验方法

项次	项目	允许偏差（mm）	检验方法
1	立面垂直度	2	用2m垂直检测尺检查
2	表面平整度	3	用2m靠尺和塞尺检查
3	阴阳角方正	3	用200mm直角检测尺检查
4	接缝直线度	2	拉5m线，不足5m拉通线，用钢直尺检查
5	墙裙、勒脚上口直线度	2	拉5m线，不足5m拉通线，用钢直尺检查
6	接缝高低差	1	用钢直尺和塞尺检查
7	接缝宽度	1	用钢直尺检查

续表O

48	自流平面层	自流平面层的允许偏差应符合本规范表 5.1.7 的规定。 表 5.1.7　整体面层的允许偏差和检验方法 （见下表）	5.8.13	GB50209-2010《建筑地面工程施工质量验收规范》

表 5.1.7　整体面层的允许偏差和检验方法

项次	项目	允许偏差（mm）									检验方法
		水泥混凝土面层	水泥砂浆面层	普通水磨石面层	高级水磨石面层	硬化耐磨面层	防油渗混凝土和不发火（防爆）面层	自流平面层	涂料面层	塑胶面层	
1	表面平整度	5	4	3	2	4	5	2	2	2	用 2m 靠尺和楔形塞尺检查
2	踢脚线上口平直	4	4	3	3	4	4	3	3	3	拉 5m 线和用钢尺检查
3	缝格顺直	3	3	3	2	3	3	2	2	2	

49	地板铺贴通则	基层一般规定：墙面应同地面相互垂直，在距离地面 200 mm 以内的墙面应平整，用 2 m 靠尺检测墙面平整度，最大弦高宜小于或等于 3 mm。	5.2.1	GB/T 20238-2018《木质地板铺装、验收和使用规范》
50		悬浮法地板铺装，用 2 m 靠尺检测地面平整度，靠尺与地面最大弦高应≤ 3 mm。	6.2.2	
51		地垫厚度应≥ 2 mm。	6.2.3	
52		通常地板铺装损耗量小于铺装面积的 5%，特殊房间和特殊铺装由供需双方协商确定。	6.2.4	

53	地板铺贴通则	实施铺装前应做好下述准备： 1）彻底清理地面，确保地面无沙粒，无浮土，无明显凸出物和施工废弃物； 2）测量地面的含水量，地面含水率合格后方可施工，不应湿地施工； 3）根据用户房屋已铺设的管道、线路布置情况，标明各管道、线路的位置以便施工； 4）制定合理的铺装方案。若铺装环境特殊应及时与用户协商，并采取合理的解决方案； 5）门的下沿安装好的地板（或扣条）间预留不小于 3 mm 的间隙，确保地板安装后门扇应开关自如。	6.2.5.1.1	GB/T 20238-2018《木质地板铺装、验收和使用规范》
54		地垫铺设要求平整，不重叠地铺满整个铺设地面，接缝处应用胶带粘接严实。可在地垫下铺设防潮膜，其幅宽接缝处应重叠 100 mm 以上并用胶带粘接严实，墙角处翻起大于或等于 50 mm。	6.2.5.2	
55		通用要求：地板竣工验收时应满足下列要求。 1）靠近门口处，宜设置伸缩缝，并用扣条过渡，门扇底部与扣条间隙不小于 3 mm，门扇应开闭自如，扣条应安装牢固； 2）地板表面应洁净，平整。地板外观质量应符合相应产品标准要求； 3）地板铺设牢固，不松动，踩踏无明显异响。	6.3.2.1	
56	悬浮法地板铺设	地板铺设时，应满足下述要求： 1）地板与墙及地面固定物间应加入一定厚度的木楔，使地板与其保持 8 mm~12 mm 的距离； 2）采用错缝铺装方式时，长度方向相邻两排地板端头拼缝间距应大于或等于 200 mm； 3）同一房间收尾排地板宽度宜大于或等于 50 mm； 4）如需施胶，涂胶应连续、均匀和适量，地板拼合后应适时清除挤到地板表面上的粘结剂； 5）地板铺装宽度或长度大于或等于 8m 时，应在适当位置进行隔断预留伸缩缝，并用扣条过渡；靠近门口处宜设置伸缩缝并用扣条过渡，扣条应安装稳固； 6）在地板与其他材料衔接处，应进行隔断（间隙 8 mm~12 mm），并征得用户认可，扣条过渡应安装稳固； 7）地板侧面、端面和切割面可进行防潮处理； 8）在铺装过程中应随时检查，如发现问题应及时采取措施； 9）安装踢脚线时应将木楔取出后方可安装； 10）铺装完毕后铺装人员要全面清扫施工现场，并且全面检查地板铺装质量，确定无铺装缺陷后方可要求用户在铺装验收单上签字确认； 施胶铺装的地板应养护 24 h 后方可使用。	6.2.5.3	

浸渍纸层压木质地板铺装质量要求见表3。

表3

项目	测量工具	质量要求
表面平整度	2 m 靠尺 钢板尺，分度值 0.5 mm	≤ 3.0 mm/2 m
拼装高度差	塞尺，分度值 0.02 mm	≤ 0.15 mm
拼装高缝	塞尺，分度值 0.02 mm	≤ 0.2 mm
地面与墙及地面固定物间隙	钢板尺，分度值 0.5 mm	0.8 mm~12.0 mm
地板表面		无损伤，无明显划痕，无明显胶斑
异响		主要行走区域不明显
非平面类仿古木质地板不检拼装高度差		

57　悬浮法地板铺设　6.2.5.4.1

实木复合地板，软木复合地板铺装质量要求见表4。

表4

项目		测量工具	质量要求
表面平整度		2m 靠尺 钢板尺，分度值 0.5 mm	≤ 3.0 mm/ 两米
拼装高度差	无倒角	塞尺，分度值 0.02 mm	≤ 2.00 mm
	有倒角		≤ 0.25 mm
拼装高缝		塞尺，分度值 0.02 mm	≤ 0.4 mm
地面与墙及地面固定物间间隙		钢板尺，分度值 0.5 mm	0.8 mm~12.0 mm
地板表面			无损伤，无明显划痕，无明显胶斑
异响			主要行走区域不明显
非平面类仿古木质地板不检拼装高度差			

58　6.2.5.4.2

GB/T 20238-2018
《木质地板铺装、验收和使用规范》

59	悬浮法地板铺设	踢脚线安装：踢脚线应安装牢固，上口应平直，安装质量要求见表2。 表2 | 项目	测量工具	质量要求 | |---|---|---| | 踢脚线与门框的间隙 | 钢板尺，分度值 0.5 mm | ≤ 2.0 mm | | 踢脚线与拼装的间隙 | 塞尺，分度值 0.02 mm | ≤ 1.0 mm | | 踢脚线与地板表面的间隙 | 塞尺，分度值 0.02 mm | ≤ 3.0 mm | | 同一面墙踢脚线上沿直线度 | 2m 靠尺 钢板尺，分度值 0.5 mm | ≤ 3.0 mm/2 m | | 踢脚线接口高度差 | 钢板尺，分度值 0.5 mm | ≤ 1.0 mm |	6.2.5.5	
60		悬浮铺装法要点：地板铺设长度或宽度大于等于 8 m 时，宜采取合理间隔措施，设置伸缩缝并用扣条过渡。	6.3.2.2	GB/T 20238–2018《木质地板铺装、验收和使用规范》
61		实施铺装前，应对下述规定进行确认： 用两米靠尺检测地面平整度，软木地板铺装地面平整度应小于或等于 1.5 mm/2 mm，实木复合地板铺装地面平整度应小于或等于 3 mm/2 mm，否则应进行找平处理。	7.2.2	
62	直接胶粘法	地板铺装： 1）软木地板铺装时应在地面和地板背面涂胶，施胶量应适中，涂布应均匀，无遗漏。其他地板铺装时在地面和地板背面涂胶，可施点胶或面胶； 2）采用错缝铺装方式时，长度方向相邻两排地板端头拼缝间距应大于或等于 200 mm； 3）同一房间收尾排地板宽度宜大于或等于 50 mm； 4）根据施工环境湿度情况，适时陈放后按铺装方案进行地板粘贴，在地板粘贴过程中，采用橡胶锤锤紧或辊轮辊压等方式，将地板与地面紧密胶合。 5）在地板与其他材料衔接处，应征求用户意见进行隔断，可安装过渡条或弹性密封材料填充，扣条或弹性密封材料应安装稳固； 6）在铺装过程中应随时检查，如发现问题应及时采取措施； 7）铺装完毕后铺装人员要全面清扫施工现场，并且全面检查地板铺装质量，确定无铺装缺陷后方可要求用户在铺装验收单上签字确认； 8）施胶地板应养护 24 h 后方可使用。	7.2.5.3	

续表O

63	直接胶粘法	软木地板铺装质量要求见表5。 表5　软木地板铺装质量要求 | 项　目	测量工具	质量要求
---	---	---
表面平整度	2 m 靠尺钢板尺，分度值 0.5 mm	≤ 2.0 mm/2 m
拼装高度差	塞尺，分度值 0.02 mm	≤ 0.3 mm
拼装离缝	塞尺，分度值 0.02 mm	≤ 0.4 mm
地板与墙及地面固定物间的间隙	钢板尺，分度值 0.5 mm	≤ 3.0 mm
漆面		无损伤、无明显划痕		7.2.5.4	GB/T 20238–2018《木质地板铺装、验收和使用规范》
64		验收要点： 1）地板与其他地面材料衔接处，宜采取合理间隔措施，设置不大于 3 mm 的伸缩缝，可用扣条或弹性密封材料过渡，扣条或弹性密封材料应安装牢固； 2）门扇底部与扣条间隙不小于 3 mm，门扇应开闭自如； 3）地板表面应洁净，平整，地板外观质量要符合相应产品质量要求； 4）地板铺设应牢固不松动。	7.3.2	
65	辐射供暖地板	实施铺装前应对下述规定进行确认： 1）地面工程施工质量应符合 GB50209-2010 的相关规定； 2）用 2m 靠尺检测地面平整度，靠尺与地面最大弦高应小于或等于 3 mm； 3）预制沟槽保温板地面辐射供暖，宜铺设绝热层，均热层； 4）地面不得打眼、钉钉，以防破坏地面供暖系统； 5）采用直接胶粘法铺装时，室内环境温度在 5℃以上。	8.2.2	
66		防潮膜铺设：防潮膜铺设要求平整并铺满整个铺设地面，其幅宽接缝处应重叠 200 mm 以上并用胶带粘接严实。	8.2.6.1.2	

67		地板铺装时，应满足以下要求： 1）地板与墙及地面固定物间加入一定厚度的木楔，使地板与墙保持 15 mm~20 mm 的距离（依据产品尺寸稳定性控制距离），其他地板与墙面保持 8 mm~12 mm 距离； 2）采用错缝铺装方式时，长度方向相邻两排地板端头拼缝间距大于或等于 200 mm； 3）同一房间首尾排地板宽度宜大于或等于 50 mm； 4）实木地板铺装宽度大于或等于 5 m，铺装长度大于或等于 8 m，其他地板铺装长度或宽度大于或等于 8 m 时，应在适当位置进行隔断预留伸缩缝，并用扣条过渡，靠近门口处，宜设置伸缩缝，并用扣条过渡，扣条应安装稳固； 在地板与其他地面材料衔接处，预留伸缩缝大于或等于 8 mm，并安装扣条过渡，扣条应安装稳固。	8.2.6.1.4	
68	辐射供暖地板	地板施压拼合后，在墙的周边伸缩缝中，可定距放入压缩弹簧片塞紧木地板，保持侧向，纵向压力。	8.2.6.1.5	GB/T 20238-2018《木质地板铺装、验收和使用规范》
69		地板铺装质量要求： 1）地暖采用实木地板铺装符合表1（略）要求。 2）地暖采用浸渍纸压地板铺装符合表3（略）要求。 3）地暖采用实木复合地板铺装符合表4（略）要求。 4）地暖采用软木地板铺装符合表5（略）要求。	8.2.6.1.6	
70		验收要点：悬浮法铺装按照6.3.2的规定进行。直接粘贴法按照7.3.2的规定进行。	8.3.2	
71		辐射供暖地面木质地板使用规范： 1）在使用地面辐射供暖系统时，应缓慢升降温，建议升降温度速度不超过 3℃ /24 h，以防止地板开裂变形。 2）建议地板表面温度不超过 27℃，不得覆盖面积超过 1.5 m² 的不透气材料，避免使用无腿的家具。 保修期限：正常维护条件下使用，自验收之日起保修期为1年。	9.2	

附录 P 地面工程注意事项

P1 瓷砖粘贴砖后不得有整体空鼓现象，墙体边缘单砖空鼓率控制在 30% 之内。

P2 做美缝砖缝留 1.5 mm~2 mm，且选用防霉美缝剂（不然后期很容易发霉）。

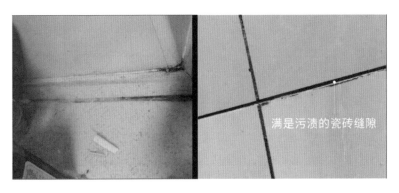

图 P-1　瓷砖缝隙发霉

P3　卫生间地漏、排水地面坡度应满足排水要求，无返水、积水现象，有地漏的房间要做排水试验。

图 P-2　卫生间排水检查

P4　贴完瓷砖地面要做地面保护。

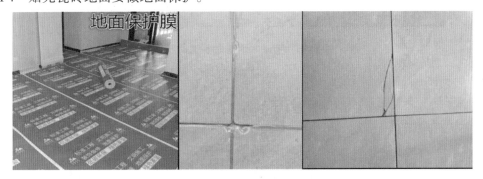

图 P-3　地面保护

P5　墙地瓷砖建议选择瓷砖对缝铺贴（更美观一点）。

图 P-4　瓷砖对缝

P6　木地板区域地面找平，表面平整度误差应 ≤ 3 mm，表面光滑、密实，无起砂、无蜂窝等。

多种切割方式切割留边可在 1 mm~5 mm 调整。

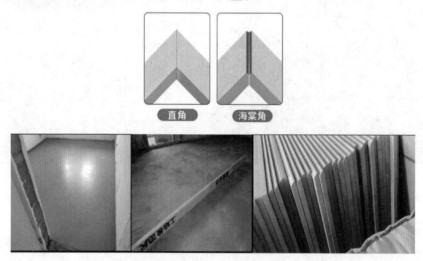

图 P-5　铺设木地板之前地面找平

P7　找坡：排水坡度必须满足排水要求，淋浴房和淋浴外各需要一个，保证地漏在最低点，不得有积水现象。淋浴房内防滑石缝隙用云石胶密封，墙砖缝用美缝剂密封。防止水渗入砂浆层。

图 P-6　地面找坡

P8　贴砖完工验收

P8.1　验收空鼓，5% 以内为合格，瓷砖四周少许空鼓可以接受，中间有空鼓的地方一定要换掉。

图 P-7　验收空鼓

P8.2　验收平整度，看四块砖的角有没有凹凸不平问题，接缝处高低差不超过 0.5 mm。

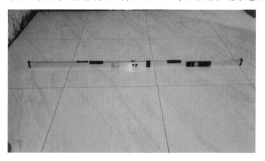

图 P-8　验收平整度

P8.3　卫生间门口的瓷砖一定要高出 1 cm 左右（防止卫生间的水外流）。

图 P-9　门槛石

P8.4　淋浴房挡水条高度要比瓷砖高 3~4 cm（太低会导致水溢出）。

图 P–10　淋浴房挡水条

P9　瓷砖的挑选见"附录 M 泥瓦工注意事项"的 M5 项。

第 11 篇 橱柜制作安装工程施工方案

67 材料要求

67.1 木材及制品：壁柜、吊柜木制品由工厂加工成品或半成品，木材含水率不大于12%。木制品的有害物质限量必须符合国家标准的有关规定要求。加工的框和扇进场时应对型号、质量进行核查，需有产品合格证。

67.2 其他材料：防腐剂、胶粘剂、插销、木螺丝、拉手、锁、碰珠、合页，按设计要求的品种、规格备齐。胶粘剂中的有害物质限量应符合国家规范要求。

68 主要机具

主要机具包括：电焊机、手电钻、冲击钻、大刨、二刨、小刨、裁口刨、木锯、斧子、扁铲、螺丝刀、钢水平尺、凿子、钢锉、钢尺等。

69 作业条件

69.1 结构工程和有关壁柜、吊柜的构造连体已具备安装壁柜和吊柜的条件，室内已有标高水平线。

69.2 壁柜框、扇进场后及时将加工品靠墙、贴地，顶面应涂刷防腐涂料，其他各面应涂刷底油一道，然后分类码放。加工品码放底层要垫平、保持通风，一般不应露天存放。

69.3 壁柜、吊柜的框和扇，在安装前应检查有无窜角、翘曲、弯曲、劈裂，如有以上缺陷，应修理合格后，再进行拼装。吊柜钢骨架应检查规格，有变形的应修正合格后进行安装。

69.4 壁柜、吊柜的框安装应在抹灰前进行，扇的安装应在抹灰后进行。

70 操作工艺

70.1 工艺流程

定位、放线→框、架安装→壁柜、隔板支点安装→壁（吊）柜扇安装→合页安装→对开扇安装→五金安装

70.2 操作工艺

70.2.1 定位放线：抹灰前利用室内统一标高线，根据设计施工图要求的壁柜、吊柜标高及上下口高度，考虑抹灰厚度的关系，确定相应的位置。

70.2.2 框、架安装：壁柜、吊柜的框和架安装应在室内抹灰前进行，安装在正确位置后，两侧框每个固定件钉 2 个钉子与墙体木砖钉固，钉帽不得外露。若隔断墙为加气混凝土或轻质隔板墙时，应按设计要求的构造固定。如设计无要求时可预钻 ϕ5 mm 孔，深 70~100 mm，并事先在孔内预埋木楔粘胶水泥浆，打入孔内粘牢固后再安装固定柜。

采用钢柜时，需在安装洞口固定框的位置预埋铁件，进行框件的焊固。在框、架固定时，应先校正、套方、吊直、核对标高位置准确无误后再进行固定。

70.2.3 壁柜、隔板支点安装：按施工图隔板标高位置及要求的支点构造安设支点条（架），木隔板的支点，一般是将支点木条钉在墙体木砖上，混凝土隔板一般为 U 形铁件或设置角钢支架。

70.2.4 壁（吊）柜扇安装

按扇的安装位置确定五金型号，对开扇裁口方向，一般应以开启方向的右扇为盖口扇。

检查框口尺寸：框口高度应量上口两端；框口宽度应量两侧框间上、中、下三点，并在扇的相应部位定点画线。根据画线进行柜扇第一次修刨，使框、扇留缝合适，试装并划第二次刨线，同时划出框、扇合页槽位置，注意画线时避开上下冒头。

70.2.5 合页安装

根据标划的合页位置，用扁铲凿出合页边线，即可剔合页槽。

安装时应将合页先压入扇的合页槽内，找正拧好，固定螺丝。试装时，修合页槽的深度，调整框扇缝隙，框上每只合页先拧一个螺丝，然后关闭，检查框与扇平整、无缺陷，符合要求后将全部螺丝安上拧紧、拧平。木螺丝应钉入全长的 1/3，拧入 2/3，如框、扇为黄花松或其他硬木时，合页安装螺丝应划位打眼，孔径为木螺丝的 0.9 倍直径，眼深为螺丝的 2/3 长度。

70.2.6 安装对开扇：先将框、扇尺寸量好，确定中间对口缝、裁口深度，画线后进行刨槽，试装合适时，先装左扇，后装盖扇。

70.2.7 五金安装：五金的品种、规格、数量按设计要求安装，安装时注意位置的选择，无具体尺寸时操作应按技术交底进行，一般应先安装样板，经确认后再大面积安装。

71　质量标准

71.1　主控项目

71.1.1　橱柜制作与安装所用材料的材质和规格、木材的燃烧性能等级和含水率、花岗石的放射性及人造木板的甲醛含量应符合设计要求及国家标准的有关规定。

71.1.2　橱柜安装预埋件或后置埋件的数量、规格、位置应符合设计要求。

71.1.3　橱柜的造型、尺寸、安装位置、制作和固定方法应符合设计要求。橱柜安装必须牢固。

71.1.4　橱柜配件的品种、规格应符合设计要求。配件应齐全，安装应牢固。

71.1.5　橱柜的抽屉和柜门应开关灵活、回位正确。

71.2　一般项目

71.2.1　橱柜表面应平整、洁净、色泽一致，不得有裂缝、翘曲及损坏。

71.2.2　橱柜裁口应顺直、拼缝应严密。

71.2.3　橱柜安装的允许偏差及检验方法应符合表 11-1 的规定。

表 11-1　橱柜安装的允许偏差及检验方法

项次	项目	允许偏差（mm）	检验方法
1	外形尺寸	3	用钢尺检查
2	立面垂直度	2	用 1m 垂直检测尺检查
3	门与框架的平行度	2	用钢尺检查

72　成品保护

72.1　木制品进场前应涂刷底油一道，靠墙面应刷防腐剂，钢制品应刷防锈漆，入库存放。

72.2　安装壁柜、吊柜时，严禁碰撞抹灰及其他装饰面的口角，防止损坏成品面层。

72.3　安装好的壁柜隔板，不得拆改，保护产品完整。

73 应注意的问题

73.1 抹灰面与框不平，造成贴脸板、压缝条不平：主要是因框不垂直，面层平整度不一致或抹灰面不垂直。

73.2 柜框安装不牢：预埋木砖安装固定不牢、固定点少。用钉固定时，要数量够，木砖埋牢固。

73.3 合页不平，螺丝松动，螺帽不平正，缺螺丝：主要原因，合页槽深浅不一，安装时螺丝钉打入太长。操作时螺丝打入长度 1/3，拧入深度应 2/3，不得倾斜。

73.4 柜框与洞口尺寸误差太大，造成边框与侧墙、顶与上框间缝隙过大。应注意结构施工留洞尺寸，严格检查确保洞口尺寸。

附录 Q 蜜蜂新居验房标准依据——橱柜工程

		橱柜工程		
1	橱柜	橱柜应安装牢固。	13.2.2	JGJ/T304-2013《住宅室内装饰装修工程质量验收规范》
2		柜体间、柜体与台面板、柜体与底座间的配合应紧密、平整,结合处应牢固,不松动。	13.2.3	
3		柜体贴面应严密、平整, 无脱胶、胶迹和鼓泡等现象, 裁割部位应进行封边处理。	13.2.4	
4		柜体顶板、壁板内表面和柜体可视表面应光洁平整, 颜色均匀, 无裂纹、毛刺、划痕和碰伤等缺陷。	13.2.5	
5		门与柜体安装连接应牢固, 不应松动, 开关应灵活, 且不应有阻滞现象。	13.2.6	
6		柜体外形尺寸的允许偏差不应大于 1 mm, 对角线长度之差不应大于 3 mm。门与柜体缝隙应均匀, 宽度不应大于 2 mm。	13.2.7	
7		抽屉和拉篮应有防拉出的设施。	13.3.8	
8		橱柜表面应平整、洁净、色泽一致, 不得有裂缝、翘曲及损坏。	14.2.6	GB50210-2018《建筑装饰装修工程质量验收标准》
9		橱柜裁口应顺直、拼缝应严密。	14.2.7	

10	橱柜	橱柜安装的允许偏差和检验方法应符合表 14.2.8 的规定。 表 14.2.8　橱柜安装的允许偏差和检验方法				14.2.8	GB50210-2018《建筑装饰装修工程质量验收标准》
		项次	项目	允许偏差（mm）	检验方法		
		1	外形尺寸	3	用钢尺检查		
		2	立面垂直度	2	用 1m 垂直检测尺检查		
		3	门与框架的平行度	2	用钢尺检查		

序号	材料名称	图例	特性	规格
1	生态板		常见的叫法还有免漆板和三聚氰胺板。一般等同于三聚氰胺贴面板，由细木工板（由两片单板中间胶压拼接木板而成）等贴上三聚氰胺皮而成。生态板也叫作免漆板。适合于木工现场制作。	1220×2440
说明：做柜门易变形。				
2	颗粒板		颗粒板是用木材或者其他木制纤维的碎料，施加胶粘剂后在压力和热力作用下制作而成的人造板，又称碎料板，适合做柜体。	2.8×2 1220×2440
说明：不易变形，可做柜体柜。				
3	无（微）醛板		以楠竹、芦苇、农作物秸秆、松木碎料为主要原料，施加 MDI 胶及功能性添加剂，经高温高压制作而成。它不仅平整光滑、结构均匀对称、板面坚实，而且具有尺寸稳定性好、强度高、环保、阻燃和耐候性好等特点，适合做柜体。	1220×2440
说明：用 MDI 胶的都可以称为微醛板。				

序号	材料名称	图例	特性	规格
4	欧松板		欧松板即 OSB 板，表面有独特的花纹，除直接展现原木本色外，进行涂装后的 OSB 板也有着独特的装饰效果。成品健康环保、物理性能强，适合做柜体。	1220×2440
说明：不易变形，价位适中，可做柜体柜。				
5	多层板		由木段旋切成单板或由木方刨切成薄木，再用胶粘剂胶合而成的三层或多层的板状材料，通常用奇数层单板，并使相邻层单板的纤维方向互相垂直胶合而成，适合做柜体。	1220×2440
说明：承重性好，可做橱柜体等。				
6	密度板		是以木质纤维或其他植物纤维为原料，施加树脂或者其他胶合剂，然后加以压力胶合成型，适合做柜门等造型。	1220×2440
说明：优点是造型能力超强，可用来做复杂造型。缺点是不环保。				

附录 R　柜门类型

R1　模压门板（也叫吸塑门板，基材是密度板，易做造型，小厂也有多层板）

图 R-1　模压门板

R2　亚克力门板（耐刮花，不宜变色，表面光滑，便于清洁，但是反光镜面容易产生廉价感）。

图 R-2　亚克力门板

R3　双饰面门板（花色丰富，纹理逼真，造型单一）

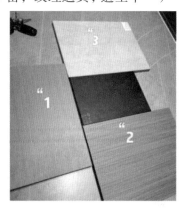

图 R-3　双饰面门板

R4　烤漆板（造型丰富，颜色多样，基材是高密度板，可做造型）

图 R-4　烤漆板

R5　PET（不易变色，表面光滑，便于清洁，基材是欧松板）

封边方式：

EVA 封边（不要选择）

PUR 封边（优先选择）

激光封边（如果是大品牌，可以使用）

表 R-5　定制家具（五金）分类明细

序号	材料名称	图例	特性
1	铰链		铰链选带阻尼器的，不锈钢材料，最好是表面镀镍的，强度高，耐腐蚀。
2	拉手		拉手的材料有锌合金、铜、铝、不锈钢、塑胶、原木、陶瓷等。
3	导轨		有轮式、钢珠式、齿轮式、阻尼滑轨。挑选时要反复推拉，没有阻尼感且无声为最好。

续　表

序号	材料名称	图例	特性
4	衣通		硬度和承载力是重点，好的衣通可以承载 50~100 kg。
5	拉篮		选择时首先要注意外观是否平整，涂层是否均匀，摸着是否舒服，其次就是拉动轨道是否推拉流畅，不出现卡住、难拉的情况。注意里面是否自带灯光。

表 R-6　定制家具签合同注意事项

1	计算标准	确定衣柜、橱柜的尺寸，高度、深度、宽度具体是多少。超出部分怎么收费。
2	确认板材品牌、型号	确定柜子的柜体、柜门、背板所用的板材型号及厚度。如果要加钱，具体加多少。
3	五金	确定具体品牌、型号以及具体个数。超出部分怎么收费。
4	抽屉	如果是赠送，确定具体送几个、抽屉尺寸，超出部分怎么收费。
5	灯带、拉直器、石材	具体品牌、型号、尺寸、数量，超出部分怎么收费。
重要提醒：以上具体细节都必须写在合同里，否则后期一旦增项，费用就难以控制了。		

定制家具的计价方式：

衣柜一般按展开面积和投影面积计算；

投影面积：长 × 高

抽屉、裤架需要额外计算，做全屋定制的时候要注意。

展开面积计算方式相当于把衣柜每个部分拆分开来计算。

板材、五金等每一项加起来计算，容易出现增项，只要加东西价格就会重新计算，而且容易出错，不建议用这种方式计算。

延米计价：吊柜米数 × 吊柜单价＋地柜米数 × 地柜单价＋台板米数 × 台板单价＋（后加的五金、玻璃、灯等配饰，可以不加）＝橱柜总价。

整体：套餐的模式。这种计算方式比较简单，但会受到尺寸的限制。

表 R-7　橱柜选购注意事项

序号	图例	说　明
1		橱柜板材使用多层板，泡水实验最优秀。
2		吊柜建议做到顶，留缝难看，容易藏灰，进油烟后不好打理。
3		水槽建议做台中盆，因为台上盆不能一抹进槽，台下盆则容易掉。石材厚度要 15 mm 以上。
4		吊柜不建议做上翻门，因为关门够不着。下拉门和直开门都可以。
5		水槽下面的柜子一定要做铝箔防水处理。
6		灶台、水槽、备餐等功能区的间隔距离一定要合理划分。
7		地柜高度 = 身高 ÷2+5 cm，吊柜在地柜高度基础上 +60 cm。石材选石英石，物美价廉，高硬度，不易渗油，耐高温

序号	图例	说　明
8		小户型选单水槽更实用，配沥水篮，大件餐具都能放下，双槽不太实用。
9		灶台下方柜门要有排气孔，否则燃气公司不给通燃气。

第 12 篇 吊顶工程施工专项方案

74 材料准备

74.1 材料要求

74.1.1 石膏板：符合设计要求的石膏板。

74.1.2 铝条板：符合设计要求铝条板。

74.1.3 铝扣板：符合设计要求铝扣板。

74.1.4 石膏板吊顶龙骨：一般选 U38 轻钢主龙骨、UC50 次龙骨，配件有吊挂件、连接件、挂插件，必须符合施工规范规定。

74.1.5 铝条板（铝方板）、吊顶 U38 龙骨，配套次龙骨及挂件等。

74.1.6 零配件：$\phi6$ 钢筋吊杆、射钉、自攻螺钉。

74.2 机具准备

电锯、无齿锯、射钉枪、手锯、手刨子、钳子、螺丝刀、扳子、方尺、钢尺、钢卷尺等。

74.3 施工作业条件

74.3.1 提前完成吊顶条板及方板的排板施工大样图，确定好通风口及各种露明孔口位置。

74.3.2 根据 1 m 水平标高控制线，在墙身四周弹好吊顶的标高线，并核查完毕。

安装完顶棚内的各种管线及通风道，确定好灯位、通风口及各种露明孔口位置。并核对吊顶高度与其内设备标高是否受影响。

74.3.3 顶棚的各种管线、设备及通风道安装完成，消防报警、消防喷淋系统施工完毕，并办理完交接和隐检手续。管道系统要试水、打压完成。

74.3.4 顶棚安装面板前必须完成墙面湿作业分项工程。特别注意在安装边龙骨前必须完成墙面的找平（包括墙面腻子或墙面砖等）。

74.3.5 龙骨吊顶在大面积施工前，应做样板间，对顶棚的起拱度、灯槽、通风口的构造处理，分块及固定方法等应经试装并经鉴定后可大面积施工。

75　主要施工技术措施

75.1　石膏板吊顶

75.1.1　施工工艺流程

基层清理→弹线→安装吊筋→安装主龙骨

→　安装次龙骨→　⎡　机电系统工程完毕　⎤　--> 隐蔽检查
　　　　　　　　⎣　试水、打压完毕　　　⎦

→安装石膏板→涂料施工→分项验收

75.1.2　施工技术措施

75.1.2.1　基层清理：吊顶弹线施工前将管道洞口封堵处以及顶上的杂物清理干净。

75.1.2.2　弹线：根据每个房间的水平控制线确定吊顶标高，并在墙顶上弹出吊顶线作为安装的标准线，在标准线上画好龙骨分档间距位置线。

75.1.2.3　安装吊筋：根据施工图纸要求和施工现场情况确定吊筋的大小和位置，吊筋加工要求钢筋与角钢焊接，其双面焊接长度不小于 2 cm 并将焊渣敲掉，在吊筋安装前必须先刷防锈漆；安装吊筋焊接角钢一般为 L30×3，吊筋采用 $\phi6$ 钢筋。顶棚骨架安装顺序是先高后低，吊筋使用角钢打孔后用膨胀螺栓固定在结构顶板上的，一般所用的膨胀螺栓采用 $\phi8$。吊点间距 900~1200 mm，安装时上端与预埋件焊接或者用膨胀螺栓固定牢固，下端套丝后与吊件连接。套丝一般要求长度为 5 cm，以便于调节吊顶标高和起拱，并且安装完毕的吊杆端头外露长度不小于 3 mm。

75.1.2.4　安装主龙骨：吊顶采用 U38 主龙骨，吊顶主龙骨间距为小于 1 200 mm。安装主龙骨时，应将主龙骨吊挂件连接在主龙骨上，拧紧螺丝，要求主龙骨端部或接长都要增设吊点，接头和吊杆方向也要错开。并根据现场吊顶标高线，严格控制每根主龙骨的标高。随时拉线检查龙骨的平整度，不得有悬挑过长的龙骨。

75.1.2.5　安装次龙骨：次龙骨采用其相应的吊挂件固定在主龙骨上，次龙骨分为 UC50 型龙骨，采用吊挂件挂在主龙骨上，龙骨间距为 400 mm，将次龙骨通过挂件吊挂在大龙骨上，注意在吊灯、窗帘盒、通风口周围必须加设次龙骨。

75.1.2.6　安装横撑龙骨：在两块石膏板接缝的位置安装 UC50 横撑龙骨，横撑龙骨垂直于次龙骨方向，采用水平连接件与次龙骨固定。

75.1.2.7　隐蔽检查：在水电安装、试水、打压完毕后，应对龙骨进行隐蔽检查，合格后方可进入下道工序，并办理完交接手续。

75.1.2.8　安装石膏罩面板：在已装好并经验收合格的龙骨下面，从顶棚中间顺中龙骨方向开始安装罩面板，固定罩面板自攻螺钉的间距为 150~170 mm，自攻螺丝与板边距离：面纸包封的板边为 10~15 mm 为宜，切割的板边以 15~20 mm 为宜。两块板间留缝 5~8 mm，采用嵌缝剂嵌缝处理。

75.1.2.9 石膏天花线安装：石膏天花线采用专用胶进行粘贴，并配以自攻螺丝固定，在墙面安装天花线的位置进行弹实际标高线，以控制石膏天花线安装水平，并在墙面上安装天花线的背面钉入防腐木针，间距以 400 mm 为宜，并保证在两根天花线的接头位置距边缘 50 mm 位置有木针，用汽钉或拧入自攻螺丝固定，一根天花线固定自攻螺丝不得少于 3 根。并且石膏线固定前，背面应满涂快粘粉将石膏线粘到墙面上，自攻螺丝拧入天花线 1 mm，然后用石膏腻子补平，用砂纸打磨光滑。两根天花线头、阴角接头等部位均要留 5~8 mm 缝隙，最后用石膏补平。

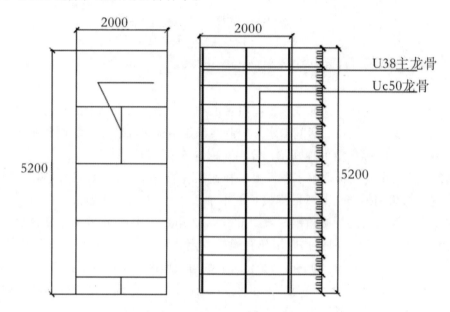

图 12-1 电梯厅吊顶石膏板排板和电梯厅吊顶龙骨布置图

75.2 300×300 金属方板吊顶工程

75.2.1 施工工艺流程

弹线→安装吊筋→安装龙骨→隐检→安装铝扣板→饰面清

理 吊顶水电管线安装

75.2.2 技术措施

75.2.2.1 弹线：根据楼层标高 1 m 水平控制线，按照设计标高，沿墙顶四周，弹出顶棚标高水平线，并沿顶棚的标高水平线，在墙上画好龙骨分档位置线。

75.2.2.2 安装主龙骨吊杆：在弹好顶棚标高水平线及龙骨位置线后，确定吊杆下端头的标高，安装预先加工好的吊筋，吊筋安装用 $\phi 8$ 膨胀螺钉固定在顶棚上。吊筋选用 $\phi 6$ 圆钢，吊筋间距控制在 1 200 mm 范围内。

75.2.2.3　安装主龙骨：主龙骨选用 U38 轻钢龙骨，间距控制在 900 mm~1 200 mm 范围内。安装时采用与主龙骨配套的吊挂件与吊筋连接。

75.2.2.4　安装边龙骨：按装配后的天花净高要求和标高控制线，在墙四周预埋防腐木楔并采用钢钉固定，其间距不得大于 300 mm。要求边龙骨安装前墙面瓷砖安装完后进行。

75.2.2.5　安装次龙骨：根据铝扣板的规格尺寸，按间距 300 安装三角次龙骨，三角龙骨通过吊挂件，吊挂在主龙骨上。当次龙骨长度需多根延续接长时，用次龙骨连接件，在吊挂次龙骨的同时，将相对端头相连接，并先拉线控制纵横标高调直后固定。

75.2.2.6　安装铝扣板：顶棚铝扣板安装时在装配面积的中间位置垂直三角龙骨拉同一条基准线，对齐基准线后向两边安装。安装时，严禁野蛮装卸，必须顺着翻边部位顺序轻压，将方板两边完全卡进龙骨后，再推紧。

75.2.2.7　清理：铝扣板安装完后，需用布把板面全部擦拭干净，不得有污物及手印等。

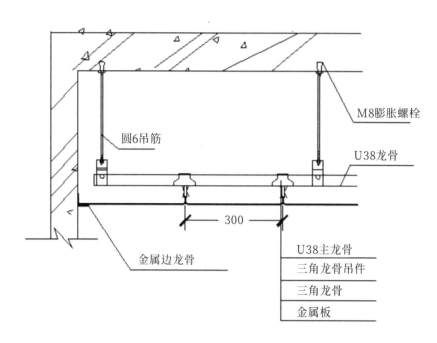

图 12-2　300×300 金属吊顶节点图

75.3　金属条板吊顶工程

75.3.1　施工工艺流程

吊顶水电管线安装→弹线→安装吊筋→安装龙骨→隐检→安装铝扣板→饰面清理

75.3.2　技术措施

75.3.2.1　弹线：根据楼层标高 1 m 水平控制线，按照设计标高，沿墙顶四周，弹出顶棚标高水平线，并沿顶棚的标高水平线，在墙上画好龙骨分档位置线。

75.3.2.2 安装主龙骨吊杆：在弹好顶棚标高水平线及龙骨位置线后，确定吊杆下端头的标高，安装预先加工好的吊筋，吊筋安装用 $\phi8$ 膨胀螺钉固定在顶棚上。吊筋选用 $\phi6$ 圆钢，吊筋间距控制在 1200 mm 范围内。

75.3.2.3 安装主龙骨：主龙骨选用 U38 轻钢龙骨，间距控制在 900 mm~1 200 mm 范围内。安装时采用与主龙骨配套的吊挂件与吊筋连接。

75.3.2.4 安装边龙骨：按装配后的天花净高要求和标高控制线，在墙四周预埋防腐木楔并采用钢钉固定，其间距不得大于 300 mm。要求边龙骨安装前墙面瓷砖安装后进行。

75.3.2.5 安装次龙骨：根据铝扣板的规格尺寸，按间距 200 安装配套次龙骨，次龙骨通过吊挂件吊挂在主龙骨上。当次龙骨长度需多根延续接长时，用次龙骨连接件，在吊挂次龙骨的同时，将相对端头相连接，并先拉线控制纵横标高调直后固定。

75.3.2.6 安装铝条板：顶棚铝条板安装时在装配面的中间位置垂直次龙骨拉同一条基准线，对齐基准线后向两边安装。安装时，严禁野蛮装卸，必须顺着翻边部位顺序轻压，将板两边完全卡进龙骨后，再推紧。

75.3.2.7 清理：铝扣板安装完后，需用布把板面全部擦拭干净，不得有污物及手印等。

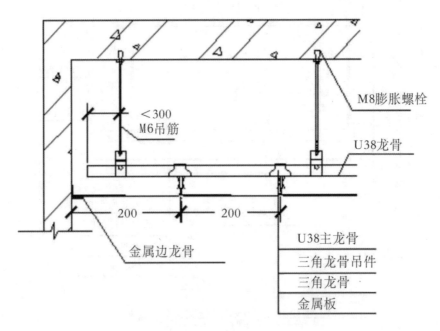

图 12-3　200 宽金属条板吊顶节点图

76　应注意的质量问题

76.1　石膏板吊顶施工应注意的质量问题，见表 12-4。

表 12-4　石膏板吊顶施工注意的质量问题

质量问题	原因分析	防治措施
（1）吊顶不平	主龙骨安装时吊杆调平不认真，造成各吊杆点的标高不一致。	施工时应严格检查各吊点的紧挂程度，并拉线检查标高与平整度是否符合设计和施工规范要求。
（2）龙骨局部节点构造不合理	留洞口、灯具口、通风口等处构造节点不合理。	施工准备前按照相应的图册和规范确定方案，保证有利于构造要求。
（3）骨架吊固不牢	吊筋固定不牢；吊杆固定的螺母未拧紧；其他设备固定在吊杆上。	吊筋固定在结构上要拧紧螺丝，并控制好标高；顶棚内的管线、设备等不得固定在吊杆或龙骨骨架上。
（4）罩面板分块间隙缝不直		施工时注意板块的规格，拉线找正，安装固定时保证平整对直。

76.2　金属板吊顶施工时应注意的质量问题，见表 12-5。

表 12-5　金属板吊顶施工时注意的质量问题

质量问题	原因分析	防治措施
吊顶不平	水平线控制不好，是吊顶不平的主要原因，主要是两方面：一是放线时控制不好；二是龙骨未拉线调平。安装铝扣板的方法不妥，也易导致吊顶不平，严重的还会产生波浪形状。如龙骨未调平就急于安装金属板，再进行调平时，由于受力不均会产生波浪形状。 轻质金属板吊顶，在龙骨上直接悬挂重物，承受不住发生局部变形。 吊杆不牢，引起局部下沉，由于吊杆本身固定不妥，或自行松动或脱落。 板自身变形，未加校正而安装产生不平，或者在运输过程中挤压变形。 安装扣板没插紧，下掉造成顶面不平。	对于吊顶四周的标高线，应准确地弹在墙面上，其误差不能大于 ±0.5mm，如果跨度较大，还应在中间适当位置加设标高控制点，在一个断面要拉通线控制，且拉线时不能下垂。 待龙骨调直调平后方能安装金属板。 应同设备配合考虑，不能直接悬吊的设备，应另设吊杆直接与结构固定。 如果采用膨胀螺栓固定吊杆，应做好隐检记录。关键部位要做螺栓的拉拔实验。 在安装前，先要检查板条平、直情况，发现不妥者，应进行调整。
接缝明显	板条接长部位的接缝明显表现在：一是接缝处接口白槎，二是接缝不平，在接缝处产生错台。	做好下料工作，对接口部位再用锉刀将其修平，并将毛边修整好。 用同颜色的胶粘剂对接口部位进行修补。用胶的目的：一是密合，二是对切口的白边进行遮掩。

质量问题	原因分析	防治措施
吊顶与设备衔接不妥	1 装饰工程与设备工种配合导致施工安装完成后衔接不好。 2 确定施工方案时，施工顺序不合理。	在孔洞较大的情况下应先由设备确定具体参数，安装完毕衬板后进行吊顶施工。对于较小的孔洞，易在顶部开洞，开洞时应拉通中心线，确定位置后，再用往复锯开洞。

77　质量标准

77.1　石膏板吊顶质量验收标准

77.1.1　保证项目

77.1.1.1　轻钢龙骨骨架或铝合金龙骨骨架以及罩面板的材质、规格、品种、式样应符合设计要求。

77.1.1.2　龙骨骨架的吊杆，主次龙骨的安装间距、位置正确，连接牢固，无松动。

77.1.1.3　罩面板应无脱层、翘曲、折裂、缺棱掉角等缺陷，安装必须牢固。

77.1.2　基本项目

77.1.2.1　整面龙骨骨架应顺直、无弯曲、无变形；吊挂件、连接件应符合产品组合要求。

77.1.2.2　罩面板表面平正，洁净、颜色一致，无污染、反锈等缺陷。

77.1.2.3　罩面板接缝形式符合设计要求，拉缝和压条宽窄一致、平直、整齐、接缝严密。

77.1.3　允许偏差项目见表 12-6。

表 12-6　允许偏差项目

项次	项类	项目	允许偏差	检验方法
1	龙骨	龙骨间距	2	尺量检查 尺量检查 短向跨度 1/200 拉线尺量尺量或水准仪检查
2		龙骨平直	2	
3		起拱高度	±10	
4		龙骨四周水平	±5	

续　表

项次	项类	项目	允许偏差	检验方法
5		表面平整	3	用 2 m 靠尺检查 拉 5 m 线检查 用直尺和塞尺检查 尺量或水准仪检查
6		接缝平直	3	
7		接缝高低	1	
8		顶棚四周水平	±5	
9	压条	压条平直	3	拉 5 m 线检查尺量检查
10		压条间距	2	
11	石膏天花线	水平度	1	拉线和用 1 m 垂直检测尺检查
		接缝高低差	0.5	用钢直尺和塞尺检查
		上下口直线度	1	拉 5 m 线，不足 5 m 拉通线，用钢直尺检查

77.2　金属板吊顶质量要求

77.2.1　基本项目

77.2.1.1　铝合金装饰吊顶板工程所用材料的品种、规格、颜色以及基层构造、固定方法等应符合设计要求。

77.2.1.2　铝合金装饰吊顶板与龙骨的连接应紧密，表面应平整，不得有污染、折裂、缺棱掉角、锤伤、划痕等缺陷。

77.2.1.3　灯饰、通风口、检查孔等，应与吊顶协调配合，除设计上充分注意，施工时也应注意其收口的质量要求。对于大型的灯饰和风口篦子的悬吊系统，应与轻质铝合金吊顶系统分开。

77.2.1.4　在风口、检查孔与墙面或柱面交接部位，面板要做好封口处理，不得露白槎。

77.2.2　允许偏差项目见表 12-7。

表 12-7　允许偏差项目

项次	项目	允许偏差	检验方法
1	表面平整	3	用 2m 靠尺和楔形塞尺检查观察

项次	项目	允许偏差	检验方法
2	表面垂直	2	用2m托线板检查
3	接缝平直	0.5	拉5m线检查，不足5m拉通线检查
4	压条平直	3	拉5m线检查，不足5m拉通线检查
5	接缝高低差	1	用直尺和楔形塞尺检查
6	压条间距	2	用尺检查

78　成品保护措施

78.1　铝扣板存放在库房内，地面要平整，室内清洁、通风、干燥，底部应防枕木垫平，严禁与酸、碱、盐类物质接触。应与热源隔开，避免受热变形。龙骨、罩面板以及其他材料在进场入库存放、使用过程中应严格管理，保证不变形、不受潮、不生锈等。

78.2　安装时应注意不要将表面的面层膜损坏，或表面划痕。操作时应戴好手套轻轻将板卡入龙骨槽内。

78.3　龙骨骨架及罩面板安装应注意保护顶棚内各种管线。骨架的吊杆、龙骨不准固定在通风管道及其他设备件上。

78.4　安装完成后严禁其他非专业施工人员随意拆除，在其他专业施工时应注意不要撞击吊顶。特别是对于厨房部位，伸入吊顶内的油烟机管子，安装时，要事先配合专业施工人员进行拆板后，再进行油烟机的安装。

78.5　施工完成后将房间封闭，需要施工时有专人进行看管。

78.6　设备管道等不得与吊顶杆接触。

78.7　施工顶棚部位已安装的门窗、窗台板、墙面、地面注意成品保护，防止污损。已安装完的骨架上不得上人踩踏，其他工种不得随意固定在挂件或龙骨上。

78.8　为了保护成品，罩面板安装必须在顶棚管道试水、保温等一切工序全部验收后进行。

附录 S　蜜蜂新居验房标准依据——吊顶工程

		吊顶工程		
1		吊顶工程的木龙骨和木面板应进行防火处理，并应符合有关设计防火标准。	7.1.8	
2		吊顶工程中的埋件、钢筋吊杆和型钢吊杆应进行防腐处理。	7.1.9	
3		吊杆距主龙骨端部距离不得大于 300mm。当吊杆长度大于 1500mm 时，应设置反支撑。当吊杆与设备相遇时，应调整并增设吊杆或采用型钢支架。	7.1.11	
4		重型设备和有振动荷载的设备严禁安装在吊顶工程的龙骨上。	7.1.12	
5		吊杆上部为网架、钢屋架或吊杆长度大于 2500mm 时，应设有钢结构转换层。	7.1.14	
6		整体面层吊顶工程的吊杆、龙骨和面板的安装应牢固。	7.2.3	
7		吊杆和龙骨的材质、规格、安装间距及连接方式应符合设计要求。金属吊杆和龙骨应经过表面防腐处理；木龙骨应进行防腐、防火处理。	7.2.4	GB50210-2018《建筑装饰装修工程质量验收标准》
8	吊顶龙骨	石膏板、水泥纤维板的接缝应按其施工工艺标准进行板缝防裂处理。安装双层板时，面层板与基层板的接缝应错开，并不得在同一根龙骨上接缝。	7.2.5	
9		面层材料表面应洁净、色泽一致，不得有翘曲、裂缝及缺损。压条应平直、宽窄一致。	7.2.6	
10		风口箅子和检修口等设备设施的位置应合理、美观，与面板的交接应吻合、严密。	7.2.7	
11		金属龙骨的接缝应均匀一致，角缝应吻合，表面应平整，应无翘曲和锤印。木质龙骨应顺直，应无劈裂和变形。	7.2.8	
12		整体面层吊顶工程安装的允许偏差和检验方法应符合表 7.2.10 的规定。 表 7.2.10　整体面层吊顶工程安装的允许偏差和检验方法 	项次	项目	允许偏差（mm）	检验方法
---	---	---	---
1	表面平整度	3	用 2m 靠尺和塞尺检查
2	缝格、凹槽直线度	3	拉 5m 线，不足 5m 拉通线，用钢直尺检查		7.2.10	
13		面板的安装应稳固严密。面板与龙骨的搭接宽度应大于龙骨受力面宽度的 2/3。	7.3.3	

14		吊杆和龙骨的材质、规格、安装间距及连接方式应符合设计要求。金属吊杆和龙骨应进行表面防腐处理；木龙骨应进行防腐、防火处理。					7.3.4	
15		板块面层吊顶工程的吊杆和龙骨安装应牢固。					7.3.5	
16		面层材料表面应洁净、色泽一致，不得有翘曲、裂缝及缺损。面板与龙骨的搭接应平整、吻合，压条应平直、宽窄一致。					7.3.6	
17		吊顶内填充吸声材料的品种和铺设厚度应符合设计要求，并应有防散落措施。					7.3.9	

18 吊顶龙骨 — 7.3.10 — GB50210-2018《建筑装饰装修工程质量验收标准》

板块面层吊顶工程安装的允许偏差和检验方法应符合表7.3.10的规定。

表 7.3.10　板块面层吊顶工程安装的允许偏差和检验方法

项次	项目	允许偏差（mm）				检验方法
		石膏板	金属板	矿棉板	木板、塑料板、玻璃板、复合板	
1	表面平整度	3	2	3	2	用2m靠尺和塞尺检查
2	接缝直线度	3	2	3	3	拉5m线，不足5m拉通线，用钢直尺检查
3	接缝高低差	1	1	2	1	用钢直尺和塞尺检查

19	格栅吊顶工程。	7.4
20	吊杆和龙骨的材质、规格、安装间距及连接方式应符合设计要求。金属吊杆和龙骨应进行表面防腐处理；木龙骨应进行防腐、防火处理。	7.4.3
21	格栅表面应洁净、色泽一致，不得有翘曲、裂缝及缺损。栅条角度应一致，边缘应整齐，接口应无错位。压条应平直、宽窄一致。	7.4.5
22	吊顶的灯具、烟感器、喷淋头、风口箅子和检修口等设备设施的位置应合理、美观，与格栅的套割交接处应吻合、严密。	7.4.6
23	金属龙骨的接缝应平整、吻合、颜色一致，不得有划伤和擦伤等表面缺陷。木质龙骨应平整、顺直，应无劈裂。	7.4.7

24		格栅吊顶内楼板、管线设备等表面处理应符合设计要求，吊顶内各种设备管线布置应合理、美观。	7.4.9	
25		格栅吊顶工程安装的允许偏差和检验方法应符合表 7.4.10 的规定。 表 7.4.10　格栅吊顶工程安装的允许偏差和检验方法	7.4.10	GB50210-2018《建筑装饰装修工程质量验收标准》

表 7.4.10　格栅吊顶工程安装的允许偏差和检验方法

项次	项目	允许偏差（mm）		检验方法
		金属格栅	木格栅、塑料格栅、复合材料格栅	
1	表面平整度	2	3	用 2 m 靠尺和塞尺检查
2	格栅直线度	2	3	拉 5 m 线，不足 5 m 拉通线，用钢直尺检查

26		重型灯具、电扇及其他重型设备严禁安装在吊顶龙骨上。	8.1.4	
27		搁置式轻质饰面板，应按设计要求设置压卡装置。	8.1.8	
28	吊顶龙骨	饰面板表面应平整，边缘应整齐，颜色应一致。穿孔板的孔距应排列整齐；胶合板、木质纤维板、大芯板不应脱胶、变色。	8.2.2	
29		龙骨的安装应符合下列要求： 1）主龙骨吊点间距、起拱高度应符合设计要求。当设计无要求时，吊点间距应小于 1.2 m，应按房间短向跨度的 1‰～3‰ 起拱。主龙骨安装后应及时校正其位置标高； 2）次龙骨应紧贴主龙骨安装。固定板材的次龙骨间距不得大于 600 mm，在潮湿地区和场所，间距宜为 300~400 mm。用沉头自攻钉安装饰面板时，接缝处次龙骨宽度不得小于 40 mm。 3）暗龙骨系列横撑龙骨应用连接件将其两端连接在通长次龙骨上。明龙骨系列的横撑龙骨与通长龙骨搭接处的间隙不得大于 1 mm。全面校正主、次龙的位置及平整度，连接件应错位安装。	8.3.1	GB50327-2001《住宅装饰装修工程施工规范》
30		暗龙骨饰面板（包括纸面石膏板、纤维水泥加压板、胶合板、金属方块板、金属条形板、塑料条形板、石膏板、钙塑板、矿棉板和格栅等）的安装应符合下列规定： 1）以轻钢龙骨、铝合金龙骨为骨架，采用钉固法安装时应使用沉头自攻钉固定。 2）以木龙骨为骨架，采用钉固法安装时应使用木螺钉固定，胶合板可用铁钉固定。 3）金属饰面板采用吊挂连接件、插接件固定时应按产品说明书的规定放置。 4）采用复合粘贴法安装时，胶粘剂未完全固化前板材不得有强烈振动。	8.3.4	

31		纸面石膏板和纤维水泥加压板安装应符合下列规定： 1 板材应在自由状态下进行安装，固定时应从板的中间向板的四周固定。 2 纸面石膏板螺钉与板边距离：纸包边宜为 10~15 mm，切割边宜为 15~20 mm；水泥加压板螺钉与板边距离宜为 8~15 mm。 3 板周边钉距宜为 150~170 mm，板中钉距不得大于 200 mm。 4 安装双层石膏板时，上下层板的接缝应错开，不得在同一根龙骨上接缝。 5 螺钉头宜略埋入板面，并不得使纸面破损。钉眼应做防锈处理并用腻子抹平。 6 石膏板的接缝应按设计要求进行板缝处理。	8.3.5	GB50327-2001《住宅装饰装修工程施工规范》
32		石膏板、钙塑板的安装应符合下列规定： 1 当采用钉固法安装时，螺钉与板边距离不得小于 15mm，螺钉间距宜为 150~170mm，均匀布置，并应与板面垂直，钉帽应进行防锈处理，并应用与板面颜色相同涂料涂饰或用石膏腻子抹平。 2 当采用粘接法安装时，胶粘剂应涂抹均匀，不得漏涂。	8.3.6	
33	吊顶龙骨	吊顶应按设计要求及使用功能留设检修口、上人孔。	7.1.3	JGJ/T304-2013《住宅室内装饰装修工程质量验收规范》
34		超过 3kg 的灯具、电扇及其他设备应设置独立吊挂结构。	7.1.6	
35		暗龙骨吊顶工程安装的允许偏差和检验方法应符合表 7.2.4 的规定。	7.2.4	

表 7.2.4　暗龙骨吊顶工程安装的允许偏差和检验方法

项次	项目	允许偏差（mm）				检验方法
		纸面石膏板	金属板	矿棉板	木板、塑料板、格栅	
1	表面平整度	3.0	2.0	2.0	2.0	用 2 m 靠尺和塞尺检查
2	接缝直线度	3.0	1.5	3.0	3.0	拉 5 m 线，不足 5 m 拉通线
3	接缝高低差	1.0	1.0	1.5	1.0	用钢直尺和塞尺检查
4	水平度	5.0	4.0	5.0	3.0	在室内 4 角用尺量检查

序号	项目	内容	条款	标准
36	吊顶龙骨	明龙骨吊顶工程安装的允许偏差和检验方法应符合表 7.3.4 的规定。 表 7.3.4　明龙骨吊顶工程安装的允许偏差和检验方法 （见下表）	7.3.4	JGJ/T304-2013《住宅室内装饰装修工程质量验收规范》

表 7.3.4　明龙骨吊顶工程安装的允许偏差和检验方法

项次	项目	允许偏差（mm）				检验方法
		纸面石膏板	金属板	矿棉板	塑料板、玻璃板	
1	表面平整度	3.0	2.0	3.0	2.0	用 2 m 靠尺和塞尺检查
2	接缝直线度	3.0	2.0	3.0	3.0	拉 5 m 线，不足 5 m 拉通线，用钢直尺检查
3	接缝高低差	1.0	1.0	2.0	1.0	用钢直尺和塞尺检查
4	水平度	5.0	4.0	5.0	3.0	在室内 4 角用尺量检查

序号	项目	内容	条款	标准
37	吊顶装饰模块	装饰模块：装饰模块应符合 GB/T 23444 或相应产品标准的要求，其铝合金基材厚度不应小于 0.5 mm，钢基材厚度不应小于 0.3 mm。	5.3	JG/T413-2013《建筑用集成吊顶》
38		色差：同一集成吊顶的同一型号材质和颜色的装饰模块应无明显色差。	6.1.1	
39		表面质量： 1. 金属制件表面应色泽均匀，涂镀层不应有剥落、露底、鼓泡、明显花斑和划伤等缺陷。 2. 塑料件表面应光滑、色泽均匀，不应有裂纹、气泡等缺陷，应无明显缩痕、开裂、黑点和刮伤等。 此外涂镀层应均匀，无气泡、发黑和脱落等；灯光板应无明显杂质、黑点，刮伤等；通风孔应无堵塞、断裂等缺陷。	6.1.2	
40		尺寸偏差： 集成吊顶的尺寸偏差应符合表 1 的规定。	6.2	

表 1　集成吊顶尺寸偏差

项目	技术要求
边直度	≤ 2 mm
高低差	≤ 1 mm
系统平整度	≤ L/500

注：L 指吊挂件或吊挂点之间的距离。

41	吊顶装饰模块	承载性能： 1 集成吊顶承受 160 N/m2 均布载荷后，永久变形不应大于 2 mm，样品应无脱落。 2 重量超过 0.5 kg 的功能模块，经不低于其自身重量 4 倍的载荷试验后模块应无松动和脱落现象。	6.3.1	JG/T413-2013《建筑用集成吊顶》
42		噪声声压级：各功能模块以最大功率状态运行平稳后，不应有异常噪音和震动，额定输出功率不大于 40 W 的换气功能模块，运转时噪声声压级应小于 60 dB，额定输出功率大于 40 W 的换气功能模块，运转时噪声声压由供需双方商定。	6.3.3	

附录 T 吊顶工程施工专项方案

T1 建议吊顶选择轻钢龙骨吊顶，轻钢龙骨稳定，石膏板不容易开裂。木龙骨容易受潮，后期容易变形，造成石膏板开裂。轻钢龙骨质量轻，防潮，稳定性好。

图 T-1 轻钢龙骨吊顶

T2 吊顶转角龙骨要用斜拉工艺，可有效防止后期因龙骨变形造成吊顶开裂。

图 T-2 吊顶转角龙骨要用斜拉工艺

T3　安装石膏板的自攻螺丝钉帽须沉入板面 0.5~1.0 mm，纸面不破损，固定第一层板的螺丝间距为 200~250 mm，固定第二层的螺丝间距为 150~170 mm。

图 T-3　安装石膏板

T4　石膏板拐角用整板 L 转角工艺，防止开裂。

图 T-4　石膏板拐角用整板

T5　切割加工石膏板呈倒 V 字形，石膏能充分嵌入，防止热胀冷缩导致的开裂。后期方便油漆工嵌入石膏，如果缝隙小，石膏嵌入不进去，两块石膏板不能连接成一个整体，后期很容易开裂。

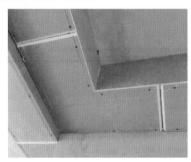

图 T-5　切割加工石膏板倒 V 字形

T6 轻钢龙骨的搭建：首先通过膨胀螺丝把吊杆固定在顶上，吊杆通过掉扣链接主龙骨，主龙骨通过贴片链接副龙骨，副龙骨搭在 L 型边龙骨的水平翼上，龙骨搭好就可以用石膏板封面了。

图 T-6 轻钢龙骨搭建

T7 轻钢龙骨的优点：重量轻，强度高，防水防火，抗震性好。主龙骨的间距离 800 mm 左右，副龙骨间距为 300~400 mm，龙骨之间用铆钉固定。吊杆间距在 800 mm 左右。

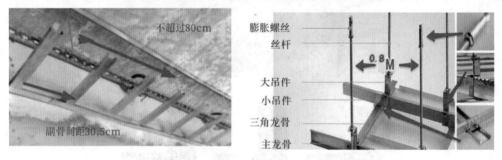

图 T-7 轻钢龙骨

T8 主灯位置一定要用欧松板或木工板加固（欧松板有更好的稳定性），比较重的灯，石膏板可能会承受不住，并且石膏板握钉力不足，固定不牢。

图 T-8 主灯位置

T9 欧松板固定以后，再贴上一层石膏板，后期做油漆。

图 T-9　贴石膏板

T10　窗帘盒也需要用欧松板或者木工板固定。

图 T-10　窗帘盒

T11　石膏板需要弹线确定龙骨位置，弹线后上钉，并做防锈处理。保证每一根钉子都能固定在龙骨上面，这样吊顶的受力更加均匀。

图 T-11　石膏板弹线确定龙骨位置

T12　灯的位置需在吊顶前确定好，以便木工吊顶施工时避开灯位，否则后期开灯孔的时候很容易开在龙骨上面。

图 T-12　提前确定灯的位置

T13　石膏板横竖交叉的时候，应该用底板托侧板，这样的好处是板底能有效地为侧板承重，另外可以保证缝隙留在测口，以便油工后期处理。

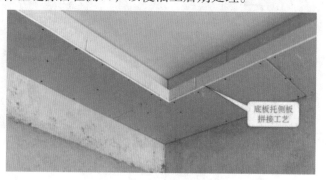

图 T-13　底板托侧板

T14　厨房卫生间使用石膏板吊顶时，一定要用防潮石膏板吊顶。

图 T-14　卫生间吊顶防水处理

T15　吊顶漆面注意事项

T15.1　石膏板接缝需要用牛皮纸粘贴，更加牢固，同时防止开裂。

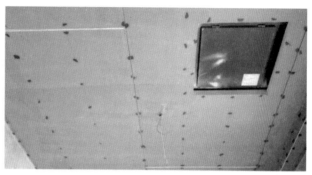

图 T–15　石膏板接缝用牛皮纸粘贴

T15.2　腻子：地下室一定要用耐水腻子，防止返碱起皮。平层可以用普通防潮腻子找平，但不能用滑石粉或往腻子里加胶水。

图 T–16　腻子

T15.3　油漆一底两面，一遍底漆，两遍面漆。

图 T–17　油漆

T15.4　开槽处及新旧墙体交接处需挂网处理。

图 T-18　开槽处挂网处理

T15.5　阴阳角转角处都需要安装阴阳角条。

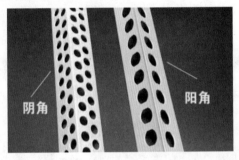

图 T-19　安装阴阳角条

T15.6　乳胶漆优先选择滚涂，有利于后期修补。喷涂工艺后期修补比较困难。

图 T-20　涂乳胶漆

T15.7　乳胶漆调色要保留在瓶子里后期修补备用，否则重新调色会有色差。

图 T-21　保留乳胶漆调色

第13篇 电器安装工程理论知识

住宅室内装饰电气安装工程主要是单相入户配电箱表后的室内电路布线及电气、开关、插座、灯具安装。进行电气安装的施工人员应持证上岗。配电箱户表后应根据室内用电设备的不同功率分别配线供电；空调、电热水器等应独立配线安装插座。配线时，相线与零线的颜色应不同；同一住宅相线（L）颜色应统一（红、绿、黄），零线（N）宜用蓝色，接地线（PE）必须用黄绿双色线。单管单回路，配线及回路分配需按规定执行。

79 主要材料质量及规格要求

79.1 电线、线盒、线管、网线、电话线、闭路线。

80 一般室内强电系统基本回路分配

80.1 一室一厅：空调回路2个、厨房1个、卫生间1个、插座1个、照明1个，共计6个。

80.2 两室一厅：空调回路3个、厨房1个、卫生间1个、卧室插座1个、客厅插座1个、照明1个，共计8个。

80.3 三室两厅：空调回路4个、厨房1个、卫生间2个、卧室插座1个、客厅插座1个、照明客厅和卧室各1个，共计11个。

80.4 四室两厅：空调回路5个、厨房1个、卫生间2个、卧室插座1个、空调插座1个、照明客厅和卧室各1个，共计12个。

80.5 特殊要求：按照设计师施工图及预算施工。

80.6 灯的双控：原则上每个房间一个。（客厅、饭厅算一个）

81　一般室内弱电系统支路分配

81.1　一室一厅：网线 2 路、电话 2 路、闭路 2 路。

81.2　两室一厅：网线 3 路、电话 3 路、闭路 3 路。

81.3　三室两厅：网线 4 路、电话 4 路、闭路 4 路。

81.4　四室两厅：网线 5 路、电话 5 路、闭路 5 路。

81.5　各户型只在客厅安装环绕音响线两路。

82　施工注意事项

82.1　应根据设计图纸中用电设备的位置，确定管线走向、标高及开关、插座的位置。

82.2　强电电源线配线时，必须严格按照设计需求匹配。

82.3　暗线敷设必须配管。禁用黄腊管代替锁扣进底盒、进配电箱；禁用黄腊管代替线管穿线，代替弯头过弯。（无吊顶顶灯线例外）

82.4　电源线与弱电线不得穿在同一根线管内。强弱线路不得相互借道通过底盒。

82.5　电源线及插座与弱电线及插座的水平间距不应小于 500 mm。

82.6　电源线与暖气、热水、燃气管之间的平行距离不应小于 300 mm，交叉距离不应小于 100 mm。

82.7　穿入线管的所有导线禁止在线管内接头，接头、并头应设在线盒内，接头搭接应牢固，绝缘带包缠应均匀紧密。

82.8　导线间和导线对地间电阻必须大于 0.5 兆欧。

82.9　同一室内的电源、电视、电话等插座面板应在同一水平标高上，高差应小于 5 mm。

82.10　厨房、卫生间阳台应安装防溅插座，开关宜安装在门外开启侧的墙上。

82.11　室内电源箱务必要求客户更换成 16 位电源箱。厨房、卫生间、插座回路必须安装漏电保护开关，不容许在总开关的前面安装一个总的漏电保护器。

82.12　线管进盒、箱时必须安装锁扣。PVC 线管穿线根数要求为：16 线管每管不超过 4 根。

82.13　插座安装必须左零右火。上为地线。

82.14　所有回路零线、接地线禁止相互并联。

83　PVC 通用中型线管敷设活络线工艺

83.1　工艺流程

弹线定位→稳埋盒箱→敷设管路→管路穿线

83.2　施工方法

83.2.1　弹线定位

按照设计要求，在墙面确定开关盒、插座盒以及配电箱的位置并定位弹线，标出尺寸。

线路应尽量减少弯曲；美观整齐。

83.2.2　墙体内稳埋盒、箱

按照进场交底时定好的位置，对照设计图纸检查线盒、配电箱的准确位置，用水泥砂浆将盒、箱稳埋端正，等水泥砂浆凝固达到一定的强度后，接管入盒、箱。

83.2.3　敷设管路

采用管钳或钢锯断管时，管口断面应与中心线垂直，管路连接应该使用直接头。采用专用弯管弹簧进行冷弯，管路垂直或水平敷设时，每隔 1m 左右设置一个固定点；弯曲部位应在圆弧两端 300~500mm 处各设置一个固定点。管子进入盒、箱，要一管一孔，管、孔用配套的管端接头以及内锁母连接。管与管水平间距保留 10mm。

83.2.4　管路穿线

检查各个管口的锁扣是否齐全，如有破损或遗漏，均应更换或补齐；管路较长、弯曲较多的线路可吹入适量的滑石粉以便于穿线；带线与导线绑扎好后，由两人在线路两端拉送导线，并保持相互联系，这样可使一拉一送时配合协调。

84 导线接线及布线规范

表 13-1-1 导线布线规范

序号	项目	标准要求	处理步骤	示范或图片
1	导线线头的剖削方法	导线使用前剖切绝缘皮时，不应损伤线芯，避免影响导线的截面积。	1 对橡胶绝缘线，采用分段削剥。	
			2 剖去绝缘后，再用纱布把导线表面清除干净。	保护层
			3 金属芯有明显的氧化，可用沙子或电工刀小心地除掉表面氧化层。	
			4 对镀锡、银、金等导线，不必刮去镀层。	

序号	项目	标准要求	处理步骤	示范或图片
2	10 mm² 以上的单股小截面铝导线的连接	铝质导线的质地较软，在空气中极易氧化，稍不注意就会影响接头质量。铝导线的连接方法有压接、电焊、钎焊、气焊等，铝质导线禁止采用绞接和绑接方式。10 mm² 以上的单股小截面铝导线的连接，要求使用铝套管进行局部压接。	1 先把导线两端的绝缘层各剥去 50~55 mm。 2 用电工刀把导线表面的氧化膜及油垢刮掉，再涂上凡士林锌粉膏。 3 把线芯从两端插入事先选好的铝套管内，有圆形和椭圆形两种，然后用压钳进行压接。 4 压接时，要使所有压坑的中心线处于同一条直线上，压钳压到必要的极限尺寸。	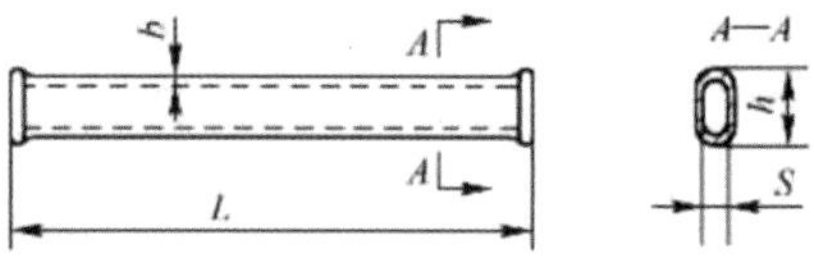 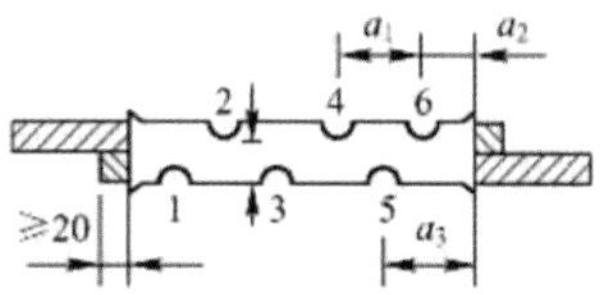
3	截面在 16~240 mm² 的多股铝质导线连接	铝质导线的质地较软，在空气中极易氧化，稍不注意就会影响接头质量。铝导线的连接方法有压接、电焊、钎焊、气焊等，铝质导线禁止采用绞接和绑接方式。16~240 mm² 的多股铝质导线可采用手提式油压钳进行局部压接。	1 两根导线端部绝缘层剥去长度，应为连接管长度的一半加 5 mm。 2 用电工刀把导线表面的氧化膜及油垢刮掉。 3 涂上凡士林锌粉膏后插入连接管内，插入长度各占连接管的一半，并相应地画好压坑的标记。 4 根据连接导线截面的大小，选好压膜，装到钳口内进行压接。压坑尺寸及深度如图所示。 5 压完后，用细锉刀锉去压坑边缘的菱角，并用纱布打磨光滑光，用浸过汽油的抹布擦净，恢复绝缘。	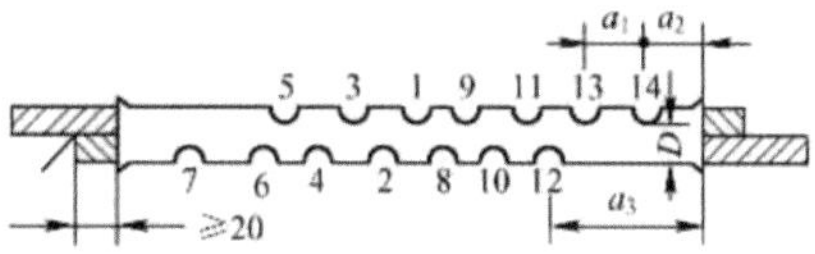 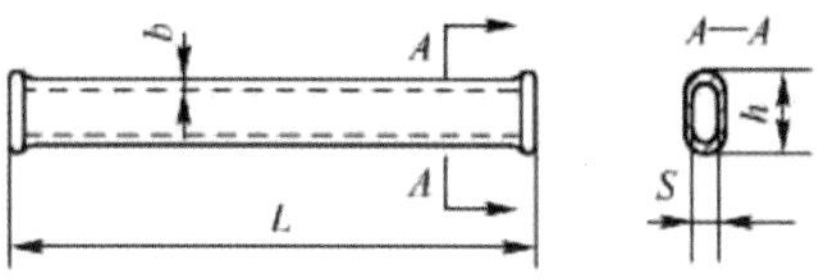 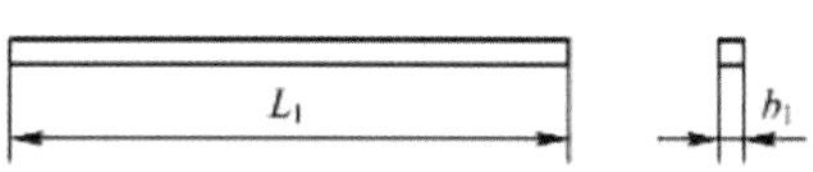

序号	项目	标准要求	处理步骤	示范或图片
4	截面积小于6mm²的单芯铜质导线的直接连接和分支连接	相互缠绕时，被缠绕导线必须保持平直，缠绕的导线必须缠绕紧密。直接连接方式的裸露部分需先用热缩管束紧，连接完毕后用电工胶布缠绕好。	1 将需连接的导线各剥离绝缘层大约 8~10 cm；在其中的一根导线中套入配套尺寸的热缩管。	
			2 从中间位置开始分别在另一根导线上绕上 5 圈。	
			3 直接连接法中间先相互扭缠 3 圈。	
			4 分支连接缠绕后面，缠绕末端与绝缘皮的距离大约为 10 mm。	
			5 直接连接法连接完毕后，将热缩管套在裸露部分束紧，并用电工胶布缠绕好。	
			6 分支连接法用电工胶布将裸露铜线部分缠绕好。	

序号	项目	标准要求	处理步骤	示范或图片
5	截面积大于 10 mm² 的单芯铜质导线采用缠绕绑接法	对于 10 mm² 以上的较大截面的单芯直接连接和分支连接时，相互缠绕时，被缠绕导线必须保持平直，缠绕的导线必须缠绕紧密，裸露部分需先用热缩管束紧，再用电工胶布缠绕好。	1 将两根导线的两端剖削出线芯直径的 10 倍 +20 mm 的长度。	1.5 mm² 裸铜线　填入一根同直径芯线　折回　导线直径10倍　继续缠绕
			2 填一根同样线芯的裸铜线，用于形成三根铜线容易固定。	
			3 将两根线头并齐后，用一根 1.5 mm² 的裸铜线从中间开始向左右两端展开紧密缠绕。	
			4 缠绕的总宽度为线芯直径的 10 倍左右。	
			5 再用原线芯互相缠绕 5 圈。	

序号	项目	标准要求	处理步骤	示范或图片
6	多芯铜质导线的缠绕绑接法	连接完毕后互联两线需呈直线，缠绕的导线必须缠绕紧密，裸露部分的导线需先用热缩管束紧，再用电工胶布缠绕好。	1 将两根导线的两端剖削出线芯直径的 10 倍 +20 mm 的长度。在其中的一根导线中套入配套尺寸的热缩管。	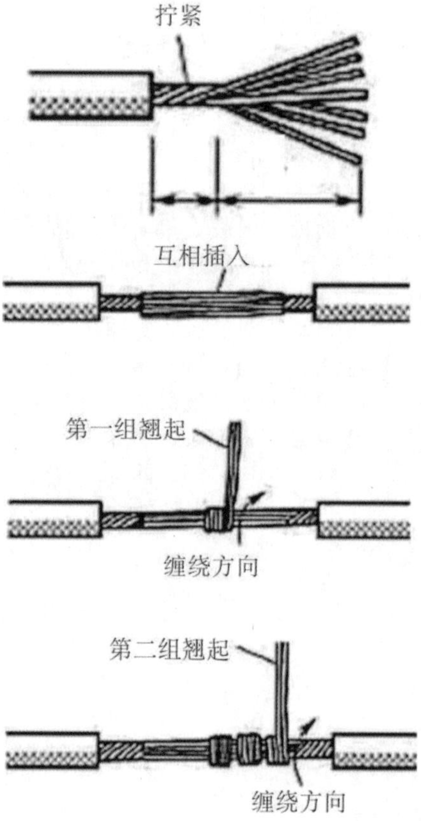 拧紧
			2 把多芯线打开，把中心线稍切短一些。	互相插入
			3 把两头多芯线顺序交叉嵌插进去成为一体。	第一组翘起 缠绕方向
			4 用 1.5 mm² 铜线从中央开始缠绑，接好后如图所示。	第二组翘起 缠绕方向
			5 用热缩管将裸露部分束紧，并用电工胶布缠绕紧密。	

序号	项目	标准要求	处理步骤	示范或图片
7	多芯铜质硬导线的单卷或复卷接法	连接完毕后互联两线需呈直线，缠绕的导线必须缠绕紧密，裸露部分的导线需先用热缩管束紧，再用电工胶布缠绕好。	1 将两根导线的两端剖削出线芯直径的 10 倍 +20 mm 的长度。在其中的一根导线中套入配套尺寸的热缩管。 2 把多芯线打开，把中心线稍切短一些。 3 把两头多芯线顺序交叉嵌插进去成为一体。 4 利用导线外层长线，任取两股同时缠绕 5 圈。 5 另外两股再绕 5 圈，依次类推。 6 最后，选择两股互相扭绞 3~4 圈，剪掉余线，用钳子敲平。 7 另外一边同样制作。 8 用热缩管将裸露部分束紧，并用电工胶布缠绕紧密。	

序号	项目	标准要求	处理步骤	示范或图片
8	多芯铜质软导线的接法	连接完毕后互联两线需呈直线，连接位置使用焊接，用热缩管将裸露位置束紧，再用电工胶布缠绕紧密。环境比较恶劣的湿区，需使用PVC线管套好并用玻璃胶密封管口。	1 用电工刀或剥线钳小心地将需连接的导线绝缘皮剥开，露出大约1.5 cm的铜线。套进合适规格及尺寸的热缩管。 2 拉直铜芯后将铜芯呈锥形解开。 3 互相交叉后绞合，胶合后的两根导线形成一条直线。 4 把已经连接好的接头用电烙铁上锡，锡焊点要求饱满、光滑。 5 焊接完毕后用热缩管将裸露位置保护。	
9	多芯铜质软导线与单、多芯硬铜质导线的接法	由于软线与硬线互接可靠性不太好，一般情况下不建议采取本连接方式。	用焊接的方式，可以参考软线互接的方式，将多股软线紧密地绕在剥掉绝缘表皮的硬线铜芯上，再用电烙铁上锡焊接牢固，再进行绝缘处理。 使用接线端子连接方式。先将多股软线的铜芯处理干净后，紧密地缠绕在去掉绝缘表皮的硬线铜芯上，再将线头压紧固定在接线端子排上。	

序号	项目	标准要求	处理步骤	示范或图片
10	导线接头的包扎	导线的接头绝缘层的恢复，可以用胶带包缠及热缩管绝缘，鉴于环境特殊，要求尽量使用热缩管及胶带包缠结合来保证绝缘及安全。	导线连接前，先根据导线的线径选择好合适的热缩管，热缩管的长度需在导线连接好后套上缩紧，且每边套住导线绝缘皮 10 mm 以上，保证密封完好。再用胶带包缠。胶带缠绕时，绝缘胶带与导线保持略大于 45° 的倾斜角，每缠一圈压叠胶带宽度的一半。先在绝缘层上包扎一定长度，再将裸露部分抱紧，一般情况需要缠 4 层以上的绝缘带。绝缘胶带缠绕要求平整美观，连接完的两条对接线必须最终呈直线，除通过端子连接或三条以上导线互接的情况外，禁止两条被连接的线以相互呈一定角度连接。	

序号	项目	标准要求	处理步骤	示范或图片
1	钢精扎头固定方式与塑料线卡固定类似	布线时，应使用绝缘层完好的整根导线一次放到位，尽量避免布线中的导线接头。必须的接头应安排在接线盒、开关盒或插座盒等内。明线铺设的导线走向应保持横平竖直、固定牢固。暗线的铺设也应水平或垂直走线。导线穿越墙壁或楼板时应加装保护用套管。	塑料线卡的固定主要由塑料线卡和固定钢钉组成。本类安装不推荐使用，主要是使用于固定护套线。敷设时，先将护套线按要求放置到位，然后从一端向另一端逐步固定。	
			塑料线卡固定一般的直线段可每隔 20 cm 左右固定一个塑料线卡，并保持各线卡间距一致。尽可能避免重叠交叉。	
			钢精扎头固定方式与塑料线卡固定类似。	

序号	项目	标准要求	处理步骤	示范或图片
2	塑料线槽由线槽板和盖板组成，盖板可以卡在线槽板上	线槽布线，是指将线槽固定在墙壁或天花板表面，再将导线布在线槽中。直接看到的是线槽，而不是导线，因此更加美观。由于线槽一般由阻燃材料制成，所以提高了布线的绝缘性和安全性。	布线时，先按照设计的路线走向将线槽固定到墙壁上，每隔大约1米用一颗钢钉。钢钉钉不了的位置需用冲击钻打孔加木塞。在导线90°转向时，应将线槽裁切成45°再进行拼接。线槽与开关盒、插座盒等衔接处应无缝隙。线槽固定好后将导线放置于线槽内，再将盖板盖好卡牢。注意，同方向并行的走线可放入同一线槽内，强电、弱电禁止混放在同一槽中。	
3	线管的布线包括采用硬塑料线管及金属线管两种	先根据线路的多少选择合适尺寸的线管，一般导线总截面积最多占线管截面积的60%。按照设计的线路走向将线管卡码固定在墙壁上，再将导线穿进线管后直接卡进线管卡码中。如布线区域为特殊的场合，如仓库或易燃易爆的危险区域，需根据安全相关标准的要求选择金属线管安装。	线管布线形式与塑料线槽固定相似。 热塑性硬塑料管可以采取局部加热方式弯曲。方法是将硬塑料管需弯曲的部位靠近热源，旋转并前后移动管道烘烤，待管道略软后靠在木模上，两手握住管道两端向下施压进行弯曲。弯曲的直径不宜太小，否则穿管困难。为防止将管道弯扁，可取一根直径略小于待弯曲管道直径的长弹簧（例如拉力器上的长弹簧），插入到硬塑料管待弯曲部位，弯曲完毕后抽出弹簧便可。如管径较大，没有合适的弹簧时，可在管道里灌沙子，弯曲完后将沙子倒出。	

序号	项目	标准要求	处理步骤	示范或图片
4	暗线的铺设	暗线一般采用硬塑料管或金属线管穿管铺设的方法。	布线时，应使用绝缘层完好的整根导线一次放到位，严禁布线中的导线使用接头。必须的接头应安排在接线盒、分线盒、开关盒或插座盒等内。	

表 13-1-2　电话线、网线接线规范

序号	项目	标准要求	处理步骤	示范或图片
1	普通 RJ-45 网线接线标准	10M 和 100M 网卡使用 8 芯双绞线作为网线，为减小数字通信信号之间的干扰，8 根连线以每 2 根为一组绞合在一起，因而称为双绞线。10M 网卡只使用 4 根线实施通信，只要两对线分别连接 RJ45 插头的 1、2 和 3、6 引脚即可；而 100M 网卡需要使用四对线。由于按 100M 方式制作的网线 10M 网卡能够使用，双绞线又提供有四对线，因而即使使用 10M 网卡，一般也按 100M 方式制作网线。	1 先抽出一小段线，然后先把外皮剥除一段，有一些双绞线电缆上含有一条柔软的尼龙绳，如果在剥除双绞线的外皮时，觉得裸露出的部分太短，而不利于制作 RJ-45 接头时，可以紧握双绞线外皮，再捏住尼龙线往外皮的下方剥开，就可以得到较长的裸露线。 2 将双绞线反向缠绕开，铰齐线头（无外皮长留 12~14 mm）。 3 将双绞线的每一根线依序放入 RJ-45 接头的引脚内，第一只引脚内应该放白橙色的线，其余类推。 4 八根线要根据标准插入到插头中。568B 压线顺序，从左到右为：白橙、橙、白绿、蓝、白蓝、绿、白棕、棕。	

序号	项目	标准要求	处理步骤	示范或图片
1	普通 RJ-45 网线接线标准	目前安装的大多数网络布线是非屏蔽双绞线，其遵循的标准一般有两个：一是北美的标准 EIA / TIA 568A。二是国际标准，即 ISO/IEC 11801（两种方法制作是一样）	5 用打线钳夹紧。 6 重复步骤 1 到步骤 5，制作另一端的 RJ-45 接头。因为工作站与集线器之间是直接对接，所以另一端 RJ-45 接头的引脚接法完全一样。完成后的连接线两端的 RJ-45 接头无论引脚和颜色都完全一样，这种连接方法适用于 ADSL MODEM 和计算机网卡之间的连接，计算机与集线器（交换机）之间的连接。 7 使用测试仪测试好坏。	
2	网线插座接法：EIA/TIA 的布线标准中规定了两种双绞线的线序 568A 与 568B	T568A 的接法是：绿白、绿、橙白、蓝、蓝白、橙、棕白、棕。 T568B 的接法是：橙白、橙、绿白、蓝、蓝白、绿、棕白、棕。	1 先把网线的外皮剥掉，这次可以剥得长点儿，便于后面打线，露出了四组双绞线。 2 将线分成左右两组，按照 A 或者 B 的方式把相应颜色的线卡在模块相应的位置。 3 用工具压住模块和线，用力压下去，将线卡在模块里面，并把多余的先头剪掉。 4 将其他的线都按照一样的方式打好。	

表 13-1-3　常用线径功率对照表

线经（平方）	系数	电流（A）	220V（KW）单向功率
≤ 2.5（平方）	9	≤ 22.5（A）	4.95（KW）
4（平方）	8	32（A）	7.04（KW）
6（平方）	7	42（A）	9.24（KW）
10（平方）	6	60（A）	13.2（KW）
16（平方）	5	80（A）	17.6（KW）
25（平方）	4	100（A）	22（KW）
35（平方）	3.5	122.5（A）	26.95（KW）
50（平方）	3	150（A）	33（KW）
70（平方）	2.5	175（A）	38.5（KW）
95（平方）	2	190（A）	41.8（KW）

线经（平方）	电流	电压	功率因数（0.85）	$\sqrt{3}$（1.732）	380V（KW）三相功率
≤ 2.5（平方）	22.5	380	0.85	1.732	12.58（KW）
4（平方）	32	380	0.85	1.732	17.9（KW）
6（平方）	42	380	0.85	1.732	23.49（KW）
10（平方）	60	380	0.85	1.732	33.56（KW）
16（平方）	80	380	0.85	1.732	44.75（KW）
25（平方）	100	380	0.85	1.732	55.94（KW）
35（平方）	122.5	380	0.85	1.732	68.53（KW）
50（平方）	150	380	0.85	1.732	83.91（KW）
70（平方）	175	380	0.85	1.732	97.9（KW）
95（平方）	190	380	0.85	1.732	106.29（KW）

附录 U　蜜蜂新居验房标准依据——电器工程

电器工程			
1		每套住宅应设电度表。每套住宅的用电负荷标准及电度表规格，不应小于表 6.5.1 的规定。 表 6.5.1　用电负荷标准及电度表规格 表格如下： 套型 / 用电负荷标准（kW）/ 电度表规格（A） 一类 / 2.5 / 5（20） 二类 / 2.5 / 5（20） 三类 / 4.0 / 10（40） 四类 / 4.0 / 10（40）	6.5.1	
2	通则	住宅供电系统的设计，应符合下列基本安全要求： 1 应采用 TT、TN-C-S 或 TN-S 接地方式，并进行总等电位联结。 2 电气线路应采用符合安全和防火要求的敷设方式配线，导线应采用铜线，每套住宅进户线截面不应小于 10 平方毫米，分支回路截面不应小于 2.5 平方毫米。 3 每套住宅的空调电源插座、电源插座与照明，应分路设计；厨房电源插座和卫生间电源插座宜设置独立回路。 4 除空调电源插座外，其他电源插座电路应设置漏电保护装置。 5 每套住宅应设置电源总断路器，并应采用可同时断开相线和中性线的开关电器。 6 每幢住宅的总电源进线断路器，应具有漏电保护功能。 （8.7.3 每套住宅应设置户配电箱，其电源总开关装置应采用可同时断开相线和中性线的开关电器。GB50096-2011《住宅设计规范》）	6.5.2	GBJ96-86《住宅设计规范》
3		住宅的公共部位应设人工照明，除高层住宅的电梯厅和应急照明外，均应采用节能自熄开关。	6.5.3	
4		有线电视系统的线路应预埋到住宅套内，并应满足有线电视网的要求，一类住宅每套设一个终端插座，其他类住宅每套设两个。	6.5.5	
5		电话通信线路应预埋管线到住宅套内。一类和二类住宅每套设一个电话终端出线口，三类和四类住宅每套设两个。	6.5.6	
6		每套住宅宜预留门铃管路。高层和中高层住宅宜设楼宇对讲系统。	6.5.7	
7		需做等电位连接的卫生间内金属部件或零件的外界可导电部分，应设置专用接线螺栓与等电位联结导体连接，并应设置标识；连接处螺帽应紧固，放松零件应齐全。	25.2.1	GB50303-2015《建筑电气工程施工质量验收规范》

8	通则	等电位连接导体在地下暗敷时，其导体间的连接不得采用螺栓压接。 （8.7.2.5）住宅供电系统的设计，应符合下列规定： 设有洗浴设备的卫生间应作局部等电位联结。（GB50096-2011《住宅设计规范》）	25.2.2	GB50303-2015《建筑电气工程施工质量验收规范》
9		连接开关、螺口灯具导线时，相线应先接开关，开挂引出相线应接在等中心的端子上，零线应接在螺纹的端子上。	16.3.11	GB50327-2001《住宅装饰装修工程施工规范》
10		灯具固定应符合下列规定： 灯具固定应牢固可靠，在砌体和混凝土结构上严禁使用木楔、尼龙塞或塑料塞固定； 质量大于 10kg 的灯具，固定装置及悬吊装置应按照灯具重量的 5 倍恒定均布载荷做强度试验，且持续时间不得少于 15min。	18.1.1	GB50303-2015《建筑电气工程施工质量验收规范》
11	灯具	悬吊式灯具安装应符合下列规定： 带升降器的软线吊灯在吊线展开后，灯具下沿应高于工作台面 0.3m； 质量大于 0.5kg 的软线吊灯灯具的电源线不应受力； 质量大于 3kg 的悬吊灯具，固定在螺栓或预埋吊钩上，螺栓或预埋吊钩的直径不得小于灯具挂销直径，且不应小于 6mm； 当采用钢管做灯具吊杆时，其内径不应小于 10mm，壁厚不应小于 1.5mm； 灯具与固定装置及灯具连接件之间采用螺纹连接，螺纹啮合扣数不应小于 5 扣。	18.1.2	
12		吸顶或墙面上安装的灯具，其固定用的螺栓或螺钉不应少于两个，灯具应紧贴饰面。	18.1.3	
13		由接线盒引至嵌入式灯具或槽灯的绝缘导线，应符合下列规定： 绝缘导线应采用柔性导管保护，不得裸露，且不得在灯槽内明敷。 柔性导管与灯具壳体应采用专用接头连接。	18.1.4	
14		普通灯具的 I 类灯具外露可导电部分必须采用铜芯软导线与保护导体可靠连接，连接处应设置接地标识。铜芯软导线截面积应与进入灯具电源线截面积相同。	18.1.5	
15		除采用安全电压以外，当设计无要求时，敞开式灯具的灯头距地面的距离应大于 2.5m。	18.1.6	
16		埋地灯安装应符合下列规定： 埋地灯的防护等级应符合设计要求； 埋地灯的接线盒应采用防护等级为 IPX7 的防水接线盒，盒内的绝缘导体接头应做防水绝缘处理。	18.1.7	

17		庭院灯、建筑物附属路灯安装应符合下列规定： 灯具与基础固定应可靠，地脚螺栓备帽应齐全；灯具接线盒应采用防护等级不小于 IPX5 的防水接线盒，盒盖防水密封垫应齐全完整。 灯具的电器保护装置应齐全，规格应与灯具适配。 灯杆的检修门应采取防水措施，且闭锁防盗装置完好。	18.1.8	
18		安装在公共场所的大型灯具的玻璃罩应采取防止玻璃罩向下溅落的措施。	18.1.9	
19		LED 灯具安装应符合下列规定： 灯具安装应牢固可靠，饰面不应使用胶类粘贴； 灯具安装位置应具有较好的散热条件，且不宜安装在潮湿场所； 灯具用的金属防水接头密封圈应齐全、完好； 灯具的驱动电源、电子控制装置室外安装时应置于金属箱（盒）内；金属箱（盒）的 IP 防护等级盒散热应符合设计要求，驱动电源的极性标记应清晰完整； 室外灯具配线管路应按明配管敷设，应具备防雨功能，IP 防护等级应达到设计要求。	18.1.10	
20	灯具	引向单个灯具的绝缘导线截面积应与灯具功率相匹配，绝缘通芯导线的线芯截面积不应小于 1 mm²。	18.2.1	GB50303-2015《建筑电气工程施工质量验收规范》
21		灯具的外形、灯头及其接线应符合下列规定： 灯具及其配件应齐全，不应有机械损伤、变形、涂层剥落和灯罩破裂等缺陷； 软线吊灯的软线两端应做保护扣，两端线芯应搪锡；当装升降器时，应采用安全灯头； 除敞开式灯具外，其他各类容量在 100W 及以上的灯具，引入线应采用瓷管、矿棉等不燃材料作隔热保护； 连接灯具的软线应盘扣，搪锡压线，当采用螺口灯头时，相应线接于螺口灯头中间的端子上； 灯座的绝缘外壳不应破损和漏电；带有开关的灯座，开关手柄应无裸露的金属部分。	18.2.2	
22		灯具表面以及附件的高温部位靠近可燃物时，应采取隔热散热等防火保护措施。	18.2.3	
23		高低压配电设备、裸母线及电梯曳引机的正上方不应安装灯具。	18.2.4	
24		投光灯的底座及支架应牢固，枢轴应沿需要的光轴方向拧紧固定。	18.2.5	
25		聚光灯和类似灯具的出光口面与被照物体的最短距离应符合产品技术文件要求。	18.2.6	
26		露天安装的灯具应有泄水孔，且泄水孔应设置在灯具腔体的底部。灯具及其附件、紧固件、底座和与其相连的导管、接线盒等应有相应的防腐蚀和防水措施。	18.2.7	

续表 U

27	安装于槽盒底部的荧光灯具应紧贴槽盒底部，并应固定牢固。	18.2.8	
28	庭院灯，建筑物附属路灯安装应符合下列规定： 灯具的自动通、断电源控制装置应动作准确； 灯具应固定可靠，灯位正确，紧固件应齐全、拧紧。	18.2.10	
29	应急灯具安装应符合下列规定： 消防应急照明回路的设置除符合设计要求外，尚应符合防火分区设置的要求，穿越不同防火分区时应采取防火隔堵措施； 对于应急灯具、运行中温度大于60℃的灯具，当靠近可燃物时，应采取隔热散热等防火措施； EPS供电的应急灯具安装完毕后，应检验EPS的供电运行最少持续供电时间，并应符合设计要求； 安全出口指示标志灯设置应符合设计要求； 疏散指示标志灯安装高度及设置部位应符合设计要求； 疏散指示标志灯的设置不应影响正常通行，且不应在周围设置容易混同疏散标志灯的其他标志牌等； 消防应急照明线路在非燃烧导体内穿钢管暗敷时，暗敷钢管保护层厚度不应低于30 mm。	19.1.3	灯 具
30	霓虹灯安装应符合下列规定： 霓虹灯管应完好，无破裂； 灯管应采用专用的绝缘支架固定，且牢固可靠，灯管固定后，与建筑物表面距离不应小于20 mm； 霓虹灯专用变压器应为双绕组式，所供灯管长度不应大于允许负载长度，露天安装的应采取防雨措施； 霓虹灯专用变压器的二次侧和灯管间的连线应采用额定电压大于15kv的高压绝缘导线，导线连接应牢固，防护措施应完好；高压绝缘导线与附着物表面的距离不小于20 mm。	19.1.4	GB50303-2015 《建筑电气工程施 工质量验收规范》
31	景观照明灯具安装应符合下列规定： 在人行道及人员来往密集场所安装落地式灯具，当无围栏防护时，灯具距地面高度应大于2.5 m； 金属构架及金属保护管应分别与保护导体采用焊接或螺栓连接，连接处应设置接地标识。	19.1.6	
32	太阳能灯具安装应符合下列规定： 太阳能灯具与基础固定应可靠，地脚螺栓有防松措施，灯具接线盒盖的防水密封垫应齐全完整； 灯具表面应平整光洁，色泽均匀，不应有明显的裂纹、划痕、缺损、腐蚀及变形等缺陷。	19.1.8	
33	洁净场所灯具嵌入安装时，灯具与顶棚之间的间隙应用密封胶条和衬垫密封，密封胶条和衬垫应平整，不得扭曲、折叠。	19.1.9	

34		游泳池和类似场所灯具（水下灯及防水灯具）安装应符合下列规定：当引入灯具的电源采用导管保护时，应采用塑料导管；固定在水池构筑物上的所有金属部件应与保护联结导体可靠连接，并应设置标识。	19.1.10	
35		当应急电源或镇流器与灯具分离安装时，应固定可靠。应急电源或镇流器与灯具本体之间连接绝缘导线应用金属柔性导管保护，导线不得外露。	19.2.2	GB50303-2015《建筑电气工程施工质量验收规范》
36	灯具	霓虹灯安装应符合下列规定：明装霓虹灯变压器安装高度低于 3.5 m 时应采取防护措施；室外安装距离晒台、窗口、架空线等不应小于 1 m，并有防雨措施。霓虹灯变压器应固定可靠，安装位置宜方便检修，且宜隐蔽在不易被非检修人触及的场所。当橱窗内装有霓虹灯时，橱窗门与霓虹灯变压器一次测开关应有联锁装置，开门时不得接通霓虹灯变压器的电源。霓虹灯变压器二次侧的绝缘导线应采用高绝缘材料的支持物固定，对于支持点的距离，水平线段不应大于 0.5 m，垂直线段不应大于 0.75 m。霓虹灯管附着基面及其托架采用金属或不燃材料制作，并应固定可靠，室外安装应耐风压。	19.2.3	
37		建筑物景观照明灯具构架应固定可靠，地脚螺栓拧紧，备帽齐全；灯具的螺栓应紧固，无遗漏。灯具外露的绝缘导线或电缆应有金属柔性导管保护。	19.2.5	
38		太阳能灯具迎光面上应无遮挡物，电池板上方应无直射光源。电池组件与支架连接应牢固可靠,组件的输出线不应裸露，并用扎带绑扎固定。	19.2.7	
39		照明开关安装应符合下列规定：同一建筑物的开关宜采用同一系列产品,单控开关的通断位置应一致,且应操作灵活,接触可靠；相线应经开关控制；紫外线杀菌灯开关应有明确的标识,并应于普通照明开关的位置分开。	20.1.4	GBJ96-86《住宅设计规范》
40		照明开关安装应符合下列规定：照明开关安装高度应符合设计要求；开关安装的位置应便于操作，开关边缘距门框边缘的距离宜为 0.15 m~0.2 m；相同型号并列安装高度宜一致，并列安装的拉线开关相邻间距离不小于 20 mm；	20.2.3	
41		温控器安装高度应符合设计要求；同一室内并列安装的温控器高度宜一致，且控制有序不错位。	20.2.4	

42	灯具	照明开关安装应符合下列规定： 1 开关安装位置便于操作，开关边缘距门框边缘的距离 0.15~0.2 m，开关距地面高度 1.3 m；拉线开关距地面高度 2~3m，层高小于 3m 时，拉线开关距顶板不小于 100 mm，拉线出口垂直向下； 2 相同型号并列安装及同一室内开关安装高度一致，且控制有序不错位。并列安装的拉线开关的相邻间距不小于 20 mm； 3 暗装的开关面板应紧贴墙面，四周无缝隙，安装牢固，表面光滑整洁、无碎裂、划伤，装饰帽齐全。	22.2.2	GB50303-2002《建筑电气工程施工质量验收规范》
43		照明开关安装应符合下列规定： 照明开关安装高度应符合设计要求； 开关安装的位置应便于操作，开关边缘距门框边缘的距离宜为 0.15 m~0.2 m； 相同型号并列安装高度宜一致，并列安装的拉线开关相邻间距离不小于 20 mm。	20.2.3	
44		温控器安装高度应符合设计要求；同一室内并列安装的温控器高度宜一致，且控制有序不错位。	20.2.4	
45	插座	电源插座的数量，不应少于表 6.5.4 的规定。 表 6.5.4　电源插座的设置数量 	部位	设置数量
---	---
卧室、起居室（厅）	一个单相三线和一个单相二线的插座两组
厨房、卫生间	防溅水型一个单相三线和一个单相二线和组合插座一组
布置洗衣机、冰箱、排气机械和空调器等处	专用单相三线插座各一个		6.5.4	GBJ96-86《住宅设计规范》
46		当交流、直流或不同电压等级的插座安装在同一场所时，应有明显的区别，插座不得互换；配套的插头应按照交流、直流或不同电压等级区别使用。	20.1.1	GB50303-2015《建筑电气工程施工质量验收规范》
47		不间断电源插座及应急电源插座应设置标识。	20.1.2	
48		插座接线应符合下列规定： 对于单相两孔插座，面对插座的右孔或上孔应与相线连接，左孔或下孔应与中性导体（N）连接；对于单相三孔插座，面对插座的右孔应与相线连接，左孔应与中性导线（N）连接。 单相三孔、三相四孔及三相五孔插座的保护接地导体（PE）应接在上孔，插座的保护接地导体端子不得与中性导体端子连接；同一场所的三相插座，其接线的相序应一致。 保护接地导体（PE）在插座之间不得串联连接。 相线与中性导体（N）不应利用插座本体的接线端子转接供电。	20.1.3	

49		插座安装应符合下列规定： 插座安装高度应符合设计要求，同一室内相同规格并列安装的插座高度宜一致； 地面插座紧贴饰面，盖板应固定牢固，密封良好。	20.2.2	GB50303-2015 《建筑电气工程施工质量验收规范》
50		起居室、卧室应各设两处电气插座；厨房、卫生间、过厅应各设一处电器插座。每套住宅内必须设有单相三孔插座。	4.2.4	GB50327-2001 《住宅装饰装修工程施工规范》
51		大功率家电设备插座应独立配线安装设备。	16.1.3	
52		配线时相线与零线的颜色应不同；统一住宅相线（L）颜色应统一，零线（N）宜用蓝色，保护线（PE）必须用黄绿双色线。	16.1.4	
53		工程竣工时应向业主提供电气工程竣工图。	16.1.6	
54		塑料电线保护管及接线盒必须是阻燃性产品，外观不应有破损及变形。	16.2.3	
55	插座	通信电线使用的终端盒、接线盒与配电系统的开关、插座，宜选用同一系列产品。	16.2.5	GB50327-2001 《住宅装饰装修工程施工规范》
56		安装电源插座时，面向插座的左侧应接零线（N）、右侧应接相线（L），中间上方应接保护底线（PE）。	16.3.9	
57		电源线及插座与电视线及插座的水平间距不应小于 500 mm。	16.3.6	
58		同一室内的电源、电话、电视等插座面板应在同一水平标高上，高差应小于 5 mm。	16.3.13	
59		厨房、卫生间应安装防溅插座，开关应安装在门外开启侧的墙体上。	16.3.14	
60		电源插座底边距地为 300 mm，平开关板底边距地宜为 1 400 mm。	16.3.15	
61		特殊情况下插座安装应符合下列规定： 1 当接插有触电危险家用电器的电源时，采用能断开电源的带开关插座，开关断开相线； 2 潮湿场所采用密封型并带保护地线触头的保护型插座，安装高度不低于 1.5 m。	22.1.3	GB50303-2002 《建筑电气工程施工质量验收规范》
62		插座安装应符合下列规定： 地插座面板与地面齐平或紧贴地面，盖板固定牢固，密封良好。	22.2.1	
63		特殊情况下插座安装应符合下列规定： 1 当接插有触电危险家用电器的电源时，采用能断开电源的带开关插座，开关断开相线； 2 潮湿场所采用密封型并带保护地线触头的保护型插座，安装高度不低于 1.5 m。	22.1.3	

64	插座	插座安装应符合下列规定： 1 当不采用安全型插座时，托儿所、幼儿园及小学等儿童活动场所安装高度不小于 1.8 m。 2 暗装的插座面板紧贴墙面，四周无缝隙，安装牢固，表面光滑整洁，无碎裂、划伤，装饰帽齐全。 3 车间及试（实）验室的插座安装高度距地面不小于 0.3 m；特殊场所暗装的插座不小于 0.15 m；同一室内插座安装高度一致。	22.2.1	GB50303-2002《建筑电气工程施工质量验收规范》
65	配电箱	柜、台、箱的金属框架及基础型钢应与保护导体可靠连接，对装有电器的可开启门，门和金属框架的接地端子间应选用截面积不小于 4 mm² 的黄绿色绝缘铜芯软导线连接，并应有标识。	5.1.1	
66		柜、台、箱、盘等配电装置应有可靠地放电击保护；装置内保护接地导体（PE）排应有裸露的连接外部保护接地导体的端子，并应可靠连接。当设计未做要求时，连接导体最小截面积符合现行国家标准《低压配电设计规范》GB50054 的规定。	5.1.2	
67		低压成套配电柜交接试验应符合本规范第 4.1.6 第 3 款的规定。（低压成套配电柜和馈电线路的每路配电开关及保护装置的相间和相对地间的绝缘阻值不应小于 0.5 MΩ，当国家现行产品标准未做规定时，电气装置的交流工频耐压试验，试验电压应为 1 000 V，持续时间应为 1 min，当绝缘阻值大于 10 MΩ，宜采用 2 500 V 兆欧表摇测。）	5.1.5	
68		箱、柜、盘内的电涌保护器（SPD）安装应符合下列规定： 1 SPD 的型号规格安装布置应符合设计要求； 2 SPD 的接线形式应符合设计要求，接地导线的位置不宜靠近出线的位置； 3 SPD 的连接导线应平直，足够短，且不应大于 0.5 m。	5.1.10	
69		照明配电箱（盘）安装应符合下列规定： 1 箱（盘）内配线应整齐，无绞接现象；导线连接应紧密、不伤芯、不断股；垫圈下螺丝两侧压的导线截面积应相同，同一电器件端子上的导线连接不应多于 2 根，防松垫圈等零件应齐全； 2 箱（盘）内开关动作应可靠； 3 箱（盘）内应分别设置中性导体（N）和保护接地导体（PE）汇流排，汇流排上同一端子不应连接不同回路的 N 和 PE。	5.1.12	

70	配电箱	低压电器组合应符合下列规定： 1 发热元件应安装在散热良好的位置； 2 熔断器的熔断体规格、断路器的整定值应符合设计要求； 3 切换压板应接触良好，相邻压板间应有安全距离，切换时不应触及相邻压板； 4 信号回路的信号灯、按钮、光字牌、电铃、电笛、事故电钟等动作和信号显示应准确； 5 金属外壳需做电击防护时，应与保护导体可靠连接； 6 端子排应安装牢固，端子应有序号，强电、弱电端子应隔离布置，端子规格应与导线截面积大小适配。	5.2.7	GB50303-2002《建筑电气工程施工质量验收规范》
71		柜、台、箱盘间配线应符合下列规定： 1 对于铜芯绝缘导线或电缆的导体截面积，电流回路不应小于2.5 mm²，其他回路不应小于1.5 mm²； 2 二次回路连线应成束绑扎，不同电压等级、交流、直流线路及计算机控制线路应分别绑扎，且应有标识；固定后不应妨碍手车开关或抽出式部件的拉出和推入； 3 线缆弯曲半径不应小于线缆允许弯曲半径； 4 导线连接不应损伤线芯。	5.2.8	
72		柜、台、箱、盘面板上的电器连接导线应符合下列规定： 1 连接导线应采用多芯铜芯绝缘软导线，敷设长度应留有适当裕量； 2 线束宜有外套塑料管等加强绝缘保护层； 3 与电器连接时端部应绞紧、不松散、不断股，其端部可采用不开口的终端端子或搪锡； 4 可转动部位的两端应用卡子固定。	5.2.9	
73	导管	金属导管应与保护导体可靠连接，并应符合下列规定： 1 镀锌钢导管、可弯曲金属导管和金属柔性导管不得熔焊连接； 2 当非镀锌钢导管采用螺纹连接时，连接处两端应熔焊焊接保护联结导体； 3 镀锌钢导管、可弯曲金属导管和金属柔性导管连接处的两端宜采用专用接地卡固定保护链接导体； 4 机械连接的金属导管当连接处的接触电阻值符合现行国家标准《电气安装用导管系统第一部分：通用要求》GBT20041.1的相关要求时，连接处可不设置保护联结导体，但导管不应作为保护导体的接续导体； 5 以专用接地卡固定的保护联结导体应为铜芯软导线，截面积不应小于4 mm²，以熔焊焊接的保护联结导体宜为圆钢，直径不应小于6 mm，其搭接长度宜为直径的6倍。	12.1.1	GB50303-2015《建筑电气工程施工质量验收规范》
74		钢导管不得采用对口焊接连接；镀锌钢导管或壁厚小于或等于2 mm的钢导管，不得采用套管焊熔连接。	12.1.2	

续表 U

76		当塑料导管在砌体上剔槽埋设时，应采用强度不小于 M10 的水泥砂浆抹面保护，保护层厚度不应小于 15 mm。	12.1.3	
76		导管穿越密闭或防护密闭隔墙时，应设置预埋套管，预埋套管的制作和安装应符合设计要求，套管两端伸出墙面的长度宜为 30 mm~50 mm，导管穿越密闭穿墙套管的两侧应设置过线盒并应做好封堵。	12.1.4	
77		导管的弯曲半径应符合下列规定： 1 明导管的弯曲半径不宜小于管外径的 6 倍，当两个接线盒只有一个弯曲时，其弯曲半径不得小于管外径的 4 倍； 2 埋设于混凝土内的导管弯曲半径不宜小于管外径的 6 倍，当直埋于地下时不宜小于管外径的 10 倍。	12.2.1	
78	导管	导管支架安装应符合下列要求： 1）除设计要求外，承力建筑钢结构件上不得焊熔导管支架，且不得热加工开孔； 2）除导管采用金属吊架固定时，圆钢直径不得小于 8 mm，并应设置防晃支架，在距离盒（箱），分支或端部 0.3~0.5 m 处，应设置固定支架； 3）金属支架应进行防腐，位于室外潮湿场所的应按照设计要求处理； 4）导管支架应安装牢固无明显扭曲。	12.2.2 12.2.2	GB50303-2015《建筑电气工程施工质量验收规范》
79		除设计要求外，对于暗配的导管，导管表面埋设度与建筑物、构筑物表面的距离不应小于 15 mm。	12.2.3	
80		进入配电（控制）柜、台、箱内的导管关口，当箱底无封板时，管口应高出柜、台、箱、盘的基础面 50 mm~80 mm。	12.2.4	
81		室外导管敷设应符合下列规定： 1）对于埋地敷设的钢导管，埋设深度应符合设计要求，钢导管的壁厚应大于 2 mm； 2）钢导管的管口不应敞口垂直向上，导管关口应在盒（箱）内，或导管端部设置防水弯； 3）由箱式变电所或落地式配电箱引向建筑物的导管，建筑物一侧的导管管口应设在建筑物内； 导管管口在传入绝缘导线、电缆后应做密封处理。	12.2.5	

| 82 | | 明配的电气导管应符合下列规定：
1）导管应排列整齐，固定点间距离均匀，安装牢固；
2）在距终端弯头中点或柜、台、箱、盘边缘 150 mm~500 mm 范围内应设有固定管卡，中间直线段固定管卡间的应符合表 12.2.6 的规定；
3）明配管采用的接线或过渡盒（箱）应选用明装盒（箱）。 | 12.2.6 | |

表 12.2.6

敷设方式	导管种类	导管直径（mm）			
		15~20	25~32	40~50	65以上
		管卡间最大距离（m）			
支架或沿墙明敷	壁厚＞2 mm 刚性导管	1.5	2.0	2.5	3.5
	壁厚≤2 mm 刚性导管	1.0	1.5	2.0	—
	刚性塑料导管	1.0	1.5	2.0	2.0

83	导管	塑料导管敷设应符合下列规定： 1）管口应平整光滑，管与管、管与盒（箱）等器件采用插入法连接时，连接处结合面应涂专用胶合剂，接口应牢固密封； 2）直埋于地下或楼板内的刚性塑料导管，在穿出地面或楼板易受机械损伤的一段应采取保护措施； 3）当设计无要求时，埋设在墙内或混凝土内的塑料导管应采用中型及以上的导管； 4）沿建筑物、构筑物表面和在支架上敷设的刚性塑料导管，应按照设计要求装设温度补偿装置。	12.2.7	GB50303-2015《建筑电气工程施工质量验收规范》
84		可弯曲金属导管及柔性导管敷设应符合下列规定： 1）刚性导管经柔性导管与电气设备、器具连接时，柔性导管的长度在动力工程中不宜大于 0.8 m，在照明工程中不宜大于 1.2 m。 2）可弯曲金属导管或柔性导管与刚性导管或电气设备、器具间的链接应采用专用接头；防液型可弯曲金属导管或柔性导管的连接处应密封良好，防液覆盖层应完好。 3）当可弯曲金属导管有可能受重物压力或明显机械撞击时，应采取保护措施。 4）明配的金属非金属柔性导管固定件间距应均匀，不应大于 1 m，管卡与设备、器具、弯头中点、管端等边缘的距离应小于 0.3 m。 5）可弯曲金属导管和金属柔性导管不应做保护导体的连续导体。	12.2.8	
85		导管敷设应符合下列规定： 1）导管穿越外墙时应设置防水套管，且应做好防水处理； 2）钢导管或刚性塑料导管跨越建筑物变形缝处应设置补偿装置； 3）除埋设于混凝土内的钢导管内壁应做防腐处理，外壁可不防腐处理外，其余场所所敷设的钢导管内、外壁均应做防腐处理； 4）导管预热水管、蒸汽管平行敷设时，宜敷设在热水管、蒸汽管的下面，当有困难时可敷设在其上面；相互间最小距离应符合本规定附录 G（略）的规定。	12.2.9	

续表 U

86	金属电缆支架必须与保护导体可靠连接。	13.1.1	
87	电缆敷设不得存在拧绞、铠装压扁、护层断裂和表面严重划伤等缺陷。	13.1.2	
88	当电缆敷设存在可能受到机械外力损伤、振动、浸水及腐蚀性或污染物质等损害时，应采取防护措施。	12.1.3	
89	除设计要求外，并联使用的电力电缆的型号、规格、长度应相同。	13.1.4	

| 90 | 电缆敷设 | 电缆敷设应符合下列规定： 1 电缆的敷设排列应顺直、整齐，并宜少交叉； 2 电缆转弯处的最小弯曲半径应符合表 11.1.2 的规定； 3 在电缆沟或电气竖井内垂直敷设或大于 45° 倾斜敷设的电缆应在每个支架上固定； 4 在梯架、托盘或槽盒内大于 45° 倾斜敷设的电缆应每隔 2 m 固定，水平敷设的电缆，首尾两端、转弯两侧及每隔 5 m~10 m 处应设固定点； 5 当设计无要求时，电缆支持点间距不应大于表 13.2.2 的规定； | 13.2.2 | GB50303–2015《建筑电气工程施工质量验收规范》 |

表 13.2.2　电缆支持点间距（mm）

电缆种类		电缆外径水平	敷设方式	
				垂直
电力电缆	全塑型		400	1000
	除全塑型外的中低压电缆		800	1500
	35 kV 高压电缆		1500	2000
	铝合金带联锁铠装的铝合金电缆		1800	1800
控制电缆			800	1000
矿物绝缘电缆	<9	600	800	
≥ 9，且 <15	900	1200		
≥ 15，且 <20	1500	2000		
≥ 20	2000	2500		

6 当设计无要求时，电缆与管道的最小净距应符合本规范附录 F（略）的规定；

7 无挤塑外护层电缆金属护套与金属支（吊）架直接接触的部位应采取防电化腐蚀的措施；

8 电缆出入电缆沟，电气竖井，建筑物，配电（控制）柜、台、箱处以及管子管口处等部位应采取防火或密封措施；

9 电缆出入电缆梯架、托盘、槽盒及配电（控制）柜、台、箱、盘处应做固定；

10 当电缆通过墙、楼板或室外敷设穿导管保护时，导管的内径不应小于电缆外径的 1.5 倍。

91	同一交流回路的绝缘导线不应敷设于不同的金属槽盒内或穿于不同金属导管内。	14.1.1	
92	除设计要求以外，不同回路、不同电压等级和交流与直流线路的绝缘导线不应穿于同一导管内。	14.1.2	
93	绝缘导线接头应设置在专用接线盒（箱）或器具内，不得设置在导管和槽盒内，盒（箱）的设置位置应便于检修。	14.1.3	
94	除塑料护套线外，绝缘导线应采取导管或槽盒保护，不可外露明敷。	14.2.1	
95	绝缘导线穿管前，应清除管内杂物和积水，绝缘导线穿入导管的管口在穿线前应装设护线口。	14.2.2	
96	与槽盒连接的接线盒(箱)应选用明装盒(箱)；配线工程完成后，盒(箱)盖板应齐全、完好。	14.2.3	
97	电缆敷设 槽盒内敷线应符合下列规定： 1 同一槽盒内不宜同时敷设绝缘导线和电缆。 2 同一路径无防干扰要求的线路，可敷设于同一槽盒内；槽盒内的绝缘导线总截面积（包括外护套）不应超过槽盒内截面积的40%，且载流导体不宜超过30根。 3 当控制和信号等非电力线路敷设于同一槽盒内时，绝缘导线的总截面积不应超过槽盒内截面积的50%。 4 分支接头处绝缘导线的总截面面积（包括外护层）不应大于该点盒（箱）内截面面积的75%。 5 绝缘导线在槽盒内应留有一定余量，并应按回路分段绑扎，绑扎点间距不应大于1.5 m；当垂直或大于45°倾斜敷设时，应将绝缘导线分段固定在槽盒内的专用部件上，每段至少应有一个固定点；当直线段长度大于3.2 m时，其固定点间距不应大于1.6 m；槽盒内导线排列应整齐、有序。 6 敷线完成后，槽盒盖板应复位，盖板应齐全、平整、牢固。	14.2.5	GB50303-2015《建筑电气工程施工质量验收规范》
98	塑料护套线严禁直接敷设在建筑物顶棚内、墙体内、抹灰层内、保温层内或装饰面内。	15.1.1	
99	塑料护套线与保护导体或不发热管道等紧贴和交叉处及穿梁、墙、楼板处等易受机械损伤的部位，应采取保护措施。	15.1.2	
100	塑料护套线在室内沿建筑物表面水平敷设高度距地面不应小于2.5 m，垂直敷设时距地面高度1.8 m以下的部分应采取保护措施。	15.1.3	
101	当塑料护套线侧弯或平弯时，其弯曲处护套和导线绝缘层均应完整无损伤，侧弯和平弯弯曲半径应分别不小于护套线宽度和厚度的3倍。	15.2.1	

续表 U

102		塑料护套线进入盒（箱）或与设备、器具连接，其护套层应进入盒（箱）或设备、器具内，护套层与盒（箱）入口处应密封。	15.2.2	
103		塑料护套线的固定应符合下列规定： 1 固定应顺直、不松弛、不扭绞； 2 护套线应采用线卡固定，固定点间距应均匀、不松动，固定点间距宜为 150 mm~200 mm； 3 在终端、转弯和进入盒（箱）、设备或器具等处，均应装设线卡固定，线卡距终端、转弯中点、盒（箱）、设备或器具边缘的距离宜为 50 mm~100 mm； 4 塑料护套线的接头应设在明装盒（箱）或器具内，多尘场所应采用 IP5X 等级的密闭式盒（箱），潮湿场所应采用 IPX5 等级的密闭式盒（箱），盒（箱）的配件应齐全，固定应可靠。	15.2.3	
104		多根塑料护套线平行敷设的间距应一致，分支和弯头处应整齐，弯头应一致。	15.2.4	
105		电缆头应可靠固定，不应使电器元器件或设备端子承受额外应力。	17.2.1	
106	电缆敷设	导线与设备或器具的连接应符合下列规定： 1 截面积在 10mm² 及以下的单股铜芯线和单股铝/铝合金芯线可直接与设备或器具的端子连接。 2 截面积在 2.5mm² 及以下的多芯铜芯线应接续端子或拧紧搪锡后再与设备或器具的端子连接。 3 截面积大于 2.5mm² 的多芯铜芯线，除设备自带插接式端子外，应接续端子后与设备或器具的端子连接；多芯铜芯线与插接式端子连接前，端部应拧紧搪锡。 4 多芯铝芯线应接续端子后与设备、器具的端子连接，多芯铝芯线接续端子前应去除氧化层并涂抗氧化剂，连接完成后应清洁干净。 5 每个设备或器具的端子接线不多于 2 根导线或 2 个导线端子。	17.2.2	GB50303-2015《建筑电气工程施工质量验收规范》
107		截面积 6mm² 及以下铜芯导线间的连接应采用导线连接器或缠绕搪锡连接，并应符合下列规定： 1 导线连接器应符合现行国家标准《家用和类似用途低压电路用的连接器件》GB13140 的相关规定，并应符合下列规定： 1）导线连接器应与导线截面相匹配； 2）单芯导线与多芯软导线连接时，多芯软导线宜搪锡处理； 3）与导线连接后不应明露线芯； 4）采用机械压紧方式制作导线接头时，应使用确保压接力的专用工具； 5）多尘场所的导线连接应选用 IP5X 及以上的防护等级连接器；潮湿场所的导线连接应选用 IPX5 及以上的防护等级连接器。 2 导线采用缠绕搪锡连接时，连接头缠绕搪锡后应采取可靠绝缘措施。	17.2.3	

108		铝／铝合金电缆头及端子压接应符合下列规定： 1 铝／铝合金电缆的联锁铠装不应作为保护接地导体（PE）使用，联锁铠装应与保护接地导体（PE）连接； 2 线芯压接面应去除氧化层并涂抗氧化剂，压接完成后应清洁表面； 3 线芯压接工具及模具应与附件相匹配。	17.2.4	
109		当采用螺纹型接线端子与导线连接时，其拧紧力矩值应符合产品技术文件的要求，当无要求时，应符合本规范附录 H 的规定。	17.2.5	
110		铝／铝合金电缆头及端子压接应符合下列规定： 1 铝／铝合金电缆的联锁铠装不应作为保护接地导体（PE）使用，联锁铠装应与保护接地导体（PE）连接； 2 线芯压接面应去除氧化层并涂抗氧化剂，压接完成后应清洁表面； 3 线芯压接工具及模具应与附件相匹配。	17.2.4	
111		当采用螺纹型接线端子与导线连接时，其拧紧力矩值应符合产品技术文件的要求，当无要求时，应符合本规范附录 H（略）的规定。	17.2.5	
112		当接线端子规格与电气器具规格不配套时，不应采取降容的转接措施。	17.2.7	
113	电缆敷设	条文说明：17.2.3 现行国家标准《低压电气装置第 5-52 部分：电气设备的选择和安装布线系统》GB16895.6—2014 第 526.2 条电气连接的"注"规定："在电力电缆中应避免采用焊接连接，若采用时必须考虑接头的蠕变和机械强度。"考虑到导线连接时也存在蠕变和机械强度问题，且在故障情况下存在温升，所以对绝缘导线的连接也提出了相同的要求，且由于目前国内已有符合标准的连接器可供选择，故本条并未强调多芯导线连接前一定要搪锡。当导线的连接方式不能有效补偿焊锡的蠕变，使导线与端子间有微小间隙时，可能会造成导线接触不良而异常发热，则不应搪锡，如螺纹压紧方式的导线连接器；而当线芯过细在连接过程中有断丝危险时，可搪锡处理，但应采用能补偿焊锡蠕变的连接方式，如弹簧片压紧方式的导线连接器。又考虑到中国施工工艺长期以来允许采用涮锡工艺，本条还继续允许导线采用缠绕搪锡连接，但不得采用简单缠绕后不经搪锡，直接用绝缘物包裹的做法，由于简单缠绕连接不能确保导线间有足够的接触力，连接点的机械强度不能满足使用要求，极易造成接触不良而导致发热，甚至引起火灾，因此要求不采用此类不规范做法。但导线采用缠绕搪锡后其连接接触是良好的，应采用塑料绝缘胶带（乙烯基胶带）缠绕，不应选用"电工黑胶布"，"电工黑胶布"是用于防磨保护，而并不能作为绝缘防护材料使用。 现行国家标准《家用和类似用途低压电路用的连接器件》GB13140 的相关要求，包括： （1）《家用和类似用途低压电路用的连接器件第 1 部分：通用要求》GB13140.1/IEC60998-1；		GB50303-2015《建筑电气工程施工质量验收规范》

113	电缆敷设	（2）《家用和类似用途低压电路用的连接器件第 2 部分：作为独立单元的带螺纹型夹紧件的连接器件的特殊要求》GB13140.2/IEC60998-2-1； （3）《家用和类似用途低压电路用的连接器件第 2 部分：作为独立单元的带无螺纹型夹紧件的连接器件的特殊要求》GB13140.3/IEC60998-2-2； （4）《家用和类似用途低压电路用的连接器件第 2 部分：扭接式连接器件的特殊要求》GB13140.5/IEC60998-2-4。 17.2.4 铝合金带联锁铠装作为电缆外护套时，应与保护接地导体（PE）可靠连接，由于其结构和截面积所限，不应作为保护接地导体（PE）使用。 铝 / 铝合金电缆导体在空气中会被迅速氧化，因此在压接端子的时候，需要除去氧化层并立即涂抹抗氧化剂，才能保证铝合金电缆的压接质量，压接完成后擦掉端子上剩余的氧化剂再做绝缘保护。 由于铝合金电缆所匹配的端子硬度较大，导线端子压接需要使用相应的模具和压接工具进行压接，如果不匹配会造成压接面积不足，导致端子发热。	
114		表 H　螺纹型接线端子的拧紧力矩	GB50303-2015《建筑电气工程施工质量验收规范》

表 H　螺纹型接线端子的拧紧力矩

螺纹直径（mm）		拧紧力矩（N·m）		
标准值	直径范围	I	Ⅱ	Ⅲ
2.5	$\phi \leq 2.8$	0.2	0.4	0.4
3.0	$2.8 < \phi \leq 3.0$	0.25	0.5	0.5
–	$3.0 < \phi \leq 3.2$	0.3	0.6	0.6
3.5	$3.2 < \phi \leq 3.6$	0.4	0.8	0.8
4	$3.6 < \phi \leq 4.1$	0.7	1.2	1.2
4.5	$4.1 < \phi \leq 4.7$	0.8	1.8	1.8
5	$4.7 < \phi \leq 5.3$	0.8	2.0	2.0
6	$5.3 < \phi \leq 6.0$	1.2	2.5	3.0
8	$6.0 < \phi \leq 8.0$	2.5	3.5	6.0
10	$8.0 < \phi \leq 10.0$	–	4.0	10.0
12	$10 < \phi \leq 12$	–	–	14.0
14	$12 < \phi \leq 15$	–	–	19.0
16	$15 < \phi \leq 20$	–	–	25.0
20	$20 < \phi \leq 24$	–	–	36.0
24	$\phi > 24$	–	–	50.0

续表 U

115	电缆敷设	隔离器、熔断器和连接片，严禁作为功能性开关电器。	3.1.10	GB50054-2011《低压配电设计规范》
116		符合下列情况之一的线路，中性导体的截面应与相导体的截面相同： 单相两线制线路； 铜相导体截面小于等于 16 mm² 或铝相导体截面小于等于 25 mm² 的三相四线线路。	3.2.7	
117		符合下列条件的线路，中性导体截面可小于相导体截面； 铜相导体截面大于 16 mm² 或铝相导体截面大于 25 mm²； 铜中性导体截面大于等于 16 mm² 或铝中性导体截面大于等于 25 mm² 在正常工作时，包括谐波电流在内的中性导体预期最大电流小于等于中性导体的允许载流量； 中性导体已进行了过电流保护。	3.2.8	
118		在配电线路中固定敷设的铜保护接地中性导体的截面积不应小于 10 mm², 铝保护接地中性导体的截面积不应小于 16 mm²。	3.2.10	
119		装置外可导电部分严禁作为保护接地中性导体的一部分。	3.2.13	
120		局部等电位联结用保护联结导体截面积的选择，应符合下列规定： 保护联结导体的电导不应小于局部场所内最大保护导体截面积 1/2 的导体所具有的电导； 保护联结导体采用铜导体时，其截面积最大值为 25 mm²。保护联结导体为其他金属导体时，其截面积最大值应按其与 25 mm² 铜导体的载流量相同确定； 单独敷设的保护联结导体，其截面积应符合本规范地 3.2.14 条第 3 款的规定。	3.2.17	
121		永久性连接的用电设备的保护导体预期电流超过 10 mA 时，保护导体的截面积应按下列条件之一确定： 铜导体不应小于 10 mm² 或铝导体不应小于 16 mm²。	3.2.14	
122		每套住宅应设有线电视系统、电话系统和信息网络系统，宜设置家居配线箱。有线电视、电话、信息网络等线路宜集中布线。并应符合下列规定： 1 有线电视系统的线路应预埋到住宅套内。每套住宅的有线电视进户线不应少于 1 根，起居室、主卧室、兼起居的卧室应设置电视插座； 2 电话通信系统的线路应预埋到住宅套内。每套住宅的电话通信进户线不应少于 1 根，起居室、主卧室、兼起居的卧室应设置电话插座； 3 信息网络系统的线路宜预埋到住宅套内。每套住宅的进户线不应少于 1 根，起居室、卧室或兼起居室的卧室应设置信息网络插座。	8.7.7	GB50096-2011《住宅设计规范》
123		当发生火警时，疏散通道上和出入口处的门禁应能集中解除或能从内部徒手开启出口门。	8.7.9	

124		室内布线应穿管敷设，不得在住宅顶棚内、墙体及顶棚的抹灰层、保温层及饰面板内直敷布线。	15.3.1	JGJ/T304-2013《住宅室内装饰装修工程质量验收规范》
125		吊顶内电线导管不应直接固定在吊顶龙骨上；柔性导管与刚性导管、电器设备、器具连接时，柔性导管两端应使用专用接头，固定应牢固。	15.3.2	
126		卫生间、非封闭阳台应采用防护等级为 IP54 电源插座；分体空调、洗衣机、电热水器采用的插座应带开关。	15.4.5	
127		访客对讲户内话机安装应平正、牢固，外观应清洁、无污损。	16.4.4	
128	电缆敷设	暗线敷设必须配管，当管线超过 15m 时或有两个直角弯时，应增设拉线盒。	16.3.3	GB50327-2001《住宅装修工程施工规范》
129		同一回路电线应穿入同一根管内，但管内总根数不应超过 8 根，电线总截面积（包括外绝缘皮）不应超过管内截面积的 40%。	16.3.4	
130		电源线与铜芯线不得穿入同一根管内。	16.3.5	
131		电线与暖气、热水管、煤气管之间的平行距离不应小于 300 mm，交叉距离不应小于 100 mm。	16.3.7	GB50327-2001《住宅装修工程施工规范》
132		传入配线导管的接头应在接线盒内，接头搭接应牢固，绝缘带包缠应均匀紧密。	16.3.8	
133		导线和导线对地间电阻必须大于 0.5 MΩ。	16.3.12	
134	吊扇	吊扇安装应符合下列规定： 1）吊扇挂钩安装应牢固，吊扇挂钩直径不应小于吊扇挂销直径，且不应小于 8 mm；挂钩销钉应有防震橡胶垫；挂销的防松零件应齐全、可靠； 2）吊扇扇叶距地高度不小于 2.5 m； 3）吊扇组装不应改变扇叶角度，扇叶的固定螺栓放松零件应齐全； 4）吊杆件、吊杆与电机间螺纹连接，其啮合长度不应小于 20 mm，且防松零件应齐全紧固； 5）吊扇接线应正确，运转时扇叶无明显转动或异常声响； 6）吊扇开关安装标高应符合设计要求。	20.1.6	GB50303-2015《建筑电气工程施工质量验收规范》
135		壁扇安装应符合下列规定： 1）壁扇底座采用膨胀螺栓或焊接固定，固定应牢固可靠，膨胀螺栓数量不应少于 3 个，且直径不应小于 8 mm； 2）防护罩应扣紧、固定可靠，当运转时扇叶和防护罩应无明显颤动和异常声响。	20.1.7	
136		暗装的插座盒或开关盒应与饰面平齐，盒内干净整洁，无锈蚀，绝缘导线不得裸露在装饰层内；面板应紧贴饰面，四周无缝隙，安装牢固、表面光滑、无碎裂、划伤，装饰帽（板）齐全。	20.2.1	

137	吊扇	吊扇安装应符合下列规定： 1）吊扇涂层应完整，表面无划痕、无污染，吊杆上下扣碗安装应牢固到位； 2）同一室内并列安装的吊扇开关高度宜一致，并应控制有序不错位。	20.2.5	GB50303-2015《建筑电气工程施工质量验收规范》
138		换气扇安装应紧贴饰面，固定可靠。无专人管理的换气扇宜设置定时开关。	20.3.7	
139	潮湿区域等电位	装有浴盆或淋浴器的房间，应按本标准第 12.7.6 条规定设置辅助保护等电位联结，将保护导体与外露可导电部分和可接近的外界可导电部分相连接。	12.10	GB51348-2019《民用建筑电气设计标准》

85 全屋水电全改或半改

85.1 水电全改：是将房屋内所有的电路包括照明电路全部替换掉，插座的位置全部重新设置。

85.2 水电半改：是在原来开发商预埋的线路基础上进行二次改造，在原来的线路基础上增加插座的位置，并且铺设线路。比较节省线材。

水电半改注意事项：

85.2.1 如果是毛坯房，检查水管品牌，鉴别水管质量，确定是否更换。

85.2.2 如果是毛坯房，水管做密闭性打压试验，压力要求 8MPa，检查焊接点，可以拿皮锤敲击。如果有多处管件焊接点漏水，这种情况下建议水管全改。

85.2.3 老房，水路建议全改，特别是当老房子的水管是镀锌管，如果半改，不但接头多容易造成漏水，而且不美观。

85.2.4 毛坯房的电路不需要全改，半改就可以。

85.2.5 如果旧房的电路偶尔跳闸，这种情况多数电路异常，建议全改。

85.2.6 原有管线材料差且回路规范杂乱，多见于二手房，例如有的老房是 10 多年前装修的，原有屋内电线多是 1.5 平方，而且插座照明空调均在一个回路内，这种情况下就可以重点考虑全改。

图 14-1 水电半改

86　水电施工前注意事项

　　首先要确定好点位（开关、插座、新风、中央空调、地暖以及循环水，家庭住宅还包括洗碗机、管线机、扫地机器人、净化器、小厨宝、垃圾粉碎机等）。

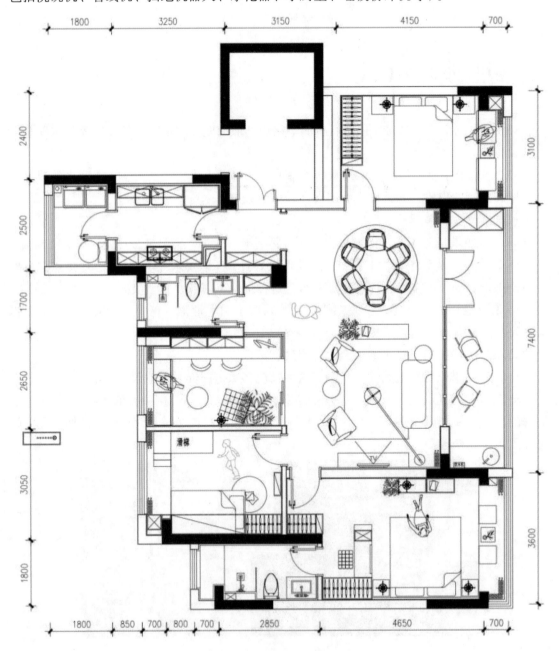

图 14-2　全屋水电布局图

87　水电走向施工工艺

87.1　横平竖直小弯工艺

优点：看起来比较规范、美观。比较方便做检修和后续施工，墙上打孔打钉容易定位，可以避开线管。

缺点：如果超过了两个转角弯，后期是无法抽出的，只能重新凿墙凿地来施工。现在基本上横平竖直做出来的多数都是死线，容易增加成本。

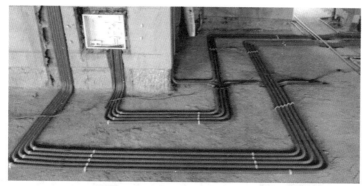

图 14-3　横平竖直小弯工艺

87.2　横平竖直大弯工艺

优点：看起来比较规范、美观。后期比较方便做检修。需要维修时，根据开关插座的位置就能判断线管走向，也方便穿线，是活线工艺。

缺点：对于工艺要求较高，线管距离太近，容易造成空鼓。

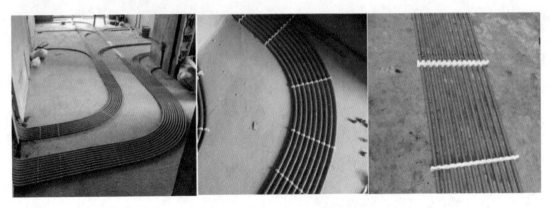

图 14-4　横平竖直大弯工艺

87.3　点对点工艺

优点：首先是对点时会走最短的线路，方便了解用户平时各种家庭用电情况，也可以省下很多材料、时间和费用；其次，两点一线施工可以减少线管的拐弯，方便日后抽线更换。

缺点：后期检查或者维修的时候比较麻烦，墙壁上采用水电点对点的方式，会有线路不明的情况发生，有可能会碰到水管、线管。尤其是有实木地板的龙骨安装非常麻烦。

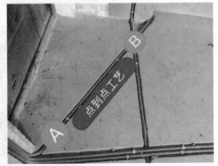

图 14-5　点对点工艺

88　冰箱、监控要单独走线

单独走线，冰箱不受总闸的控制。业主不在家的时候，即使总闸关了，冰箱还在工作（保证食物不会坏）。

89　厨房、卫生间要使用 4 平方线，普通插座用 2.5 平方线，中央空调用 6 平方线

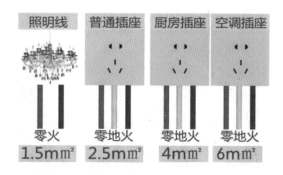

图 14-6　厨房、卫生间要使用 4 平方线

89　弱电箱一定要预留电源（路由器、全屋 WIFI）

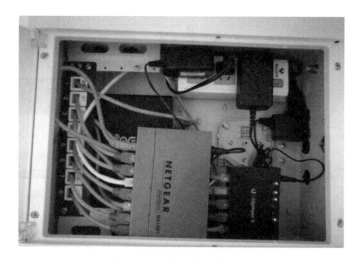

图 14-7　弱电箱预留电源

90 电线线管最好是用 20 的线管（用 16 穿线和散热都不好，很容易短路。用 20 穿线更方便，散热好）

图 14-8　20 线管

91 电视墙后面要预留 50 的 PVC 管（隐藏电视线）

图 14-9　50 PVC 管

92　强弱电交接的地方最好用锡箔纸包裹，强弱电不同槽，强弱电间距必须在 30cm 以上

图 14-10　锡箔纸包裹交接处

93　主灯（包括客厅、餐厅、卧室）顶面电线必须用黄蜡管保护

图 14-11　顶面电线用黄蜡管保护

94 水电布线布管工艺

94.1 水电走天布管工艺

优点：水管走顶，如果出现漏水问题可以早发现，安全性稍高；另外对于卫生间，水电走顶的话，地面的防水比较好做一些。走顶时，如果水管漏水，也能及时发现维修，而不会影响到邻居，进而避免产生纠纷。

缺点：作业困难，费工费料费钱。

注意要点：

（1）家里如果做地暖，建议水电走天，方便后期做检修，不建议把水电做在地暖以下。

（2）为了避免水锤效应，冷水管应全用热水管，3.5 和 4.2 壁厚都可以。

（3）建议水管做保温，可以保温节能，还可以阻止管壁出汗产生冷凝水。

（4）厨房、卫生间水电建议走天，方便检修。

（5）严禁在梁上大面积开洞。

（6）电上水下。

（7）顶面管线必须用专用的管卡固定，每个固定点间距不能大于 60 厘米。

图 14-12 水电走天布管工艺

94.2 水电走地布管工艺

优点：省工省料，难度降低，在地面上直接走，管路使用比走顶略少，管材上要省一小部分钱，施工也比较快。

缺点：由于是用水泥找平埋在地下，假如出现问题不方便维修。若是漏水，等到楼下发现的时候，已很严重。

注意事项：

（1）厨房卫生间不建议走地，一旦出现后期漏水，检修相当困难。

（2）一定要注意排管间隙，否则后期容易造成地面空鼓。

图 14-13 水电走地布管工艺

94.3 水电走墙布管工艺

优点：比较省线材，工人方便施工。

缺点：严重破坏墙体的结构承载力。如果是非承重墙，轻体墙开横槽受重力沉降的影响，横截面的受力增大；如果开横槽回填，水泥的标号不高，就会带动墙面的开裂。

注意：国家规范已经明文规定不能开横槽，要做竖槽，打横槽不要超过 50 cm。

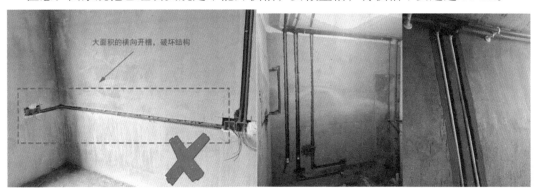

图 14-14 水电走墙布管工艺

95 有筒灯位置必须套波纹管（保护电线不容易老化）

图 14-15 波纹管

96 燃气热水器地方一定要放一根 50PVC 管

97 卫生间水电不同槽（水走水的槽，电走电的槽）间距大过 15 cm

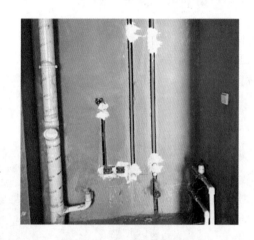

图 14-16　水电不同槽

98 做智能镜要注意预留电源

图 14-17　智能镜预留电源

99　做智能窗帘要预留电源

图 14-18　智能窗帘预留电源

100　如果厨房需要冰箱、洗碗机等嵌入式家具，一定要提前确定好，预留好尺寸和电源

图 14-19　洗碗机

101　卫生间如果有电热毛巾架，要预留电源

图 14-20

102　安装智能马桶要预留电源，方便后期更换

图 14-21

103 经常用来充电的插座，选带 5 孔和 USB 接口的，使用起来更方便（参考沙发两边、床头、阳台）

图 14-22

其他注意事项：

1 水电做完之后一定要拍照，方便后期维修。

2 尽可能多预留插座，随着智能家居用品的普及，家里的电气设备会越来越多。

3 电线按规定要分色，火线可以用红色线，零线用蓝色线，接地线用双色线。

4 电线穿 PVC 管，管子用 20 的比较好，一根管内不能超过 3 根，不然夏天的时候电线散不了热，容易短路，通常电线所占面积不超过套管截面的 40%。

5 大功率的电器比如空调、烤箱、热水器等需要用 16A 插座。

6 卫生间的插座中最好安装防溅盒。

7 有的工长在水电材料进场之前不通知业主，正常情况下材料进场都需要通知业主来验收。

8 签合同之前，最好要求设计师出示水电路图，按照户型以及生活习惯确定好插座、开关的位置以及数量，算出所有的费用，防止后期增加要额外加钱。

附录 V　全屋插座开关图

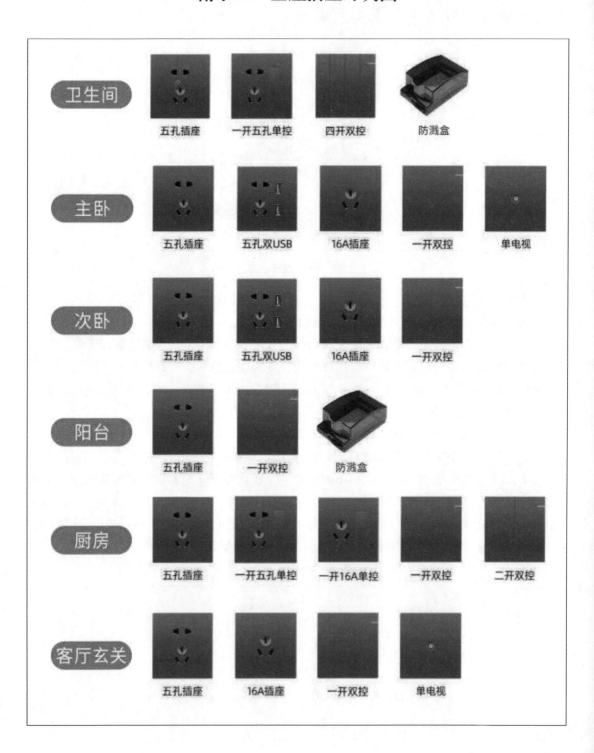

卫生间　五孔插座　一开五孔单控　四开双控　防溅盒

主卧　五孔插座　五孔双USB　16A插座　一开双控　单电视

次卧　五孔插座　五孔双USB　16A插座　一开双控

阳台　五孔插座　一开双控　防溅盒

厨房　五孔插座　一开五孔单控　一开16A单控　一开双控　二开双控

客厅玄关　五孔插座　16A插座　一开双控　单电视

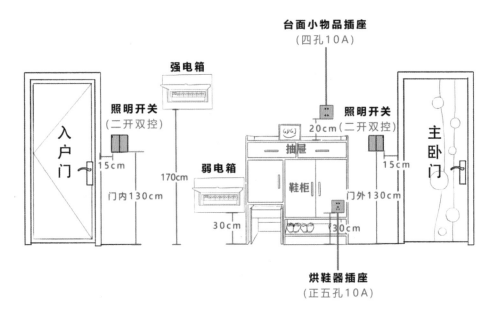

图 V-1　玄关

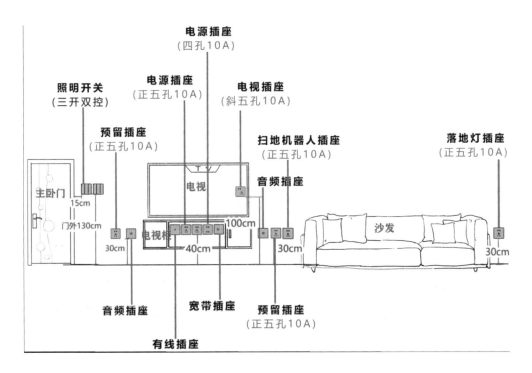

图 V-2　客厅

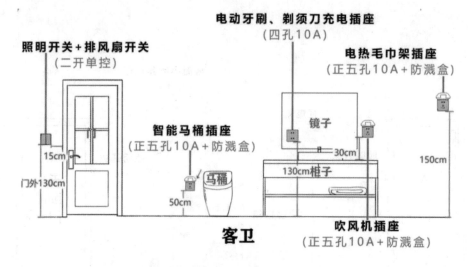

图 V-3　卫生间

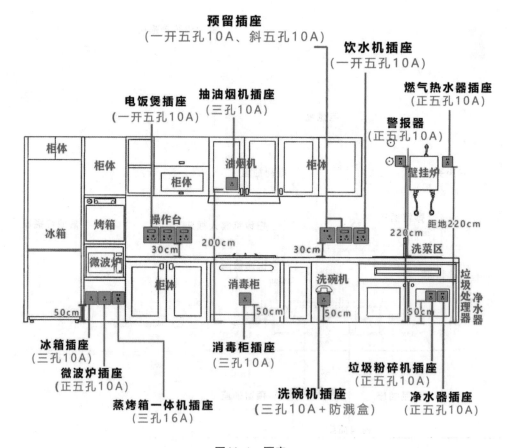

图 V-4　厨房

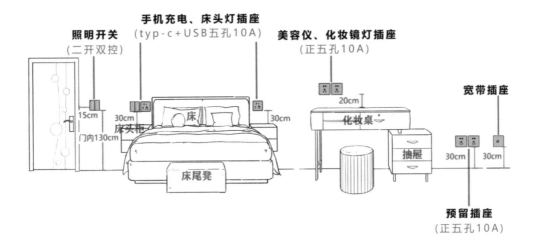

图 V-5　卧室

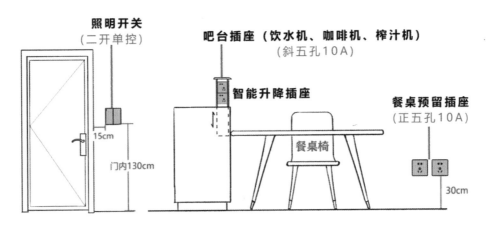

图 V-6　餐厅

表 V-6　全屋开关插座（客厅篇）

用途	类型 + 数量	高度
客厅照明	双控开关（1个）	离地面 130cm
家庭 KTV	单孔开关（1个）	距离地面约 130cm
电视机	五孔插座（3个）	距离地面约 40cm
沙发	五孔插座（2个）	距离地面约 30cm
空调	16A 三孔带开关（1个）	距离地面约 220cm

用途	类型＋数量	高度
空气净化器	五孔插座（1个）	距离地面约 50cm

注意事项：
1 客厅开关使用双开单控：控制吊顶灯、灯带。
2 开关的安装位置距离地面 1.2~1.4 m，插座的位置距离地面 30 cm。
3 客厅安装的空调要使用 16A 的三孔插座。
4 电视柜下方要预留 4~6 个五孔插座：智能盒子、电视机、小音箱（这个位置建议要比实际使用多预留出来 1~2 个，避免后面增添了新物件，要安装插线排）。

表 V-7　全屋开关插座（厨房篇）

用途	类型＋数量	高度
厨房照明	单孔开关（1个）	距离地面约 130cm
凉霸	单孔开关（2个）	距离地面约 131cm
抽油烟机	三孔插座（1个）	距离地面 200cm
垃圾处理器	五孔插座（1个）	距离地面约 50cm
洗碗机	五孔插座（1个）	距离地面约 40cm
电饭煲	五孔插座（1个）	距离台面约 30cm
烤箱	三孔插座（1个）	距离地面 200cm
冰箱	三孔插座（1个）	距离地面约 50cm

注意事项：
1 油烟机、烤箱等大功率电器要用 16A 三孔插座。
2 厨房插座一定要安装带开关的插座，不用来回插拔。
3 操作台上安装 4 个五孔带开关插座。

表 V-8　全屋开关插座（卧室篇）

用途	类型＋数量	高度
简单照明	双控开关（1个）	距离地面 130cm

用途	类型 + 数量	高度
手机充电	五孔插座（2 个）	距离地面约 70cm
空调	16A 三孔总开关（1 个）	距离地面约 220cm
电脑：投影仪	五孔插座（1 个）	距离地面约 30cm
梳妆台：智能镜	五孔插座（1 个）	距离地面约 90cm

注意事项：
1 卧室主灯使用双控开关，安装在门口和床边。
2 梳妆台一侧多预留一个插座可供加温器使用。
3 衣柜内如果设壁烫设备，记得预留 1 个五孔插座。
4 空调使用 16A 三孔带开关的插座。
5 空调开关不要与其他电器混合使用。
6 床两边的开关插座安装 2 个带 USB 的五孔插座，手机、电脑充电都方便，但不要五孔 USB 插座。

表 V-9　全屋开关插座（餐厅篇）

用途	类型 + 数量	高度
照明	单孔开关（1 个）	距离地面约 130cm
吊扇	单孔开关（1 个）	距离地面约 130cm
咖啡机 / 微波炉	五孔插座（2 个）	距离台面约 20cm
破壁机 / 火锅	五孔插座（1 个）	距离地面约 30cm

注意事项：
1 餐桌下方建议安装 1 个五孔插座，方便火锅聚餐。
2 餐边柜安装两个带开关五孔插座。
3 餐厅照明控制开关必须有 1 个开关。
4 要保留一个备用插座。
5 冰箱要有一个 16A 的独立插座。
6 电水壶要有 1 个插座，如果有管线机也要 1 个插座，有咖啡机也要安装 1 个插座，按照自己的实际要求设置。
7 餐桌下方安装插座比较重要，要在安装前去实地测量一下。

表 V-10　全屋开关插座（浴室篇）

用途	类型 + 数量	高度
照明	单孔开关（1 个）	距离地面约 130cm
热水器	三孔插座（1 个）	距离地面约 200cm
智能镜柜	单孔开关（1 个）	距离地面 130cm
智能马桶	五孔带防溅盖（1 个）	距离地面约 40cm
浴霸 / 排风扇	多控开关（1 个）	距离地面 130cm
吹风机 / 剃须刀	五孔带防溅盖（1 个）	距离台面约 30cm

注意事项：
1 洗漱台上方镜面两侧各安装一个带 USB 的五孔插座，以备电动牙刷等小电器日常使用。
2 洗衣机插座高度要比出水口高一点。
3 将带防溅水盖的三孔插座安装在热水器的侧面，高度和地面相距 200 cm。
4 马桶处安装带防溅水盖的五孔插座。

表 V-11　全屋开关插座（玄关篇）

用途	类型 + 数量	高度
照明	双控开关（1 个）	距离地面约 130cm
备用	五孔插座（1 个）	距离地面约 200cm
手机充电	五孔插座（1 个）	距离地面 130cm
烘鞋器	五孔插座（1 个）	距离地面约 40cm
门廊照明	单孔开关（1 个）	距离地面 130cm
筒灯	单孔开关（1 个）	距离台面约 30cm

注意事项：
1 玄关一定要预留电源插座，给烘鞋器、手机充电等使用。
2 墙角插座，建议距离 30~50 cm，避免弯腰受累。
3 进门处开关距门边 15 cm，高度 130 cm 左右。
4 建议预留一个备用插座。
5 玄关可以安装过道灯、筒灯或射灯，但建议色调统一。
6 强电箱应距离地面 170 cm，弱电箱应距离地面 30 cm。

附录 W　标准水电工艺参考

W1 水电走天

图 W-1　水电走天

W2 水电走地

是否开槽：最终根据楼板的厚度决定。

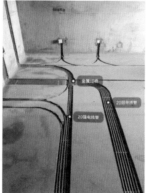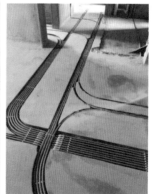

图 W-2　水电走地

W3 水电增项

W3.1　确定强弱电箱移位和更换（拆除的时候涉及强弱电箱或者位置不好需要移位）是否额外收费，是否包含在水电费用里面。

W3.2　确定水电半改还是全改，价格相差在 50~60 元每平方米。

W3.3　施工过程中增加插座要不要额外收费。（建议在签合同之前问清楚后期增加插座是否额外加钱）

W3.4　水电开槽分为地面开槽和墙面开槽，砖墙和混凝土开槽价格可能不同，报价的时候要问清楚是否额外加钱。

W3.5　一根线管可以穿 3 根线，有的公司单管单线，根本就没有必要，造成浪费。

附录 X　家装基础施工项目管理主控流程

客户姓名：_____　　　工程地址：_____

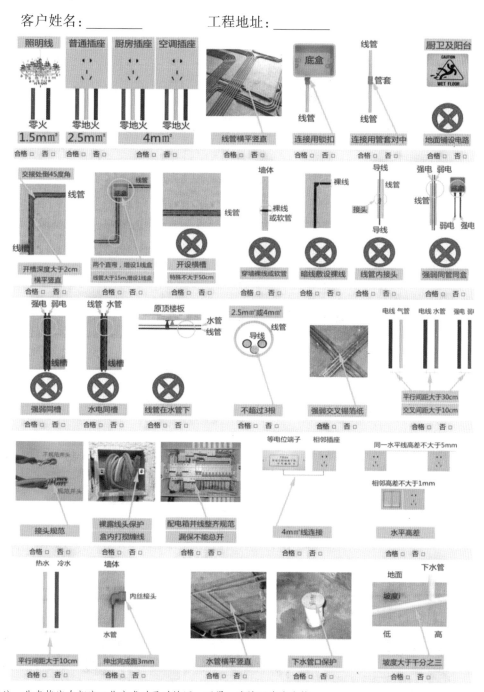

备注：此表格应在相应工作完成时及时填写，不得一次填写多张表格。

合格 □不合格 □监理：_____　　　业主签字：_____

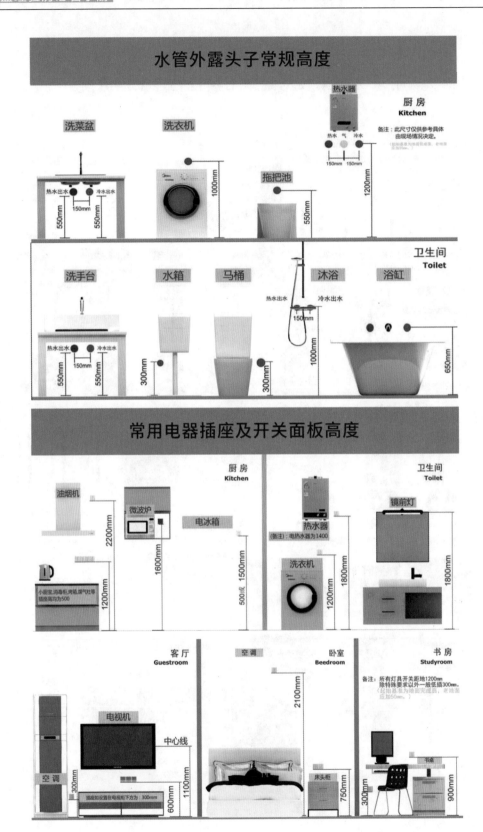

水管外露头子常规高度

洗菜盆　　洗衣机

热水器

厨房
Kitchen

备注：此尺寸仅供参考具体
由现场情况决定。

热水　气　冷水

150mm　150mm

热水出水　冷水出水

1000mm

拖把池

550mm　550mm

150mm

550mm

1200mm

卫生间
Toilet

洗手台　　水箱　　马桶　　沐浴　　浴缸

热水出水　冷水出水

150mm

1000mm

热水出水　冷水出水

550mm　550mm

150mm

300mm

300mm

650mm

常用电器插座及开关面板高度

厨房
Kitchen

油烟机　　微波炉　　电冰箱

2200mm

1600mm

1500mm

500或

小厨宝消毒柜烤箱煤气灶等
插座高均为500

1200mm

卫生间
Toilet

热水器

（备注）电热水器为1400

洗衣机

镜前灯

1800mm

1800mm

1200mm

客厅
Guestroom

空调

卧室
Beedroom

书房
Studyroom

备注：所有灯具开关距地1200mm
除特殊要求以外一般低插300mm
（起始基准为墙面完成面，老地面
应加50mm。）

电视机

中心线

空调

300mm

插座如设置在电视柜下方为：300mm

1100mm

600mm

2100mm

床头柜

750mm

书桌

300mm

900mm